应用型本科信息安全专业系列教材

工业网络技术与应用

(微课版)

主　编　李　颖　冯俊梅　廖旭金
副主编　王秀英　曹鹏飞　孟庆斌

西安电子科技大学出版社

内容简介

本书以工业网络技术及操作实践为主线，详细介绍了工业网络的基本概念及发展，工业网络设备与基础，工业网络中的 VLAN 技术、冗余技术、路由技术、网络地址转换技术、无线通信技术及工业网络安全技术，并以西门子工业网络设备为例，介绍了工业网络设备的配置方法与应用环境。

本书将自动化专业、计算机网络专业和信息安全专业相关知识进行了有效融合，采用理论与实践相结合的方式介绍工业网络技术及应用，使读者在实践中充分理解和掌握工业网络技术。

本书既可作为高等学校网络安全、信息安全、自动化、计算机等相关专业工业网络技术课程的教材，也可作为工业网络和工业互联网领域相关人员的培训教材或参考用书。

图书在版编目 (CIP) 数据

工业网络技术与应用：微课版 / 李颖，冯俊梅，廖旭金主编 .
西安：西安电子科技大学出版社 , 2024. 8. -- ISBN 978-7-5606-7418-6

Ⅰ. TP273

中国国家版本馆 CIP 数据核字第 2024CB0513 号

策　　划　明政珠
责任编辑　雷鸿俊
出版发行　西安电子科技大学出版社 (西安市太白南路 2 号)
电　　话　(029) 88202421　88201467　　邮　　编　710071
网　　址　www.xduph.com　　电子邮箱　xdupfxb001@163.com
经　　销　新华书店
印刷单位　广东虎彩云印刷有限公司
版　　次　2024 年 8 月第 1 版　2024 年 8 月第 1 次印刷
开　　本　787 毫米 × 1092 毫米　1/16　印 张　14.5
字　　数　344 千字
定　　价　52.00 元

ISBN 978-7-5606-7418-6

XDUP 7719001-1

前　言

工业互联网作为第四次工业革命的重要基石，对于我国制造业的数字化转型和实现高质量发展起着推动作用。工业互联网作为互联网和物联网的延伸，在工业领域有巨大潜力和影响力。工业设备和传感器与互联网连接起来，实现了设备之间的数据传输，为工业生产和运营提供了前所未有的机会。

工业网络是在工业环境中构建的网络，可以满足工业现场设备与设备之间，以及工业现场设备与工业业务软件系统之间的通信需求。工业网络是工业互联网的基础组成，为工业互联网的发展提供重要的网络连接底座。本书以西门子工业网络设备为研究对象，利用工程案例对工业网络中的设备、VLAN 技术、冗余技术、路由技术、网络地址转换技术、无线通信技术以及工业网络安全技术进行了详细阐述。

本书内容兼顾理论教学需要与培养实践能力的需求，理论与实践相结合，注重实践应用，突出实用性，实验可操作性强。全书共 8 章，主要内容如下:

第 1 章介绍了工业网络的基本概念及发展、现场总线技术、工业以太网相关技术和 TCP/IP 协议结构等。

第 2 章介绍了工业网络中的相关设备，包括可编程逻辑控制器、工业交换机、工业路由器、工业防火墙；还介绍了网络地址基础知识，以西门子工业网络设备为例详细阐述了各种工业网络设备地址的配置方法。

第 3 章介绍了虚拟局域网的基本概念、私有 VLAN 技术，并以西门子工业交换机为例详细阐述了单交换机 VLAN 配置、跨交换机 VLAN 配置、同一网段 VLAN 配置和西门子私有 VLAN 配置技术。

第 4 章介绍了工业网络中的冗余技术及应用场景，其中包括生成树协议 (STP) 与快速生成树协议 (RSTP)、环网冗余协议、RSTP+ 协议、并行冗余协议和高可靠性无缝冗余协议。

第 5 章介绍了路由的基本概念、静态路由技术、动态路由技术以及虚拟路由冗余技术 (VRRP)，并以实训案例详细讲解了各种技术的应用场景。

第 6 章介绍了网络地址转换 (NAT) 技术的基本原理，以西门子三层交换机为例详细讲述静态地址转换、动态地址转换和网络地址端口转换的配置方法及应用场景。

第 7 章介绍了工业无线通信技术的基本概念，以西门子无线网络设备为例详细讲述了工业无线通信设备的基本配置、无线通信功能配置和无线 NAT 与 NAPT 功能的配置方法。

第 **8** 章介绍了工业网络安全技术，包括访问控制列表和工业防火墙安全技术，以西门子交换机和防火墙为例详细讲述了访问控制列表配置和防火墙配置。

本书结合工业网络技术的知识特点，充分考虑其知识体系、教学层次和课程设置，以西门子工业网络设备为基础，理论和实践相结合，使读者能够学以致用。无论是初学者还是有一定经验的从业者，都可以从本书中找到所需要的内容。

本书提供全套的课程资源，包括书中使用的各种工具及实验环境、教学大纲、教案、PPT、课程思政、习题、参考答案等电子资源，可在西安电子科技大学出版社官网的资源中心下载，方便教师安排实践课程或者学生自主学习实践内容。

本书由李颖、冯俊梅、廖旭金、王秀英、曹鹏飞、孟庆斌编写。全书由李颖统稿。本书在编写过程中得到了天津中德应用技术大学智能制造学院各位领导的大力支持。此外，本书得到了北京德普罗尔科技有限公司的帮助，以及商莹莹、王学博、黄瑞基、刘拓、李小珍、邓家成、欧阳烨、陈圣洁、刘冠廷、王嗣凯的协助，在此一并致谢。

希望通过本书，能使读者学有所得。

虽然作者为编写本书付出了大量的时间和精力，但由于水平有限，书中不足之处在所难免，欢迎同行和读者批评指正。

李　颖

于天津中德应用技术大学

2024 年 5 月

目　录

第1章 工业网络概述

工业网络是一种用于连接工业设备、传感器、控制器和计算机的通信基础设施，在工业自动化领域中起着关键作用。工业网络实现了设备之间的数据传输、控制和监控，从而支持工业过程的高效运行和管理。工业网络可以覆盖各种工业应用，包括制造、能源、物流、交通等领域，具有高实时性、可靠性、安全性和适应多种通信需求的特点。本章将详细介绍工业网络的基本概念及发展、现场总线、工业以太网和以太网相关技术。

1.1 工业网络的基本概念及发展

现代工业网络从工业现场总线发展而来，从狭义上讲，现场总线主要指控制层和现场层的数据通信网络，而工业网络指工业以太网；从广义上讲，现场总线和工业以太网都属于工业网络。工业现场总线到工业以太网的发展历史可以追溯到20世纪80年代，这段历程涵盖了从传统的串行通信和并行总线发展到现代高速以太网通信的转变。

现场总线是迅速发展起来的一种工业数据总线，是自动化领域中生产现场所使用的数据通信网络，主要解决智能现场设备和自动化测量系统的数字通信、双向传输和分支结构的连接与通信问题。

现场总线的出现，对于实现面向设备的自动化系统起到了巨大的推动作用，但现场总线这类专用实时通信网络具有成本高、速度低和应用范围有限等缺陷，再加上总线通信协议的多种多样，使得不同总线产品出现了不能互连、互用和互操作等兼容问题，因而现场总线的进一步发展受到了极大的限制。随着以太网技术的发展，特别是高速以太网的出现，以太网自身速度低的缺陷被克服了，进入工业领域成为工业以太网，人们可以用以太网设备去代替昂贵的工业网络设备，降低了生产成本。

工业以太网是指技术上与“商用以太网”兼容，同时能够满足工业现场对网络实用性、适用性、可靠性、实时性和环境适应性等方面需要的工业网络。工业以太网是以太网技术在工业自动化领域中的应用，是继现场总线之后发展起来的、最具有发展前景的一种工业网络。

工业总线到工业以太网的发展主要经历了以下历程。

1. 传统串行通信和并行总线 (20 世纪 80 年代)

在工业自动化起步阶段，采用了传统的串行通信和并行总线协议，如 Modbus、PROFIBUS-DP 等。这些协议用于设备之间的基本通信，但受限于传输速率和距离，无法满足日益复杂的工业自动化需求。

2. 工业总线的出现 (20 世纪 90 年代)

随着工业自动化系统的扩展，出现了一系列用于实现分布式控制和通信的工业总线协议，如 PROFIBUS-PA、DeviceNet、CANopen 等。这些总线协议具有更高的实时性和可靠性，但仍然受限于带宽和速率。

3. 以太网的引入 (20 世纪末)

为了满足工业自动化对更高带宽、更快速率和更广覆盖范围的要求，工业界开始将以太网引入工业通信领域。最初，工业以太网的应用主要集中在数据采集和监控领域，如监测设备和传感器。不同的制造商推出了不同的工业以太网标准，如 Ethernet/IP、PROFINET、EtherCAT 等。

4. 工业以太网的发展 (21 世纪初至今)

随着技术的不断发展，工业以太网在工业自动化领域中得到了广泛应用。这些协议不仅提供了更高的速率和带宽，还具备实时性、可靠性和安全性。工业以太网不断演进，引入了各种实时通信和控制协议，以满足不同应用场景的需求。

5. 统一标准的推动 (近年)

为了解决不同工业以太网协议之间的互操作性问题，一些倡导者开始提倡将不同协议整合为更统一的标准。例如，工业以太网联盟 (Industrial Ethernet Consortium) 提出了一些通用的工业以太网标准，以促进不同设备的互连和通信。

工业现场总线到工业以太网的发展历程是从低速、局限性强的传统通信走向高速、多功能的工业以太网通信的转变。这个过程伴随着技术的不断进步和创新，为工业自动化领域带来了更大的灵活性、可靠性和效率。

1.2 现场总线

现场总线 (Fieldbus) 技术是 20 世纪 80 年代末期随着计算机、通信、控制和模块化集成等技术发展而出现的一门新兴技术。国际电工委员会 (IEC) 对现场总线的定义为：现场总线是指安装在制造或通过区域的现场装置与控制室内的自动控制装置之间数字式、串行、多点通信的数据总线。现场总线的概念最早由欧洲人提出，目前流行的现场总线已达 40 多种，在不同的领域各自发挥着重要的作用。现场总线作为工业数据通信网络的基础，打通了生产过程中现场级控制设备之间、控制设备与更高控制管理层之间的联系。以智能传感、控制、计算机、数据通信为主要应用的现场总线技术，成为自动化技术发展的热点。

这里介绍几种主流现场总线。

1. PROFIBUS 总线

PROFIBUS 是德国国家标准 DIN9245 和欧洲标准 EN50170 的现场总线。PROFIBUS 系列由 PROFIBUS-DP、PROFIBUS-FMS、PROFIBUS-PA 组成。该项技术是以 Siemens 公司为主的十几家德国公司、研究所共同推出的。它参考了国际标准化组织 (ISO) 的开放系统互连 (OSI) 模型，PROFIBUS-DP 隐去了第 3～7 层，而增加了直接数据连接作为用户接口；PROFIBUS-FMS 隐去了第 3～6 层，采用应用层作为标准的第二部分；物理层、数据链路层两部分形成了 PROFIBUS-PA 标准第一部分的子集，PROFIBUS-PA 传输技术遵从 IEC 1158-2(H1) 标准，可实现总线供电与本质安全防爆。

PROFIBUS-DP 用于分散外设间的高速传输，适合于加工自动化领域的应用。PROFIBUS-FMS 为现场信息规范，适用于纺织、楼宇自动化、可编程控制器、低压开关等一般自动化系统。PROFIBUS-PA 则是用于过程自动化的总线类型。

PROFIBUS 与以太网相结合，产生了 PROFINET 技术，取代了 PROFIBUS-FMS 的位置。1997 年 7 月我国的 PROFIBUS 专业委员会 (CPO) 在北京成立，挂靠在中国机电一体化技术和应用协会。

2. CAN 总线

控制器局域网 (Controller Area Network，CAN) 总线最早由德国 BOSCH 公司提出，用于汽车内部测量与执行部件之间的数据通信。ISO 将其总线规范制定为国际标准，并得到了摩托罗拉 (Motorola)、英特尔 (Intel)、飞利浦 (Philips)、西门子 (Siemens)、XEC(Cimarex 能源公司) 等公司的支持，现在已广泛应用在离散控制领域。

CAN 协议也是建立在 ISO 的 OSI 参考模型基础上的，其模型结构只有物理层、数据链路层和应用层。CAN 的信号传输介质为双绞线，在最大距离 40 m 处，传输速率最高可达 1 Mb/s；在传输速率为 5 kb/s 时，直接传输距离最远可达 10 km，挂接设备最多可达 110 个。

已有多家公司开发生产了符合 CAN 协议的通信芯片，如 Intel 公司的 82527，Motorola 公司的 MC68HC908AZ60Z，Philips 公司的 SJA1000 等。还有插在 PC 上的 CAN 总线适配器，其具有接口简单、编程方便和开发系统价格便宜等优点。

3. DeviceNet 总线

1994 年美国罗克韦尔自动化 (Rockwell Automation) 公司推出了 DeviceNet 网络，实现了低成本、高性能的工业设备的网络互连。它将工业设备连接到网络，从而免去了昂贵的硬接线。它又是一种简单的网络解决方案，在提供多供货商同类部件间的可互换性的同时，减少了配线 / 安装工业自动化设备的成本与时间。DeviceNet 的直接互连性不仅改善了设备间的通信，而且同时提供了相当重要的设备级诊断功能，这是通过硬接线 I/O 接口很难实现的。

DeviceNet 是一个开放式网络标准，规范和协议都是开放的，厂商将设备连接到系统时，无须购买硬件、软件或许可权。

DeviceNet 进入中国较晚，但 DeviceNet 价格低、效率高，特别适用于制造业、工业控制、电力系统等行业的自动化，适合于制造系统的信息化。2000 年 2 月，上海电器科学研究所与开放式设备网络供应商协会 (ODVA) 签署合作协议，共同筹建 ODVA China，促进我国自动化和现场总线技术的发展。2002 年 10 月 8 日，DeviceNet 现场总线被批准为国家标准。我国现在采用的 DeviceNet 现场总线标准为 GB/T 18858.3—2012《低压开关设备和控制设备　控制器　设备接口 (CDI) 第 3 部分：DeviceNet》。该标准于 2015 年 7 月 1 日开始实施。

4. ControlNet 总线

1997 年美国罗克韦尔自动化公司推出的 ControlNet 是一种新的面向控制层的实时性现场总线网络。在 ControlNet 出现以前，没有一个网络在设备或信息层能有效地实现控制器和工业器件之间确定性和可重复性功能的要求。ControlNet 可提供如下功能：

(1) 在同一链路上同时支持 I/O 信息、控制器实时互锁以及对等通信报文传送和编程操作。

(2) 对于离散和连续过程控制应用场合，均具有确定性和可重复性。

ControlNet 协议的制定也参考了 OSI 模型，并参照了其中的第 1、2、3、4、7 层。与一般现场总线相比，ControlNet 增加了网络层和传输层，它既考虑了网络的效率和实现的复杂程度，不像 LonWorks 采用完整的 7 层，又兼顾到协议技术的向前兼容性和功能完整性。这对于异种网络的互联和网络的桥接功能提供了支持，更有利于大范围组网。

近年来，ControlNet 广泛应用于交通运输、汽车制造、冶金、矿山、电力、食品、造纸、石油、化工、娱乐及其他领域的工厂自动化和过程自动化。世界上许多知名的大公司，包括福特汽车公司、通用汽车公司、巴斯夫公司、柯达公司、现代集团公司等，以及美国宇航局等政府机关都是 ControlNet 的用户。

5. CC-Link 总线

1996 年 11 月，三菱电机主导的多家公司以“多厂家设备环境、高性能、省配线”的理念开发和公布了控制与通信链路系统 (Control & Communication Link，CC-Link) 现场总线。CC-Link 是唯一起源于亚洲地区的开放式总线系统，可以将控制和信息数据同时以 10 Mb/s 高速传输到现场网络，具有性能卓越、应用广泛、使用简单、节省成本等突出优点。

一般工业控制领域的网络分为 3 或 4 个层次，分别是管理层、控制层和部件层。部件层也可以再细分为设备层和传感器层。CC-Link 是一个以设备层为主的网络，同时也可以覆盖较高层次的控制层和较低层次的传感器层。

为了使用户能更方便地选择和配置自己的 CC-Link 系统，2000 年 11 月，CC-Link 协会 (CC-Link Partner Association，CLPA) 在日本成立。CLPA 由 Woodhead、Contec、Digital、NEC、松下电工和三菱电机等 6 个常务理事会员发起。到 2002 年 3 月底，CLPA 在全球拥有 252 家会员公司，其中包括浙大中控、中科软大等几家中国会员公司。

CC-Link 是一个技术先进、性能卓越、应用广泛、使用简单、成本较低的开放式现场总线，其技术发展和应用有着广阔的前景。

1.3 工业以太网

工业以太网按照工业控制的要求，发展适当的应用层和用户层协议，使以太网和TCP/IP 技术真正能应用到控制层，延伸至现场层，而在信息层又尽可能采用 IT 行业一切有效而又最新的成果。因此，工业以太网与以太网在工业中的应用全然不是同一个概念。

当前工业自动化系统按照应用领域分为离散制造控制和连续过程控制，工业网络分为设备层、I/O 层、控制层和监控层。各种工业以太网与工业总线的关系如图 1-1 所示。其中，用于离散制造领域工业以太网的协议有 Modbus TCP/IP、EtherNet/IP、IDA 和 PROFINET。其中西门子公司等德国企业主推 PROFINET 和 PROFIBUS 组合；罗克韦尔公司和欧姆龙公司以及其他一些公司致力于推进 EtherNet/IP、DeviceNet 和 ControlNet 的现场总线组合；施耐德公司则加强它与 IDA 组织的联盟，主推 IDA 和 Modbus TCP/IP 组合。在过程控制领域，只有现场总线基金会的 FF HSE 和 FF H1 一种组合。这些工业以太网协议除了在物理层和数据链路层都服从 IEEE 802.3 外，在应用层和用户层的协议均无共同之处。

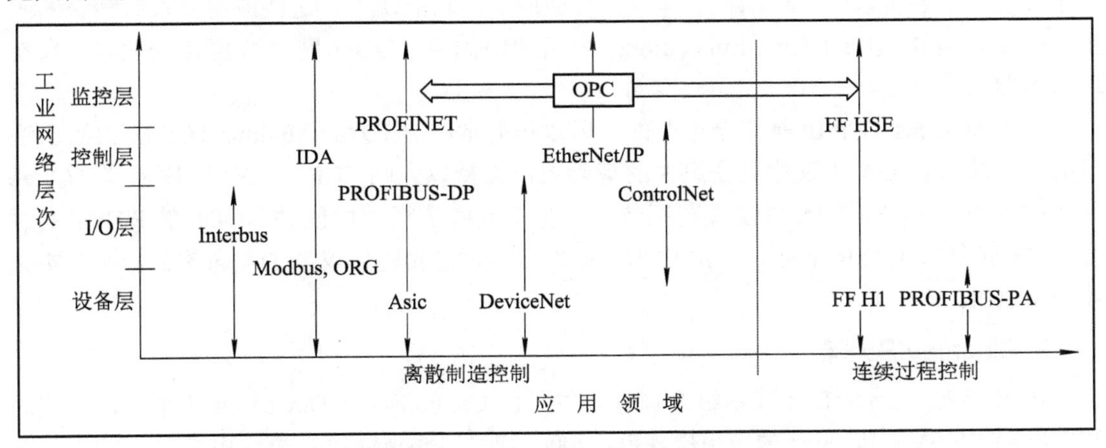

图 1-1　工业以太网与现场总线定位

OPC DX 为 EtherNet/IP、FF HSE 和 PROFINET 不同工业以太网在监控层提供数据交换的可能。现场总线基金会 (FF)、开放式设备网络供应商协会 (ODVA) 和 PROFIBUS 国际组织 (PROFIBUS International，PI) 这三大国际性工业通信组织，合力支持 OPC(OLE for Process Control) 基金会的 DX 工作组制定的规范。

OPC DX 的出现并没有平息工业以太网协议之争，工业以太网大战取代了现场总线大战。不同的是，现场总线之争的焦点集中在物理层和数据链路层，而当前工业以太网竞争的焦点却集中在应用层和用户层。

此外，每种工业以太网都有设备层现场总线与之互补，如表 1-1 所示。其中 Modbus TCP/IP 最为简单、实用。它在物理层和数据链路层用以太网标准，在应用层与 Modbus 基本是一致的，都使用一样的功能代码。由于大多数工业以太网都有与之互补的设备层网络，IDA 是后来的参与者，没有适合的设备层协议，所以它增加了一个与 Modbus TCP/IP 的接口，在其网络结构中采用 Modbus TCP/IP 作为设备层。

表 1-1 工业以太网和与其互补的设备层现场总线

工业以太网	互补的设备层现场总线
EtherNet/IP	DeviceNet, ControlNet
PROFINET	PROFIBUS-DP, PROFIBUS-PA
Foundation Fieldbus HSE	Foundation Fieldbus HI
IDA	IDA, Modbus TCP/IP

当前主流的工业以太网标准规范主要有 IDA、Modbus TCP/IP、Ethernet/IP、PROFINET 和 FF HSE 等 5 种。其中 Modbus TCP/IP 可以作为 IDA 的现场总线使用。

1. IDA 规范

IDA 规范是一种完全建立在以太网基础上的工业以太网规范，它将基于 Web 的实时分布式自动化环境与集中的安全体系结构相结合，目标是创立一个基于 TCP/IP 的分散自动化的解决方案，涵盖了自动化结构中的所有层次，包括设备层。工业以太网协议 IDA 希望开发一个供机器人、运动控制和包装行业应用的功能块库。这些应用要求微秒级的同步。IDA 采用 RTI(Real Time Innovations) 公司的中间件 NDDS(网络数据传送服务)来实现微秒级的实时性。

由于 Modbus TCP/IP 是完全透明的，所以很好地符合 IDA。Modbus TCP/IP 占用已注册的 502 端口。IDA 协议建立在组件的基础上，支持以太网 TCP、UDP 和 IP 有关的 Web 服务的完整套件外，IDA 协议规范还包括：基于 RTI 公司的中间件 NDDS 的 RTPS(实时发布方 / 预订方)，Modbus TCP/IP 作为工业以太网消息传输协议，IDA 通信目标库，实时和安全 API。

2. Ethernet/IP 规范

1998 年初，ControlNet 国际组织 (CI) 开发了由 ControlNet 和 DeviceNet 共享的、开放的和广泛接收的基于 Ethernet 的应用层规范。2000 年底，Ethernet/IP 的概念由 CI、工业以太网协会 (IEA) 和 ODVA 组织提出，后来 ODVA 下的 SIG 小组进行了规范工作。Ethernet/IP 技术采用标准的以太网芯片，并采用有源星形拓扑结构，将一组工业设备点对点地连接到交换机，应用层则采用工业界广泛应用的开放协议——控制和信息协议 (CIP)。

Ethernet/IP 能实现大量数据的高速传输，一个数据包最多可达 1500 B，数据传输率达 100 Mb/s。Ethernet/IP 是工业自动化数据通信的一个扩展，这里的 IP 是工业协议 Industrial Protocol 的缩写。Ethernet/IP 的规范是公开的，并由 ODVA 组织提供。Ethernet/IP 非周期性的信息数据采用 TCP 可靠传输技术(如程序下载、组态文件)，而有时间要求和同期性控制数据的传输由 UDP 的堆栈来处理。Ethernet/IP 的成功是在 TCP、UDP 和 IP 上附加了 CIP，提供了一个公共的应用层，其目的是提高设备间的互操作性。由于 CIP 已运用在 ControlNet 和 DeviceNet 上，Ethernet/IP 在自身应用层协议上附加 CIP，所以 ControlNet、

DeviceNet 和 Ethernet/IP 网络在应用层共享相同的对象库、对象和用户设备行规，不同供应商的设备能在上述 3 种网络中实现即插即用。

3. PROFINET 标准

PROFINET 是由 PROFIBUS 国际组织提出的基于实时以太网技术的自动化总线标准，它将企业信息管理层 IT 技术和工厂自动化相结合，同时又完全保留了 PROFINET 现有的开放性。

PROFINET 支持星形、总线和环形等拓扑结构。PROFINET 提供了大量的工具帮助用户方便地安装工业电缆和耐用连接器以满足电磁兼容 (EMC) 和温度的要求。PROFINET 框架内标准化，保证了不同制造商设备之间的兼容性。

PROFINET 为自动化通信领域提供了一个完整的网络解决方案，包括八大主要模块，分别为实时通信、分布式现场设备、运动控制、分布式自动化、网络安装、IT 标准集成与信息安全、故障安全和过程自动化。PROFINET 也实现了从现场级到管理层的纵向通信集成，方便管理层获取现场级的数据；同时，原本在管理层存在的数据安全性问题也延伸到了现场级。PROFINET 提供了特有的安全机制，通过使用专用的安全模块，可以保护自动化控制系统，使自动化通信网络的安全风险最小化。

PROFINET 是一个整体的解决方案，PROFINET 的通信协议模型如图 1-2 所示。

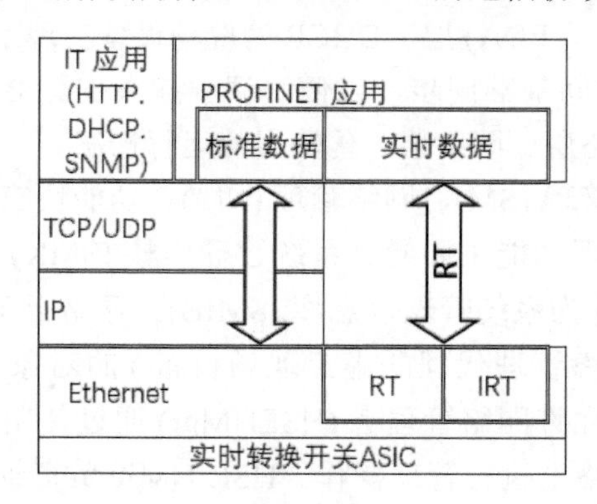

图 1-2 PROFINET 通信协议模型

从图 1-2 中可以看出，PROFINET 提供了一个标准通信通道和两类实时通信通道。标准通信通道是使用 TCP/IP 协议的非实时通信通道，用于设备参数化、组态和读取诊断数据。各种已验证的 IT 技术都可以使用 (HTTP、HTML、SNMP、DHCP 和 XML 等)。在使用 PROFINET 的时候，可以使用这些 IT 标准服务加强对整个网络的管理和维护，从而节省调试和维护的成本。RT(实时) 通道是软实时 SRT(SoftwareRT) 方案，主要用于过程数据的高性能循环传输、事件控制信号与报警信号等。它跳过第 3 层和第 4 层，提供精确通信能力。PROFINET 根据 IEEE 802.IP 定义了报文的优先级从而优化了通信功能。IRT(同步实时) 采用 ASIC 芯片解决方案，以进一步缩短通信栈软件的处理时间，特别适用于高性能传输、过程数据的等时同步传输，以及快速的时钟同步运动控制应用。在实时通道中，为实时数据预留了固定循环间隔的时间窗，而实时数据总是按固定的次序插入，因此，实时数据就在固定的间隔被传送，循环周期中剩余的时间用来传递标准的 TCP/IP 数据，两种不同类型的数据就可以同时在PROFINET上传递，而且不会互相干扰。通过独立的实时数据通道，保证对伺服运动系统的可靠控制。

在PROFINET通信协议模型中，IRT通道能够实现等时同步方式下的数据高性能传输，RT通道能够实现高性能传输循环数据和时间控制信号、报警信号。PROFINET使用了TCP/IP和IT标准，集成了基于工业以太网的实时自动化体系，覆盖了自动化技术的所有要求，实现了与现场总线的无缝集成。PROFINET在一条总线电缆中完成所有的工作，IT服务和TCP/IP开放性没有任何限制，从而实现了从高性能IT管理网络到等时同步实时通信工业网络的通信统一。

4. FF HSE标准

1998年现场总线基金会开始起草HSE，2003年3月完成了HSE的第一版标准。HSE主要利用现有商用的以太网技术和TCP/IP协议族，通过错时调度以太网数据，达到施工现场监控任务的要求。

HSE的物理层、数据链路层采用了100 Mb/s标准。网络层和传输层则充分利用现有的IP协议和TCP、UDP协议。当对实时要求非常高时，通常采用UDP来承载测量数据；对非实时的数据，则可以采用TCP协议。在应用层，HSE采用了目前现有的DHCP(地址分配协议)、SNTP(系统时钟同步协议)和SNMP，但为了和FMS兼容，还特意设计了现场设备访问(Field Device Access，FDA)层。DHCP为现场设备实现动态地分配IP地址。SNTP使HSE系统中设备保持时间基准同步，以便协调一起工作。SNTP主要用来监控HSE现场设备的物理层、数据链路层、网络层、传输层的运行情况。

用户层主要包含系统管理(SM)、网络管理(NM)、功能块应用进程(FBAP)以及与H1网络的桥接接口。系统管理功能主要通过系统管理内核(SMK)和它的服务来完成设备功能，SM用到的数据组被称为系统管理信息库(SMIB)。网络上可见的SMK管理的数据被整理到设备NMAVFD(网络管理代理的虚拟现场设备)的对象字典中。网络管理也共享这个对象字典。网络管理允许网络管理者(HSENMgr)通过使用与他们相关的网络管理代理(HSE NMA)在HSE网络上执行管理操作。HSE NMA负责管理HSE设备中的通信栈。HSE NMA充当了FMSVFD(FMS网络的虚拟现场设备)的角色，HSENMgr使用FMS服务访问HSE NMA内部的对象。

1.4　以太网基础

当前比较流行的工业以太网在物理层和数据链路层都采用IEEE 802.3标准，在介绍这部分知识之前，我们先来了解以太网技术中的一些基本知识。

1. OSI开放系统互连模型

为了构建一个标准化的数据通信和网络世界，1979年ISO开发了一个开放系统互连参考模型(Open System Interconnect，OSI)。OSI参考模型的目标是可以使两个系统(如两台计算机）之间进行相互通信。

OSI 参考模型由七个功能层组成，也称为 7 层模型，如图 1-3 所示。系统 A 可以与系统 B 通信，这些系统可以用在不同的网络中，如公共网络和私有网络。

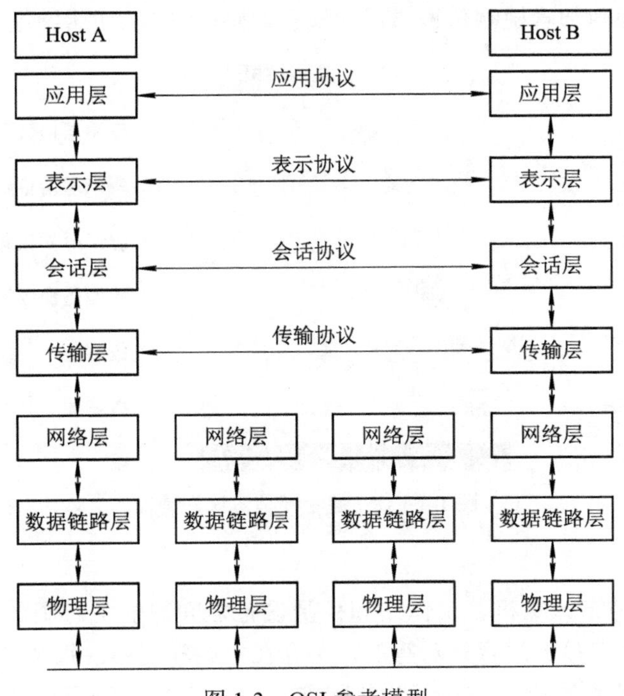

图 1-3　OSI 参考模型

OSI 参考模型中每一层都包含许多定义的功能。下面列举出不同层的一些功能。

• 物理层（第 1 层）：定义了网络中两点之间发送信息的介质的连接，提供了实现、维护和断开物理连接所需的机械、电气或光学实体。在这一层中最重要的两个内容是“介质”和“信号”。

• 数据链路层（第 2 层）：定义了在单个物理链路上数据帧如何传输，提供帧同步、差错检测、纠正机制、流量控制、链路管理功能，能够及时处理传输中的错误，确保接收方正确接收数据。

• 网络层（第 3 层）：定义了数据从发送方经过若干个中间节点传送到接收方的方法。这一层数据称为数据包，通过路径选择、分段组合、流量控制、拥塞控制等功能，向传输层提供最基本的端到端的数据传送服务。

• 传输层（第 4 层）：负责可靠的数据传输。传输层建立接收方和发送方之间的逻辑点对点连接，实现无故障的数据传输，确保接收方按正确的顺序接收数据。

• 会话层（第 5 层）：定义了网络上两个应用程序之间对话（会话）的控制方式，以及此类会话的建立和终止。

• 表示层（第 6 层）：规定了如何表示数据，因为不同的计算机系统表示数字和字符的方式不同，这一层确保了字符代码的转换，例如从 ASCII 码转换为 EBCDIC 码。

• 应用层（第 7 层）：为网络系统用户提供服务。

在 OSI 参考模型中，每一层都向发送方的用户数据添加一些控制信息，称之为报头，如图 1-4 所示。接收方的相应层再删除报头信息。数据链路层不仅在传输数据的前面附加信息，也在它的后面附加含检测传输错误的检查代码。只有物理层不添加任何内容。

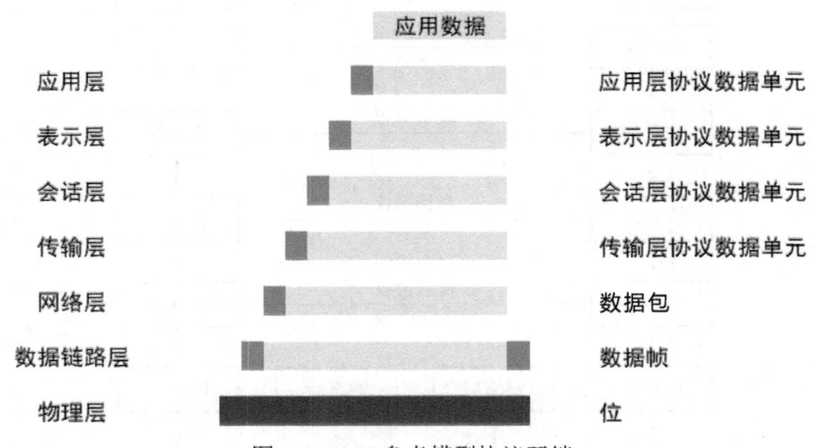

图 1-4　OSI 参考模型协议开销

2. 局域网

局域网 (LAN) 是指计算机、工作站和外围设备之间在非常有限的地理位置区域内进行的通信。局域网中连接的站点是对等的，不存在主站和副站。每个站点都可以建立、维护和断开与另一个站点的连接。对于公共网络，LAN 采用稍微不同的方法实现 OSI 参考模型的底层要求。IEEE 802 已经为局域网建立了一些标准，LAN 模型与 OSI 参考模型关系如图 1-5 所示。

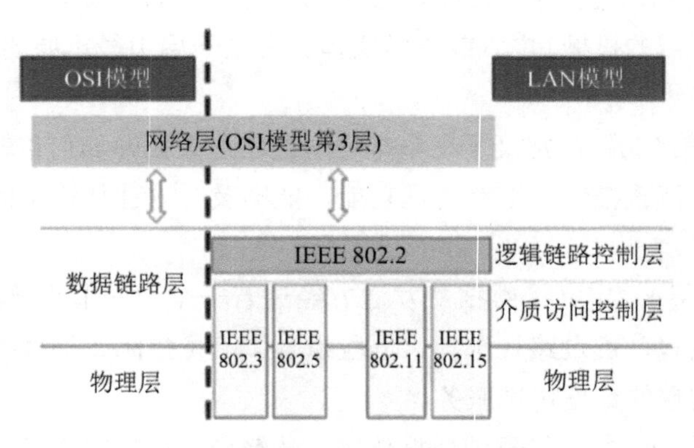

图 1-5　LAN 模型与 OSI 参考模型关系

3. 以太网

以太网是局域网的基础，目前局域网协议还未标准化，尽管以太网存在一些缺点，但它比其他所有技术都成熟。IEEE 组织的 IEEE 802.3 标准中制定了以太网的技术标准，它规定了包括物理层的连线、电子信号和介质访问层协议的内容。以太网是应用最普遍的局域网技术，取代了其他局域网技术如令牌环、FDDI 和 ARCNET。

以太网只是 OSI 参考模型中第 1 层和第 2 层的一种特殊形式。它不是一个完整的网络协议，而是一个子网，其他协议 (如 TCP/IP 套件) 可以在该子网上工作。以太网最重要的功能是：

• 填写物理层：通过介质发送和接收串行位流；检测碰撞。

• 填写数据链路层：该层包括介质访问控制层 (MAC) 和逻辑链路控制层 (LLC)。介质访问控制层提供网络访问机制 CSMA/CD，建立数据帧。逻辑链路控制层确保数据可靠性，为更高级别的应用程序提供数据通道。

1.4.1　物理层

多年以来物理层最重要的应用有：粗缆以太网 (10Base5)、细缆以太网 (10Base2)、宽带以太网 (10Broad36)、双绞线以太网 (10Base-T)、光纤以太网 (10Base-F)、快速以太网 (100Base-T/100Base-F)、千兆以太网 (1000Base-T)、无线以太网。下面列举几种常用的物理层应用。

1. 基于同轴电缆的以太网

最初的以太网是围绕总线拓扑的概念设计的。第一个使用的以太网是粗缆以太网，基于一根黄色粗同轴电缆，也称为 10Base5。10Base5 以太网的特点是：

(1) 传输速率最高为 10 Mb/s；

(2) 基带传输；

(3) 一根电缆最大传输距离为 $5 \times 100 = 500$ m；

(4) 每段最多连接 100 个收发器。

2. 基于双绞线的以太网

同轴电缆的主要问题是只能采用半双工通信，总线结构也不理想。为了突破总线拓扑结构，以太网产生了星形拓扑。在这种拓扑结构中，所有站点都与一个或多个中央集线器相连，可以使用双绞线。通过这种方式可以方便地扩展和检查网络，并有助于错误检测。

基于双绞线的以太网，站点与中央集线器之间最大长度为 100 m。每个站点都必须直接与集线器或交换机连接。双绞线已经从 10Base-T(10 Mb/s) 发展到 100Base-T(100 Mb/s) 和 1000Base-T(1000 Mb/s)。

1) 快速以太网

快速以太网采用非屏蔽双绞线电缆，支持高达 100 Mb/s 的传输速度。电缆由 8 根 4 对线组成。在 10/100Base-T 中仅使用 4 对中的 2 对：白橙色 / 橙色、白绿色 / 绿色。

以太网 10/100Base-T 的 IEEE 规范要求使用的白绿色 / 绿色电线连接到连接器的插脚 1 和 2，而白橙色 / 橙色电线连接到插脚 3 和 6。另外两对未使用的线将连接到插脚 4 和 5 以及插脚 7 和 8 上。表 1-2 显示了 10/100Base-T 的管脚配置。TD 代表传输数据，RD 代表接收数据。

表 1-2　快速以太网的管脚配置

帧	颜　色	功 能
1	绿色和白色	+TD
2	绿色	-TD
3	橙色和白色	+RD
4	蓝色	未使用
5	蓝色和白色	未使用
6	橙色	-RD
7	棕色和白色	未使用
8	棕色	未使用

直通线也称为直连电缆，是指双绞线两端线序相同。此双绞线可用于链接站点与网络交换设备，如 PC 和集线器 / 交换机或 PC 和墙壁之间的连接。

交叉线是双绞线一端和直通电缆相同，另一端白橙色 / 橙色为插脚 1 和 2，白绿色 / 绿色为插脚 3 和 6。此双绞线可用于 PC 到 PC 的连接，集线器 / 交换机和另一个集线器 / 交换机之间的连接。

快速以太网的特点是：

(1) 以 100 Mb/s 的速度传输数据；

(2) 全双工通信；

(3) 支持无线以太网。

2) 千兆以太网

千兆位以太网的目标数据速率为 1000 Mb/s。千兆以太网仍然使用 125 MHz 的 100Base-T/Cat5 时钟速率，为每个时钟信号 (00、01、10 和 11) 编码两位，用 4 个电压等级，达到 1000 Mb/s 的数据速率。此外，1000Base-T 也使用以太网电缆的 4 个数据实现双向发送或接收数据。这种调制技术被称为 4D-PAM5，目前使用 5 种不同的电压水平。第 5 个电压电平用于误差机制。

3. 基于光纤的以太网

为了使传输距离变得更长，光纤电缆是一个很好的选择。第一种光纤的名称为 10Base-F 和 100Base-F。在发送和接收数据时，始终使用单独的玻璃纤维。采用光纤的千兆以太网为全双工模式，数据速率为 1000 Mb/s。

千兆以太网有两种不同的类型：1000Base-SX 和 1000Base-LX。1000Base-SX 在多模光纤上使用短波长光脉冲。1000Base-LX 在多模或单模光纤上使用波长较长的光脉冲。

1.4.2　数据链路层

网络层将 IP 数据报送到数据链路层。“数据帧”是数据链路层的传送单位。数据链路层将网络层数据报作为“数据帧”的数据部分并且为数据帧添加帧首部和尾部的标记。首部和尾部的一个重要作用是确定帧的界限。一个数据帧的长度等于帧的数据部分加上帧的首部和尾部的长度。每一种数据链路层协议都规定了所能传输的数据帧的数据部分的上限

即最大传输单元 (MTU)。

1. 以太网数据帧

一个以太网数据帧至少由 46 个实际数据字节和 26 个协议字节组成。这个最小的数据字节数是定义时隙时间所必需的。以太网数据帧格式如图 1-6 所示，数据帧各字段的含义如下：

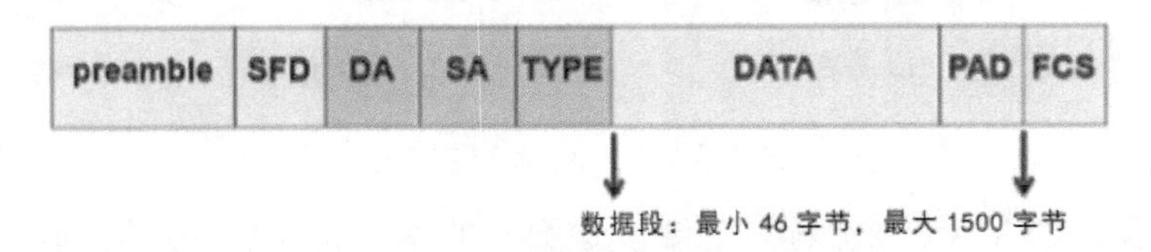

图 1-6　以太网数据帧的格式

preamble(同步码)：由 7 个字节 56 位 1 和 0 交替的二进制数序列组成。这些位用于同步，并供每个在线参与者在实际数据到达之前观察总线上活动的时间。

SFD(帧开始分隔符)：由固定序列 10101011 组成，是 preamble 的最后一个字节，向接收方指示实际数据正在传输。

DA(目的 MAC 地址)：标识必须接收消息的站点的 MAC 地址。该字段占用 6 B (字节) 空间。目的地址可以是单个地址、多播地址或广播地址。MAC 广播地址为 FF-FF-FF-FF-FF-FF。

SA(源 MAC 地址)：标识消息来源的站点的 MAC 地址。该字段的长度为 6 B。

TYPE(类型)：Ethernet Ⅱ(DIX 标准) 和 IEEE 802.3 之间有区别。对于 Ethernet Ⅱ，类型字段是指使用以太网帧发送数据的高级协议。Xerox 为每个以太网开发的协议分配一个 2 B 的代码。例如，0600H 代表 XNS 协议、0800H 代表 IP 协议、0806H 代表 ARP 协议、0835H 代表反向 ARP 协议、8100H 代表 IEEE 802.1Q 标签帧 (VLAN)。IEEE 802.3 将类型字段定义为长度字段，以便能够确定实际发送数据的字节数。Xerox 不使用低于 1500 的类型号，由于数据帧的最大长度为 1500，因此不可能重叠，并且可以同时使用这两种定义。

DATA(数据字段)：包含要发送的数据。这个数据字段是透明的，这意味着这个字段的内容对于以太网是完全开放的。字段长度必须至少为 46 B，且不超过 1500 B。

PAD(填充位)：当数据没有达到最小 46 B 长度时，需要将随机数据位添加到数据中，以满足最小数据长度要求。

FCS(校验和)：发送方创建的 4 B CRC 校验值，接收方可以使用此代码检查数据的完整性。

2. CSMA/CD

以太网在数据链路层 MAC 子层使用 IEEE 802.3 载波监听多路访问 / 冲突检测 CSMA/CD 协议。该协议包括 3 部分内容：

(1) 载波监听：多个站点在发送数据帧前，首先监听信道是否空闲，如果空闲，则发送数据帧；否则等待，继续监听直到信道空闲。

(2) 多路访问：允许多个站点以多点接入方式连接在一根信道上，都有访问信道的权利。

(3) 冲突检测：一个站点在信道上发出一个数据帧同时监听信道，如果另一个站点在同一时间同一信道也发出一个数据帧，则会检测出碰撞，发送者立即停止发送，并发送 32 位干扰序列，信道上所有站点都会监听到冲突，如图 1-7 所示。

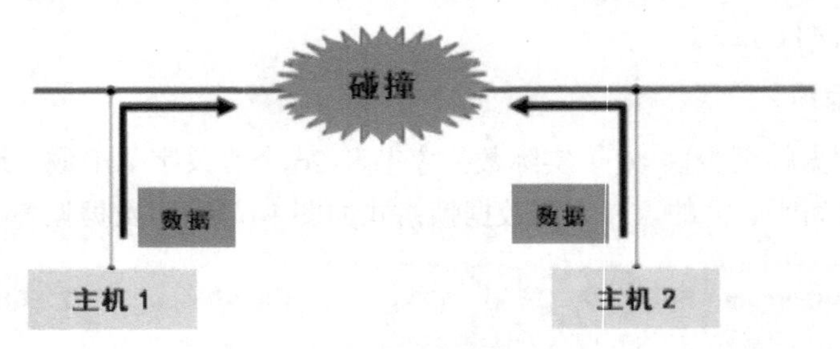

图 1-7 以太网段上的冲突

图 1-8 显示了 CSMA/CD 流程。想要发送数据的站点首先检查运营商的网络是否存在站点正在发送数据。如果检测到活动载波，则发送延迟。

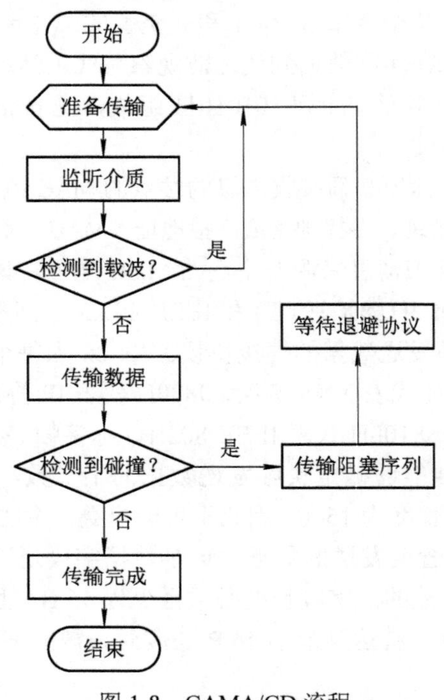

图 1-8 CAMA/CD 流程

1.5 TCP/IP 协议

传输控制协议 / 网络控制协议 (TCP/IP) 是一组工业标准协议，该协议主要用于由不同网段组成的大型网络上的通信，这些网段由路由器连接。

TCP/IP 协议族可以完美地定位在 OSI 参考模型中。一个四层简化模型主要用于表示 TCP/IP 协议族，称为 TCP/IP 模型，如图 1-9 所示。这个模型的核心是网络层和传输层，主要协议包括 IP 协议、TCP 协议和 UDP 协议。应用层描述所有使用 TCP/IP 协议的应用协议。例如，HTTP 协议属于此类协议。

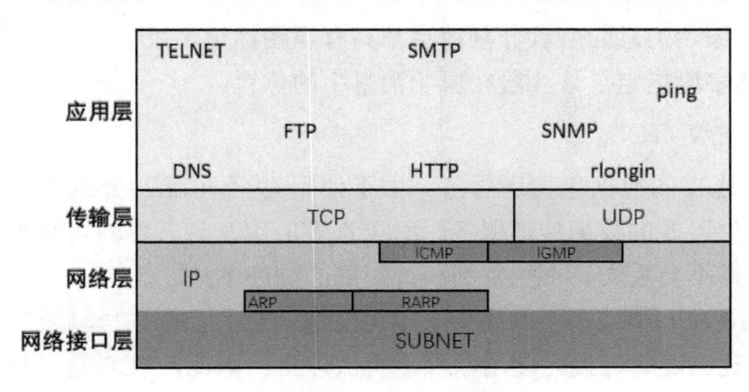

图 1-9　TCP/IP 协议族

1. 网络控制协议

网络控制 (Internet Protocol，IP) 协议，用于 OSI 参考模型的第 3 层即网络层，这一层负责在不同的网络上表述和传输信息。IP 协议最重要的功能是：

(1) 在互联网上进行数据包路径选择，每个主机有 32 位 IP 地址标识。

(2) 是一种无连接协议。当发送不同的 IP 数据包时，每个包可以通过不同的路径到相同的目标主机，没有固定的物理连接。

(3) 封装成格式统一的数据包，由一个报头和一个数据字段组成。报头由发送方地址和接收方地址等组成。数据包独立于硬件，并在传输之前在本地网络设备上再次封装。

(4) IP 协议不检查数据是否正确发送，也不提供确认或纠正机制。

(5) IP 报头的长度至少为 20 B。当使用可选项字段时，报头最大可为 60 B。

网络控制协议要实现在不同网络上传输信息就需要统一的地址——IP 地址。我们将在第 2 章具体讲述 IP 地址知识及其应用技术。

要发送的数据由传输层传送到网络层。网络层将数据打包到数据字段中，然后添加一个 IP 报头后生成 IP 数据包，等待数据链路层进行下一步处理。IP 数据包中每个字段的含义在 IP 协议中定义，如图 1-10 所示。

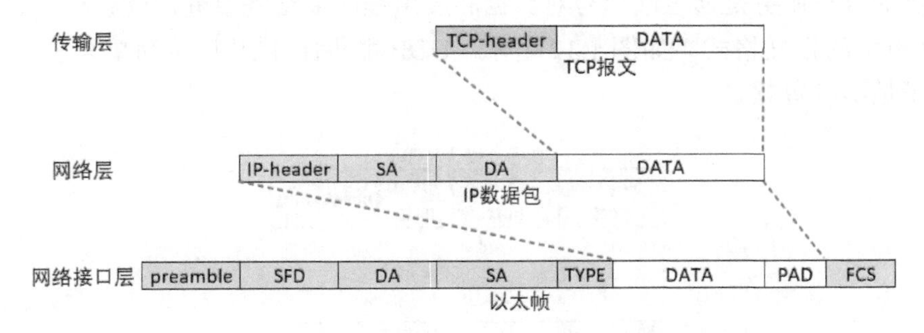

图 1-10　IP 数据包

当路由器接收到的数据包太大时，IPv4 将路由器上的这个数据包分成较小的数据包以满足数据帧格式。当这些数据包到达目的地时，IPv4 将把这些数据包按原始顺序重新组合。当一个数据包必须被分开时，IPv4 完成下面的工作：

(1) 每个数据包都有自己的 IP 报头。

(2) 属于同一原始消息的所有分割消息都具有原始标识字段。

(3) 片段偏移字段指定了该片段在原始消息中的位置。

2. 传输控制协议 (TCP)

IP 是一种无连接的数据包传送服务。由于使用 IP 不可靠的分组服务，TCP 必须为不同的应用程序提供可靠的数据传送服务。对于许多应用来说，传输可靠性是至关重要的：系统必须保证数据不会丢失、不能复制和按正确的顺序到达。

TCP 协议负责在一个或多个网络上正确地发送信息，工作在传输层。TCP 的交换形式称为面向连接：建立逻辑连接，使用，然后再次停止。因此，TCP 是一种端到端协议。

要发送的数据由应用层发送到传输层。传输层将信息打包到数据字段中，然后添加一个 TCP 报头，如图 1-11 所示。然后将整个数据报文传输到 Internet 层进行进一步处理。

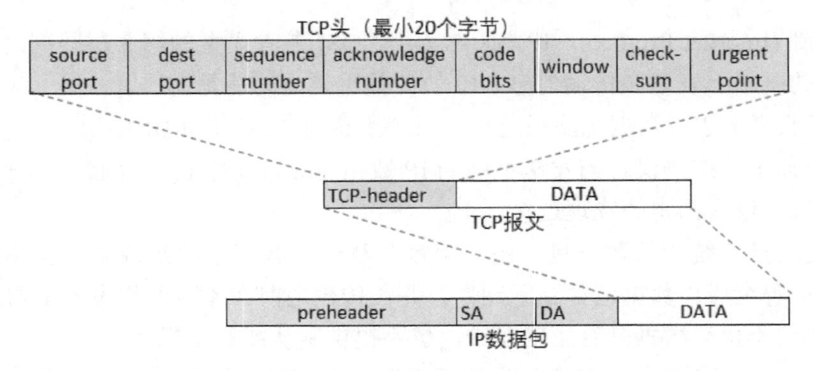

图 1-11　TCP 报文格式

3. 用户数据协议 (UDP)

因特网的协议套件也有一个无连接的传输协议，即用户数据协议 (UDP)。使用 UDP，应用程序可以在不建立连接的情况下发送 IP 数据包。许多客户应用程序只是一次请求一次回答，使用 UDP 而不必设置连接。UDP 在 RFC 768 中描述。UDP 或多或少是一个零协议：它提供的唯一服务是通过端口号对数据和应用程序多路复用进行校验和。这样就有了添加 UDP 报头的报文格式，如图 1-12 所示。UDP 报头比 TCP 报头简单得多。UDP 的一个典型例子是实时音频。

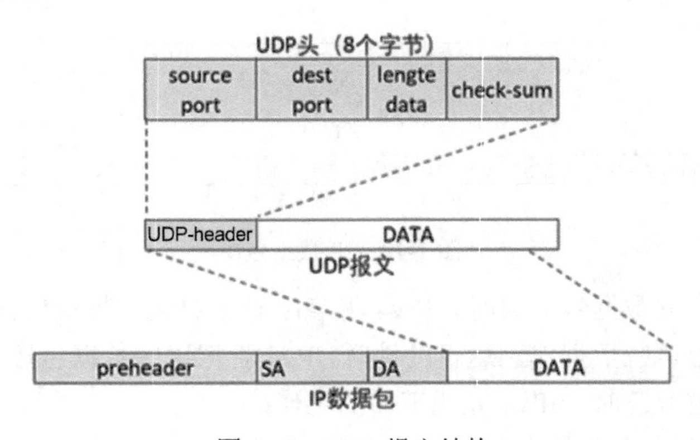

图 1-12　UDP 报文结构

1.6 实　训

以太网电缆是从一个网络设备连接到另外一个网络设备并传递信息的介质，是以太网网络的基本构件。本小节以西门子四芯“快速连接”工业以太网线缆为例，制作网线接口。

实训目的

(1) 掌握以太网基本原理；
(2) 掌握西门子四芯“快速连接”工业以太网线缆的制作方法；
(3) 掌握工业以太网线的测试方法。

实训准备

(1) 复习本章内容；
(2) 熟悉西门子四芯“快速连接”工业以太网线缆；
(3) 熟悉网络测线仪的使用。

实训设备

西门子四芯“快速连接”工业以太网线缆 1 根，以太网接口 1 对，工业网络做线工具 1 套，网络测线仪 1 台。

具体实验步骤如下：

步骤 1　截取一根 500 mm 长的工业以太网线，如图 1-13 所示。

图 1-13　工业以太网线

步骤 2　线的两端剥去 25 mm 长外皮，金属屏蔽网保留 5 mm 长，如图 1-14 所示。

图 1-14　工业网线剥除外皮示意图

步骤 3　打开金属接头，按照头内线颜色标识把对应线插入到底，如图 1-15 所示。

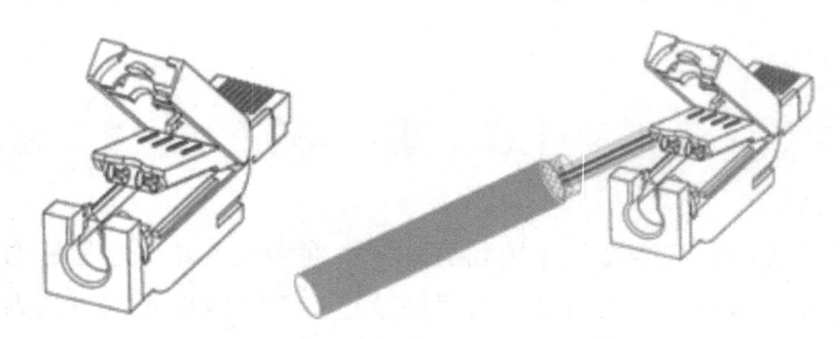

图 1-15　将网线接入金属接头示意图

步骤 4　合拢金属接头，用螺丝刀插入金属圆环的孔内，顺时针旋转 90° 完成固定，如图 1-16 所示。

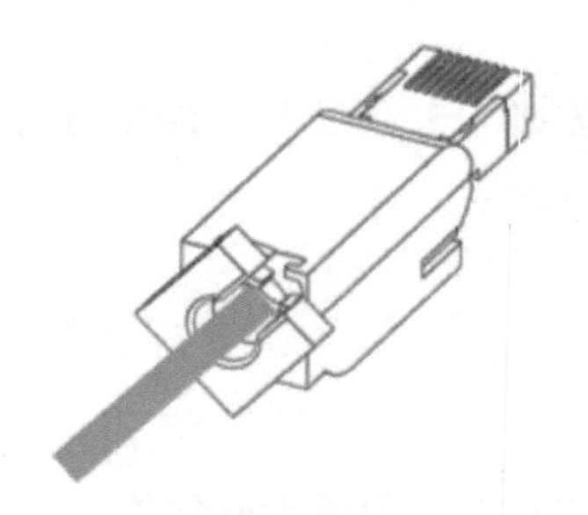

图 1-16　金属接头固定示意图

步骤 5　将制作完成的 ProfiNet 线接到网络测试仪上进行测试，1、2、3、6 灯亮为正常。

习　题

1. 单选题（将答案填写在括号中）

(1) 与 PROFINET 以太网互补的设备层现场总线有（　　）。

A. PROFIBUS-DP　　B. Modbus TCP/IP

C. PROFIBUS-PA　　D. DeviceNet

(2) 以太网数据帧中 DA 是指（　　）。

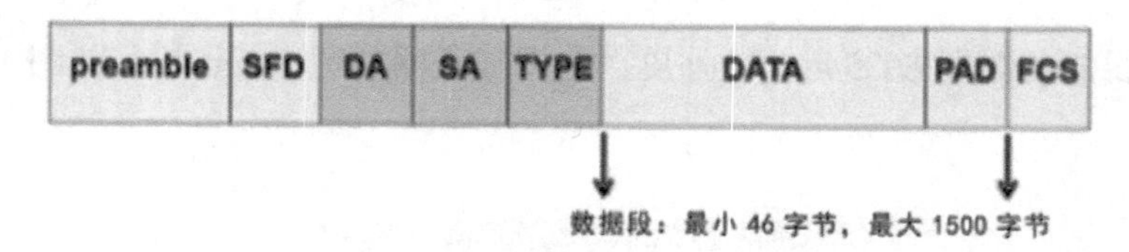

A. 校验和　　B. 填充位

C. 目的 MAC 地址　　D. 源 MAC 地址

(3) 10Base5 以太网的特点是（　　）。

A. 传输速率最高为 100 Mb/s　　B. 宽带传输

C. 最大传输 500 m　　D. 每段最多连接 200 个收发器

2. 填空题

(1) PROFIBUS 总线是 ________ 国家标准，是由 Siemens 公司为主的十几家公司、研究所共同推出的。由 ________、________、________ 组成。

(2) __________ 简称 CAN 总线，最早由德国 BOSCH 公司提出，用于汽车内部测量与执行部件之间的数据通信。

(3) 1994 年美国罗克韦尔自动化公司推出了 ___________ 网络，实现了 _________、___________ 的工业设备的网络互联。

(4) 与一般现场总线相比，ControlNet 增加了 ________ 和 ________，它既考虑了网络的效率和实现的复杂程度，又兼顾到协议技术的向前兼容性和功能完整性。

(5) 工业以太网是按照 ___________ 的要求，发展适当的 ________ 和 ________ 协议，使 ____________ 技术真正能应用到控制层，延伸至现场层，而在信息层尽可能采用 IT 行业既有效又有最新成果的工业用局域网。

第 2 章 工业网络设备与基础

当今的控制系统和工业自动化系统，以太网的应用几乎已经和PLC一样普及。工业以太网是基于IEEE 802.3(Ethernet)的强大的区域和单元网络，工业网络设备是构建工业以太网的基础。本章介绍常用的工业网络设备，并以西门子工业网络设备为例介绍实现基本管理配置的方法。

2.1 工业网络设备

工业网络设备通常包括可编程逻辑控制器、工业交换机、工业路由器、工业防火墙等。在这些设备中，工业交换机和工业路由器实现了工业网络的互联互通；工业防火墙保证了工业网络的安全性；可编程逻辑控制器和人机交互界面 (HMI) 作为基本的控制和输入输出设备，也被广泛应用在工业网络场景中。

2.1.1 可编程逻辑控制器

可编程逻辑控制器 (Programmable Logical Controller，PLC) 是一种以微处理器为基础，综合了现代计算机技术、自动控制技术和通信技术而发展起来的一种通用的工业自动控制装置，也是当今工业以太网中最常用的设备。

西门子 SIMATIC S7-1200 控制器是专为紧凑型控制器设计的，由 SIMATIC S7-1200 控制器和 SIMATIC HMI 基本型面板组成，二者均可使用 SIMATIC TIA Portal 工程软件进行编程。由于使用同一个工程软件对两种设备进行编程，开发成本得以显著降低。

1. SIMATIC S7-1200 PLC 简介

SIMATIC S7-1200 PLC(简称 S7-1200) 紧凑型控制器是一款节省空间的模块化控制器，该控制器使用灵活、功能强大，可用于控制各种各样的设备以满足您的自动化需求。S7-1200 设计紧凑、组态灵活且具有功能强大的指令集，这些特点的组合使它成为控制各种应用的完美解决方案。

CPU 将微处理器、集成电源、输入和输出电路、内置 PROFINET、高速运动控制 I/O 以及板载模拟量输入组合到一个设计紧凑的外壳中来形成功能强大的控制器。在下载用户程序后，CPU 将包含监控应用中的设备所需的逻辑。CPU 根据用户程序逻辑监视输入并更改输出，用户程序可以包含布尔逻辑、计数、定时、复杂数学运算以及与其他智能设备的通信。

CPU 提供一个 PROFINET 端口用于通过 PROFINET 网络通信。还可使用附加模块通过 PROFIBUS、MODBUS、GPRS、RS485 或 RS232 等网络进行通信。

S7-1200 PLC 外观如图 2-1 所示。

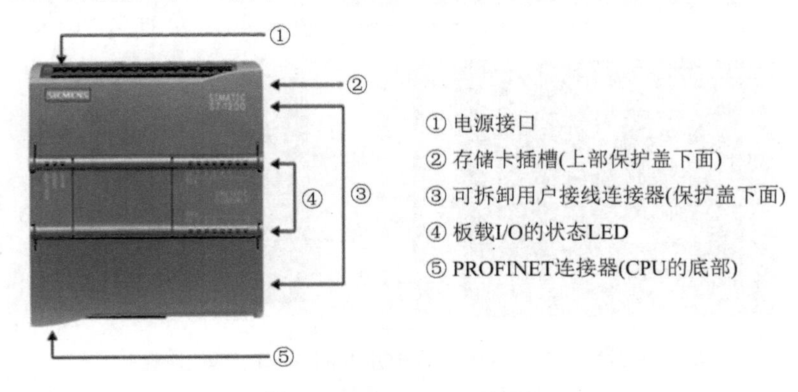

图 2-1　S7-1200 PLC 外观

2. SIMATIC HMI 面板简介

SIMATIC HMI 面板是用于实现高效的、功能强大的 HMI 装置，通过功能强大且具有创新功能的操作员控制和监视设备，可在十分广泛的应用领域中实现高效的设备级 HMI 解决方案。一个独特且高效的功能特性是，可以通过 TIA Portal 中的 SIMATIC WinCC 进行集成化组态，用户可通过这种组态在时间、成本和工作量上实现可观的节约。当人们必须使用执行各种任务的机械和设备进行作业时，需要操作员监视和控制设备，SIMATIC HMI 解决方案既可集成到更高级别的网络中，又可满足人们对透明度和数据提供者提出的日益增长的需求。多年来，SIMATIC HMI 面板已在所有工业领域中得到广泛应用。

SIMATIC HMI 面板的独特优势如下：

(1) 高效工程：可视化的创建比以前更快、更轻松。

(2) 创新的设计和操作：可视化成为机器的显著特点。

(3) 明亮的 HMI 操作面板：适合每种应用的操作面板。

(4) 安全备份：保护投资和专有技术，安全操作。

(5) 快速调试：大幅节省测试和维修时间。

(6) 基于 PC 的开放性：适用于灵活、独立的应用。

西门子 SIMATIC HMI 基本型面板提供了触屏式设备，用于执行基本的操作员监控任务。所有面板的保护等级均为 IP65 并通过了相关认证。

可用的基本型 HMI 面板类型如下：

(1) KTP400：4" 触摸屏，带 4 个可组态按键，分辨率为 480 × 272，800 个变量。

(2) KTP700：7" 触摸屏，带 8 个可组态按键，分辨率为 800 × 480，800 个变量。

(3) KTP900：9" 触摸屏，带 8 个可组态按键，分辨率为 800 × 480，800 个变量。

(4) KTP1200：12" 触摸屏，带 10 个可组态按键，分辨率为 800 × 480，800 个变量。

KTP700 Basic(PROFINET 接口)HMI 设备外观如图 2-2 所示。

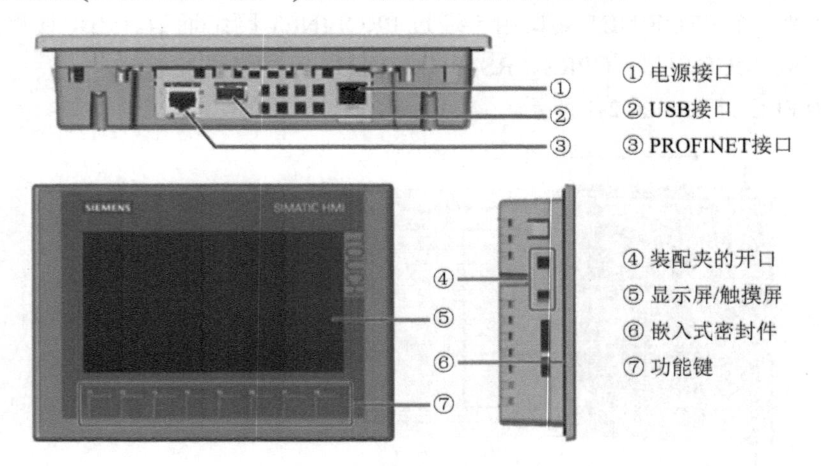

图 2-2　KTP700 Basic(PROFINET 接口)HMI 外观

2.1.2　工业交换机

工业交换机也称工业以太网交换机，即应用于工业控制领域的以太网交换机设备，由于采用了透明而统一的 TCP/IP 协议，具有开放性好、应用广泛以及价格低廉等优势。工业交换机具有电信级性能特征，可耐受严苛的工作环境。产品采用宽温设计，防护等级不低于 IP30，支持标准和私有的环网冗余协议。产品系列丰富，端口配置灵活，可分为第 2 层工业交换机、第 3 层工业交换机、并行冗余交换机等多个类别，能充分满足各种工业领域的使用需求。

1. 第 2 层工业交换机

第 2 层工业以太网交换机具有构建第 2 层网络需要的所有功能。第 2 层交换机分两种，即非网管型和网管型。非网管型第 2 层交换机，无须额外组态，即可集成到第 2 层网络中。对于网管型第 2 层交换机，可对其进行配置：它们有 IP 地址，可以利用该地址根据具体应用对其进行配置。

使用第 2 层网络的西门子 SCALANCE X200 网管型工业以太网交换机，可轻松、可靠地用于许多工业领域。凭其坚固、紧凑的设计和多种端口版本，可满足各种需求。

SCALANCE X200 工业以太网交换机包括以下类型：

(1) 结构紧凑、应用灵活的 SCALANCE XB200 交换机。

(2) 结构紧凑、坚固耐用的 SCALANCE XC200 交换机 (以太网供电，传输速率最高可达 10 Gb/s)。

(3) 坚固耐用且经过专门认证的 SCALANCE XC200EEC 交换机。

(4) 采用 SIMATIC ET 200SP 结构设计的扁平 SCALANCE XF200 交换机，可模块化配

备总线适配器 (BA)。

(5) SCALANCE X200RNA(冗余网络访问)，用于 PRP 网络结构中的冗余 HSR。

以 SCALANCE XB208 第 2 层工业交换机为例，该交换机包含 8 个 10/100 Mb/s RJ-45 端口，外观如图 2-3 所示。

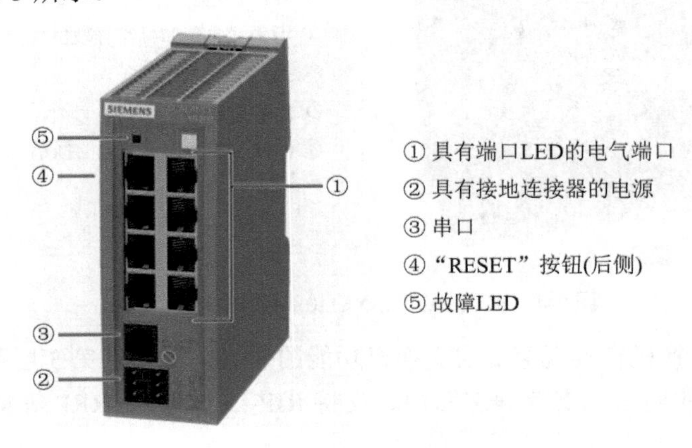

图 2-3　SCALANCE XB208 第 2 层交换机

第 2 层工业交换机通常包含以下基本属性：

(1) 以太网接口支持 10 Mb/s、100 Mb/s、1000 Mb/s 全双工。

(2) 生成树冗余：可采用 STP、MSTP、RSTP 等多种冗余协议。

(3) 环网冗余：可采用 HRP、MRP 等多种冗余协议。

(4) 虚拟网络 (Virtual Networks)：要想构建节点数快速增加的工业以太网，可以将一个物理网络分成若干个虚拟子网。支持基于端口、协议和子网的 VLAN(虚拟局域网)。

(5) 端口镜像：允许将一个端口的数据流镜像到另一个端口 (监视端口)。然后可在该监视端口对数据流进行分析，而不影响数据通信。

(6) 链路汇聚：使用链路汇聚 (IEEE 802.1AX) 捆绑数据流。

(7) 时钟同步：诊断消息 (日志表条目、电子邮件) 具有时间戳。通过与 SNTP/NTP 服务器进行同步，本地时间在整个网络中保持一致，这使得识别多个设备的诊断消息更为轻松。

2. 第 3 层工业交换机

第 3 层工业交换机具有构建第 3 层网络所需要的所有功能，通常用于灵活的连接和构建高性能工厂网络。由于具有模块化设计，这些交换机可满足相应任务的要求。它们支持 IT 标准 (如 VLAN、IGMP、RSTP)，可将自动化网络无缝集成到现有办公网络中。

西门子 SCALANCE XM400 为高性能网管型第 3 层工业交换机，带固定的 RJ-45 端口 (10/100/1000 Mb/s) 和可单独配备的 SFP 光纤收发器插槽。在第 2 层或第 3 层网络中，SCALANCE XM400 交换机通过端口扩展器，可以升级至最多 24 个 10/100/1000 Mb/s 端口，其中 8 个端口具备以太网供电功能，可向终端提供数据和电源。此外，SFP 插入式收发器还允许 SCALANCE XM400 设备在 100 Mb/s 和 1000 Mb/s 时配装单模和多模 SFP。

SCALANCE XM408-8C 交换机具有 8 个 RJ-45 端口、8 个可插拔收发器插槽，最多支持 2 个端口扩展器和 1 个功能扩展器。其外观如图 2-4 所示。

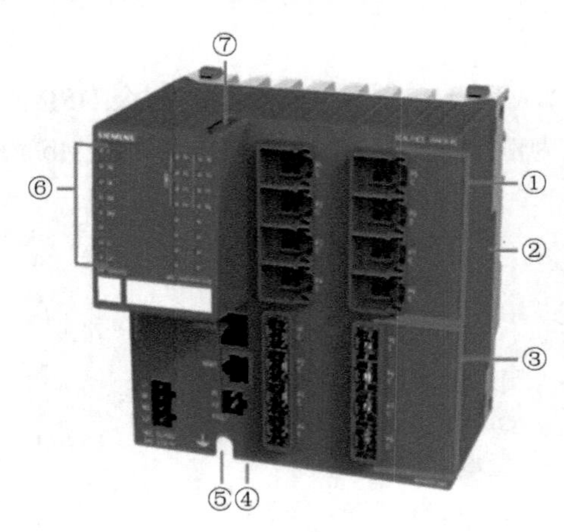

① 电气端口
② 带保护盖的扩展接口
③ SFP收发器的插槽
④ 用于固定到S7标准导轨的位置(在设备的底部)
⑤ 接地(在设备背面)
⑥ LED指示灯
⑦ C-PLUG/KEY-PLUG的插槽

图 2-4　SCALANCE XM408-8C 第 3 层交换机

第 3 层工业交换机在实现第 2 层交换机功能的基础上还具有第 3 层路由功能，可实现不同 IP 子网之间的通信，支持静态路由、支持 RIP、OSPF、VRRP 等协议实现路由功能和路由冗余。

3. 并行冗余交换机

环形网络冗余可以增加网络可靠性，当某一线路出现故障时，网络可以自动重构并恢复通信。通常使用 HSP 冗余协议的收敛时间是 300 ms，使用 MRP 冗余协议收敛时间是 200 ms，但在一些特殊场合，需要使用无重构时间的网络。目前，要实现无缝冗余涉及两个技术，即并行冗余协议 (PRP) 和高可靠性无缝冗余 (HSR)，西门子 SCALANCE X204RNA 交换机就是支持 PRP 和 HSR 协议实现无缝冗余功能的并行冗余交换机。

1) 并行冗余协议 (PRP)

PRP 使用由标准网络组件组成的并行独立结构。通过无缝冗余模块（例如 SCALANCE X204RNA），可将不具有 PRP 功能的节点或整个网段连接到 PRP 网络中。当一个节点要发送的数据帧经过 SCALANCE X204RNA 后，会被复制为两份，分别通过两个互相独立的局域网传输，到达对方的 SCALANCE X204RNA 交换机时，它会将最先到达的数据帧转发给目的设备而丢弃后到达的数据帧。

2) 高可靠性无缝冗余 (HSR)

HSR 通信的冗余则是通过环网式结构实现的。通过 SCALANCE X204RNA，不具有 HSR 功能的节点或整个网段也可以连接到 HSR 网络。当一个节点要发送数据帧经过 SCALANCE X204RNA 后，会被复制为两份，在环网中往两个方向传输，到达对方的 SCALANCE X204RNA 交换机时，它会将最先到达的数据帧转发给目的设备而丢弃后到达的数据帧。

PRP 和 HSR 的应用领域是具有高可靠性要求且依赖于网络高可用性的分布式实时网络。与传统的容错网络相比，PRP 和 HSR 可提供冗余链路的无缝切换。在其中一个传输通路发生故障的情况下，始终可确保传输第二个消息帧。在有故障的情况下，始终确保没有延迟地传输两个消息帧中的一个。发生故障时，不会像其他冗余方法那样需要网络有一段重建时间(重新建立通信路径)，始终继续保持数据通信，而不会产生网络中断。

3) SCALANCE X204RNA 交换机

在冗余网络接入(Redundant Network Access)时，SCALANCE X204RNA 是第 2 层网管型工业以太网交换机，依据所支持的协议不同分为 SCALANCE X204RNA(HSR) 和 SCALANCE X204RNA(PRP) 两种类型。其外观如图 2-5 所示。

(a) HSR　　(b) PRP

图 2-5　SCALANCE X204RNA(HSR) 和 SCALANCE X204RNA(PRP)

SCALANCE X204RNA(HSR) 有两个 RJ-45 插孔 (P1/A 和 P2/B) 用于连接不具备 HSR 功能的终端设备或网段，另外两个 RJ-45 插孔 (HSR 1 和 HSR 2) 用于连接 HSR 环网。作为网络接入点用于将最多两个非 HSR 终端设备或网段连接至一个环形 HSR 网络结构。另外，还可以实现从 PRP 至 HSR 网络的单一或冗余网关。

SCALANCE X204RNA(PRP) 有两个 RJ-45 插孔 (P1 和 P2) 用于连接不具备 PRP 功能的终端设备或网段，另外两个 RJ-45 插孔 (PRP A 和 PRP B) 用于连接 PRP 网络 LAN A 和 LAN B。

2.1.3　工业路由器

工业路由器是一种用于连接两个或两个以上网络的耐用器件，可将信号传送到所需端口。网关可对标准以太网与工业以太网协议、无线与有线接口、以太网与现场总线通信协议进行转换。这种工厂自动化设备结构坚固，适用于无风扇冷却的恶劣工业环境，是专门用于工业领域的数据传输设备。

1. 工业路由器的优势

工业路由器作为企业组建网络的核心设备，能提供较高的稳定性和安全性，比普通路由器具有更多优势。

(1) 更高的转发性能和更高的带机量。一般工业级别的路由器大部分是用来实现数据传输以及其他功能，对于路由器的转发性能和带机量有很高的要求。企业级路由器大多采用高主频网络专用处理器，数据处理能力强，具有更远的传输距离和更大的覆盖面积，可以大幅度提高网络的传输速度和吞吐能力，运行也十分稳定，能更好地满足企业多人高速上网的需求。

(2) 更丰富的路由协议。安全、稳定是企业网络的生命线。工业级路由器一般具有多项安全服务，拥有更丰富的路由协议，如 SNMP、静态路由器、策略路由器、统一管理协议等，通过这些协议，工业级路由器可以保证网络安全运行，保护用户资料不被窃取。

(3) 工业级的产品更适合长时间使用。企业级路由器在工业设计上更加专业精致，能够支持长时间的不停使用，适合多领域工业应用环境，广泛应用于电力、工业自动化、交通、农业等场合中。

2. 西门子 SCALANCE M 系列工业路由器

为了进行安全远程访问并在工业远程通信方面实现附加应用，西门子 SCALANCE M 工业路由器提供了丰富的网络组件。由于有这些组件，通过公共或私有通信基础设施 (如移动无线电、ADSL、SHDSL 或 PROFIBUS/MPI)，全球范围的远程机器或系统可连接到一个中央网络或服务中心。由于集成了加密和访问保护机制，这些设备对数据通信的安全性至关重要。可灵活配置的防火墙针对未授权访问为连接的机器或系统提供保护，而集成 VPN(虚拟专用网络) 功能为数据流量进行加密，并针对操纵和窃取提供保护。各组件通常针对工业应用进行了优化，并相应集成在博途 (TIA) 环境中以实现集成化工程组态。

SCALANCE M 工业路由器按照连接方式分为有线连接和无线连接两大类。

1) 有线连接到远程网络

借助于 SCALANCE M 产品系列的 SHDSL 和 ADSL 路由器，可经济有效、安全地连接基于以太网的子网和可编程控制器。连接可通过现有的专用电缆通过有线电话或 DSL 网络实现。3 种常用的有线工业路由器的外观如图 2-6 所示。

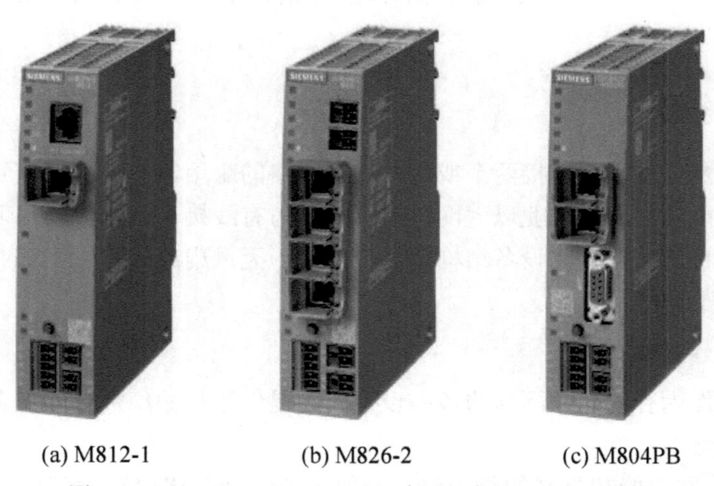

(a) M812-1　　(b) M826-2　　(c) M804PB

图 2-6　西门子 SCALANCE M 系列有线工业路由器外观

SCALANCE M812-1 ADSL 路由器用于连接基于 ADSL2 +(非对称数字用户线) 的有线

电话或 DSL 网络。这使得设备的下行数据传输率可达 25 Mb/s，上行数据传输率可达 1.4 Mb/s。

SCALANCE M826-2 是一种 SHDSL 路由器，通过现有的专用电缆进行连接，并支持 ITU-T 标准 G.991.2。这样设备的每个线对可达到 15.3 Mb/s 的对称数据速率。

SCALANCE M804PB 是一种 PROFIBUS/MPI 路由器，用于用户友好地远程访问现场的 PROFIBUS 站，无须附加适配器或软件。

2) 无线连接到远程网络

SCALANCE M 系列无线工业路由器使用全球范围采用的公共移动网络 (5G、4G、3G) 以进行数据传输。3 种常用的无线工业路由器的外观如图 2-7 所示。

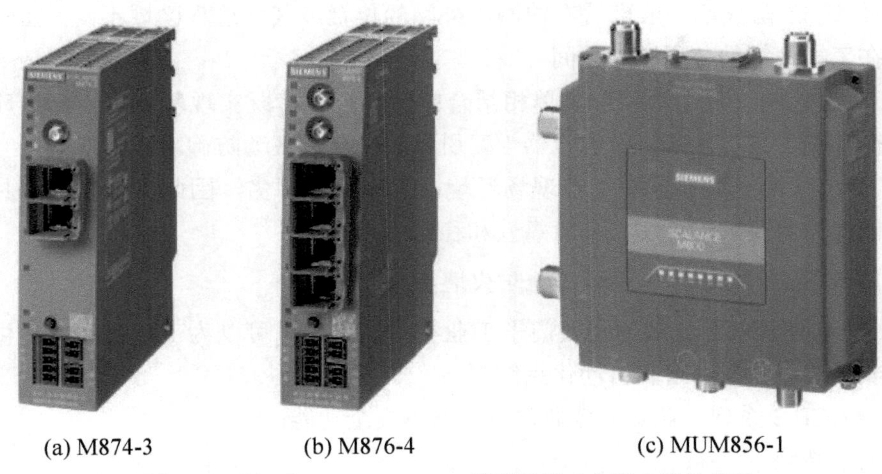

(a) M874-3　　(b) M876-4　　(c) MUM856-1

图 2-7　西门子 SCALANCE M 系列无线工业路由器的外观

SCALANCE M874-3 支持 3G(UMTS) 数据服务 HSPA +（高速分组接入），因此可在下行链路中实现 14.4 Mb/s 的传输速率，在上行链路中实现 5.76 Mb/s 的传输速率。

SCALANCE M876-4 支持 4G(LTE－长期演进)，因此可在下行链路中实现 100 Mb/s 的传输速率，在上行链路中实现 50 Mb/s 的传输速率。

SCALANCE MUM856-1 支持 5G(RoW)，因此可在下行链路中实现高达 1000 Mb/s 的传输速率，在上行链路中实现高达 500 Mb/s 的传输速率。

2.1.4　工业防火墙

随着工控信息安全越来越成为各方关注的焦点，越来越多的工业企业对工控信息安全产品投入了更多目光。现阶段工业防火墙仍是防护工控信息安全的主流产品，作为扼守工业网络安全的重要设备，工业防火墙在运行稳定性、响应精准性以及安全防护能力上依然是工业用户普遍关注的重点。

1. 工业防火墙概述

工业防火墙，顾名思义，就是用于工业控制网络的防火墙，用来实现工业控制网络与外部其他网络以及工业控制网络内部不同业务之间的边界隔离和访问控制。它是工业控制系统信息安全必须配备的设备。工业防火墙能够对工业控制网络进行边界防护，适用于DCS、PLC、SCADA等工业控制系统，可以对数据采集进行安全过滤；实现对工业网络的纵深安全防护的需要；能够阻止任何来自安全区域内、外的非授权访问；有效抑制病毒、木马在工业控制网络中的传播和扩散。

工业防火墙除了具备传统IT防火墙的安全功能之外，还具有如下特点。

(1) 工业防火墙虽只要求合适的吞吐率，但对实时性的要求却非常严格。

(2) 工业防火墙要求解析和过滤各种工业控制协议和自定义协议，具备深度包检测功能，实现对协议通信内容的深度解析、过滤、阻断、报警、审计等各类功能。

(3) 与传统IT防火墙一般部署在内网和外网的位置或其他边界区域不同，工业防火墙一般部署在工控网络的分层区域之间。

(4) 工业防火墙一般使用黑白名单相结合的防御技术，既实现基于工业漏洞库的黑名单被动防御功能，又实现基于智能机器学习引擎的白名单主动防御功能。

(5) 工业防火墙一般放置在工业现场环境，工作环境恶劣，因此工业防火墙具有严苛的工业级硬件技术要求，可实现高可靠性和稳定性。

2. 西门子SCALANCE S系列工业防火墙简介

西门子SCALANCE S系列是西门子工业级别防火墙，可以为工厂自动化提供安全防护，防止非法访问工业网络和自动化系统。

SCALANCE S系列工业防火墙通常包含如下安全功能：

1) 防火墙功能

SCALANCE S内部网段中的所有网络节点都受到其防火墙保护。防火墙的功能如下：

(1) 具有状态数据包检查功能的IP防火墙(第3层和第4层)；

(2) 带宽限制；

(3) 全局防火墙规则集；

(4) 用户特定的IP规则集。

2) 路由器模式

把SCALANCE S用作路由器，可以将内部网络与外部网络分离。这样，通过SCALANCE S连接的内部网络将成为单独的子网，必须使用SCALANCE S的IP地址将其明确编址为路由器。

SCALANCE S不支持动态路由协议，可以通过静态路由制定下一跳IP。工厂层级的路由器通过动态路由协议交换路由信息，SCALANCE S仅需要将目标子网的下一跳设置为临近的路由器IP。

3) IPSec隧道确保通信安全

组态期间，高级SCALANCE S可与其他安全模块分组在一起。在一个组的所有安全模块之间创建IPSec隧道。这些安全模块的所有内部节点都可以通过这些隧道彼此安全地进行通信。通过VPN隧道，远程设备可以连接到SCALANCE S内部，提供加密的数据访问，保证安全的远程调试。SCALANCE S支持IPSec VPN服务器，连接远程IPSec客户端，也可以作为 IPSec VPN 客户端连接远程服务器。

4) 使用 RADIUS 服务器进行用户验证

在 RADIUS 服务器 (远程用户拨号验证服务) 上可集中存储用户名、密码和用户角色。然后，通过 RADIUS 服务器对这些用户进行验证。

5) 使用 HTTPS 协议

将 HTTPS 协议用于 Web 页面的加密传送，保证过程控制中的安全性。

6) 使用 NTP 协议

通过使用 NTP 协议实现安全的时钟同步和传输。

7) 使用 SNMPv3 协议

SNMPv3 协议用于安全传送网络分析信息，使其免受窃听。

8) 实现设备和网段的保护

防火墙保护功能可应用于单个设备、多个设备或整个网段的运行。

3. 西门子 SCALANCE S615 工业防火墙

SCALANCE S615 作为工业防火墙，可以对设备、自动化单元和以太网网段提供保护功能。通过 SCALANCE S615 可以有效地保护生产网络，防止从内部和外部产生威胁。例如未经授权的访问或不必要的通信负载。通信可以通过加密的方式来保证安全，阻止数据的监听和数据的篡改。例如通过不安全的网络 Internet 或 WAN 对设备的远程访问。

SCALANCE S615 工业防火墙配备 5 个以太网端口，可以通过防火墙或虚拟专有网络 VPN 为各种网络拓扑提供保护，并能够灵活实现安全机制。其外观及前后面板如图 2-8 所示。

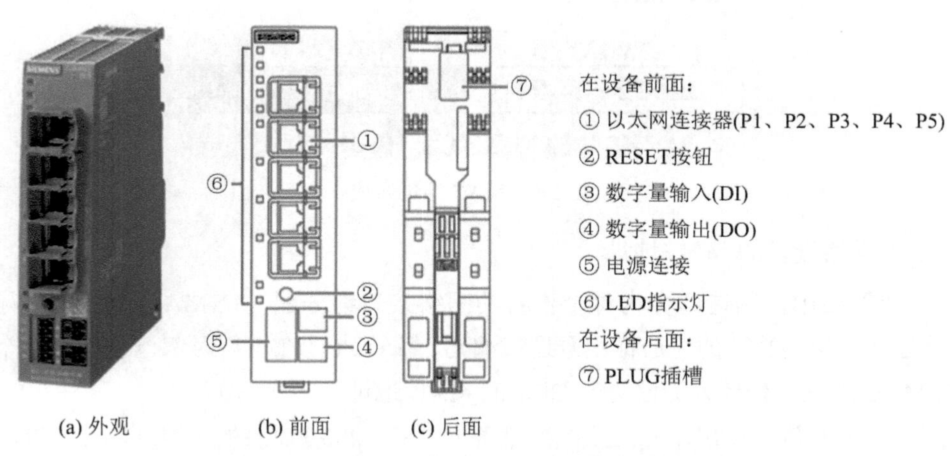

图 2-8　西门子 SCALANCE S615 工业防火墙

SCALANCE S615 能够通过基于网络的管理 (WBM)、命令行接口 (CLI) 和简单网络管理协议 (SNMP) 进行配置、管理。可以作为动态主机配置协议 (DHCP) 服务器和客户端，设备可在任何虚拟局域网 (VLAN) 下使用，在特定情况下可以作为一个路由器，实现两个网段的设备的路由通信。SCALANCE S615 支持 NAT 和 NAPT 功能，这样可以对 SCALANCE S615

所连接的内网设备进行保护（内部网络）。另外，对于很多重复的网络且其内部带有相同 IP 地址的设备，使用 NAT 的方法进行访问是非常有效的。最重要的是，它可以启用防火墙和 VPN 功能，这是实现工业网络安全的主要功能。

2.2　网络地址基础

工业网络中的每一台设备都需要通过地址来进行唯一标识，在数据链路层使用的是 MAC 地址，而在网络层使用的是 IP 地址。

2.2.1　MAC 地址

MAC(Media Access Control，介质访问控制）地址，也叫物理地址、硬件地址，是 IEEE 802 标准为局域网规定的一种 48 位的全球地址，通常用十六进制数表示。形象地说，MAC 地址就如同我们身份证上的身份证号码，具有全球唯一性。

1. MAC 地址的组成

MAC 地址是识别网络节点的硬件地址，由六个以十六进制表示的字节组成，中间用连字符“-”或冒号“：”分隔，其结构如图 2-9 所示。前三个字节是由 IEEE 的注册管理机构 RA 负责给不同厂家分配的代码（高位 24 位），也称为组织唯一标识符 OUI(Organizationally Unique Identifier)，后三个字节（低位 24 位）由各厂家自行指派给生产的适配器接口，称为扩展唯一标识符 (Extended Identifier)。

图 2-9　MAC 地址组成

2. 工业网络设备的 MAC 地址

在工业网络中，制造商会为每个设备的网络接口都分配一个 MAC 地址以进行标识。MAC 地址通常用制造商的注册标识号进行编码，每个 CPU 在出厂时都已装载了一个永久、唯一的 MAC 地址，任何人无法更改 CPU 的 MAC 地址。

MAC 地址通常会直接印在工业网络设备上。S7-1200 PLC 的 IP 地址印在 CPU 正面左下角位置，必须提起下面的门才能看到 MAC 地址信息。而工业交换机、工业防火墙等设备的 MAC 地址通常印在设备侧面。如图 2-10 所示，S7-1200 PLC 的 MAC 地址就在 CPU 正面左下角 PROFINET(LAN) 接口处，其值为 8C-F3-19-10-23-9F；XB208 第 2 层交换机的 MAC 地址在设备侧面，其值为 D4-F5-27-BC-64-91；XM408-8C 第 3 层交换机的 MAC 地址也在设备侧面，其值为 D4-F5-27-AA-94-00。

(a) S7-1200 PLC

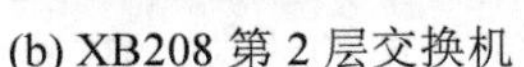
(b) XB208 第 2 层交换机

(c) XM408-8C 第 3 层交换机

图 2-10　工业网络设备上的 MAC 地址标识

3. 交换机 MAC 地址表

MAC 地址对应于 OSI 参考模型的第 2 层数据链路层，工作在数据链路层的交换机维护着计算机 MAC 地址和自身端口的数据库，通常也称为交换表、MAC 地址表。交换机根据接收数据帧中的“源 MAC 地址”来建立和维护 MAC 地址表；根据“目的 MAC 地址”来决定如何转发数据帧。

交换机建立 MAC 地址表和转发数据帧的工作流程如图 2-11 所示。

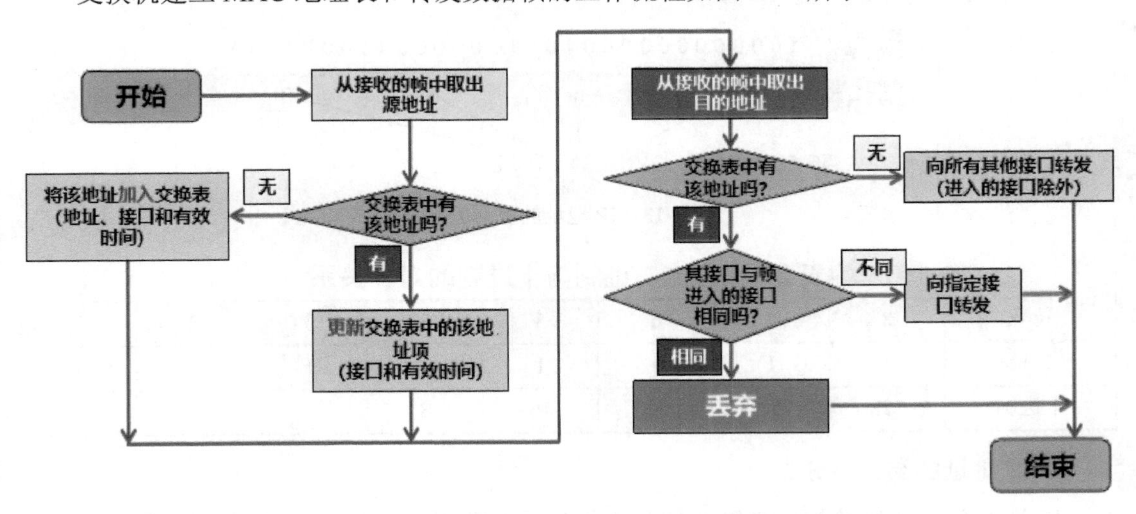

图 2-11　交换机建立 MAC 地址表和转发帧的流程

1) 建立和维护 MAC 地址表

开始时交换机的地址表是空的，交换机每收到一个数据帧就会取出其源 MAC 地址，然后在地址表中查找是否已有该地址，若无则将该地址加入地址表中，添加一条记录 (3 条信息：MAC 地址、接口号和有效时间)；若有则更新地址表中与该地址对应的端口号和有效时间等信息。

考虑到有时要在交换机的接口更换主机，或者主机要更换其网络适配器，这就需要更改地址表中的记录。为此，在交换机地址表中的每条记录都设有一定的有效时间。过期的记录就自动被删除。这种自学习方法使得交换机能够即插即用，不必人工进行配置。

2) 根据 MAC 地址表转发数据帧

交换机从接收的数据帧中取出其目的 MAC 地址，然后在地址表中查找是否已有该地址，若无则会以泛洪方式将数据帧转发给除入接口之外的所有接口；若有则进一步查看其对应的接口是否和入接口相同，若不同则将数据帧向指定接口转发，若相同则无须转发而丢弃掉数据帧。

2.2.2 IP 地址

IP(Internet Protocol) 是网络之间互连的协议。IP 地址是指互联网协议地址，也称为网际协议地址。IP 地址是 IP 协议提供的一种统一主机编址方式的地址格式。IP 地址有 IPv4 地址和 IPv6 地址两个版本，本书描述和使用的都是 IPv4 地址。

1. IP 地址的表示方法

IP 地址由 32 位二进制数组成，用于唯一标识网络中的 IP 节点。为便于记忆、书写与表达，通常会使用十进制进行表示。如图 2-12 所示，每 8 位为一组，将 4 组二进制数转换为 4 个十进制数，各数字间用点分隔，俗称为点分十进制表示法。八位二进制与十进制的对应关系如表 2-1 所示。

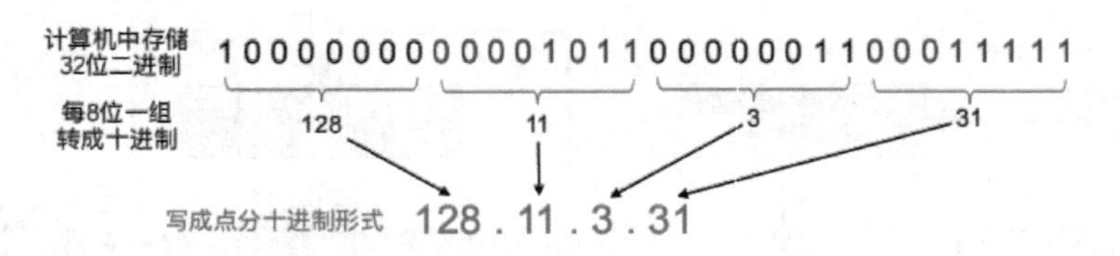

图 2-12　IP 地址的表示方法

表 2-1　八位二进制与十进制的对应关系

位数	8	7	6	5	4	3	2	1
二进制	1	1	1	1	1	1	1	1
十进制	128	64	32	16	8	4	2	1

2. IP 地址的结构与分类

IP 地址采用两级结构，由网络位和主机位两部分组成，如图 2-13 所示。网络地址表示其属于互联网的哪一个网络，主机地址表示其属于该网络中的哪一台主机。主机部分使用的位数决定了网络中可以容纳的主机数量。

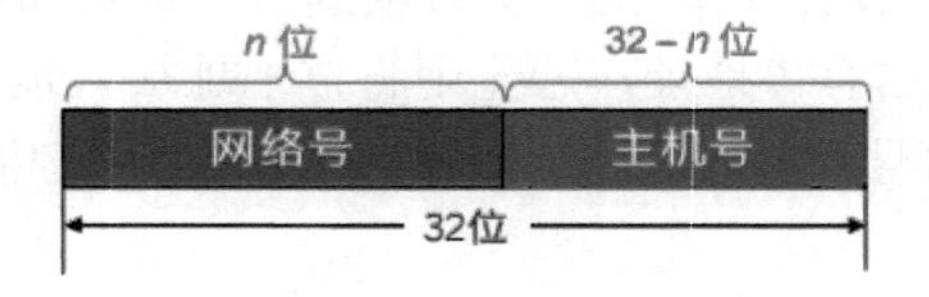

图 2-13　IP 地址的结构

IP 地址根据网络号的不同分为 5 种类型：A 类地址、B 类地址、C 类地址、D 类地址和 E 类地址，如图 2-14 所示。其中较常用的是 A 类、B 类和 C 类地址。

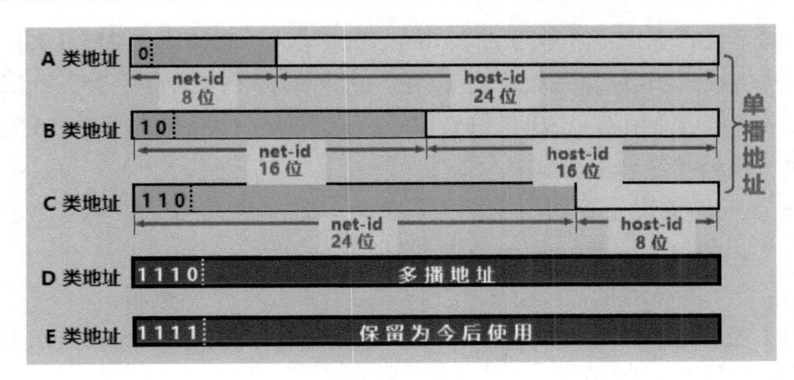

图 2-14　IP 地址的分类

A 类地址的网络号占 8 位，只有 7 位可供使用 (最高位固定为 0)，A 类地址可指派的网络号是 1～126。A 类地址的主机位占 24 位，因此每一个 A 类网络中的最大主机数为 $2^{24}-2$，即 16777214。

B 类地址的网络号占 16 位，只有 14 位可供使用 (最高 2 位固定为 10)，B 类地址第一个 8 位的网络号是 128～191。B 类地址的主机位占 16 位，因此每一个 B 类网络中的最大主机数为 $2^{16}-2$，即 65534。

C 类地址的网络号占 24 位，只有 21 位可供使用 (最高 3 位固定为 110)，C 类地址第一个 8 位的网络号是 192～223。C 类地址的主机位占 8 位，因此每一个 C 类网络中的最大主机数为 $2^{8}-2$，即 254。

D 类地址是多播地址，E 类地址是保留地址。

3. 子网掩码

子网掩码 (subnet mask) 又称为地址掩码，其主要功能就是能够清晰标识出一个 IP 地址中哪些位代表网络位、哪些位代表主机位，从而能够从 IP 地址迅速计算出网络地址。

1) 子网掩码的表示方法

子网掩码也是一个 32 位的二进制数，由一连串 1 和接着的一连串 0 组成，而 1 的个数就是网络位的长度，0 的个数就是主机位的长度。通常也采用点分十进制表示法。

常用 A 类、B 类、C 类地址默认的子网掩码如图 2-15 所示。

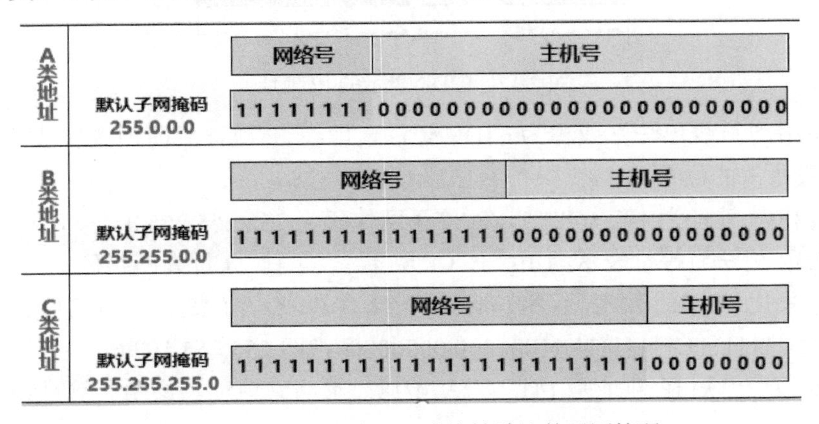

图 2-15　A 类、B 类、C 类地址默认的子网掩码

A 类地址网络位占 8 位，主机位占 24 位，因此默认子网掩码为 255.0.0.0。

B 类地址网络位占 16 位，主机位占 16 位，因此默认子网掩码为 255.255.0.0。

C 类地址网络位占 24 位，主机位占 8 位，因此默认子网掩码为 255.255.255.0。

2) 利用子网掩码计算网络地址

在已知 IP 地址的情况下，利用子网掩码就可以计算出其相应的网络地址，计算方法如下：

网络地址 = (二进制的 IP 地址) AND (子网掩码)

【例题 2-1】 已知 IP 地址是 192.14.33.7，子网掩码为 255.255.255.0，求网络地址。该题计算过程及结果如图 2-16 所示。

(a) 点分十进制 IP 地址	192 .	14 .	33 .	7
(b) 二进制 IP 地址	11000000	00001110	00100001	00000111
(c) 子网掩码是 255.255255.0	11111111	11111111	11111111	00000000
(d) IP 地址与子网掩码按位 AND	11000000	00001110	00100001	00000000
(e) 网络地址（点分十进制）	192 .	14 .	33 .	0

图 2-16　计算网络地址 (例题 2-1)

3) 无分类编址 (CIDR)

这种编址方法的全名是无类域间路由 (Classless Inter-Domain Routing，CIDR)。CIDR 消除了传统的 A 类、B 类和 C 类地址的概念，可以减小路由表大小并更加有效地分配 IPv4 的地址空间。

在无分类 CIDR 编址中引入了网络前缀的概念，如图 2-17 所示。CIDR 表示的 IP 地址用网络前缀替代了原来的网络号，这里最大的区别是前缀的位数 n 不固定，可以在 0～32 之间选取任意值，完全不受传统分类地址的限制。

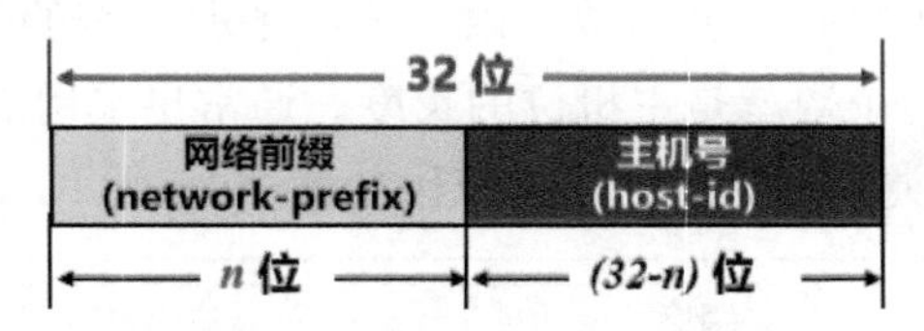

图 2-17　CIDR 表示的 IP 地址

CIDR 使用“斜线记法”或称为 CIDR 记法，即在 IP 地址后面加上斜线“/”，斜线后面是网络前缀所占的位数。

示例 1：IPv4 地址为 192.168.1.1，对应子网掩码为 255.255.255.0。

使用 CIDR 记法可等价表示为 192.168.1.1/24，表示前 24 位为网络位。

示例 2：使用 CIDR 记法表示为 141.14.72.24/18，表示前 18 位为网络位。则其等价的子网掩码应为 11111111.11111111.11000000.00000000，即 255.255.192.0。

【例题 2-2】 已知 IP 地址是 141.14.72.24/18，求网络地址。该题计算过程及结果如图 2-18 所示。

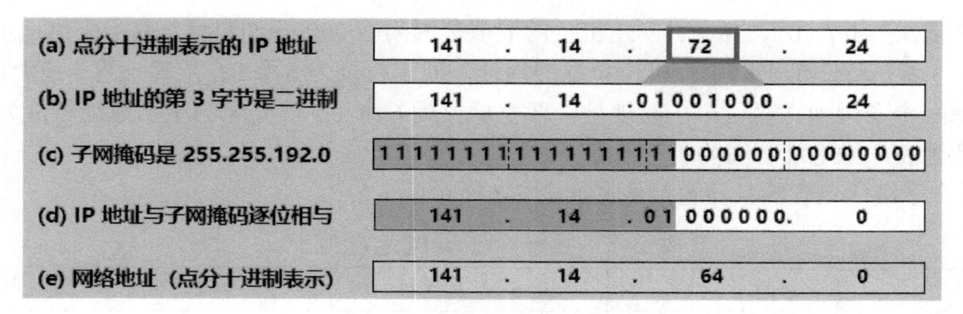

图 2-18　计算网络地址 (例题 2-2)

4. 子网划分

子网划分的基本思路是从主机位中借用若干位作为子网位 (subnet-id)，而主机号 (host-id) 也就相应减少了若干位。划分子网只是把 IP 地址的主机号这部分进行再划分，而不改变 IP 地址原来的网络号 net-id。

子网划分的优点主要有：

(1) 减少了 IP 地址的浪费；

(2) 使网络的组织更加灵活；

(3) 更便于维护和管理。

划分子网后 IP 地址就变成了三级结构，如图 2-19 所示。

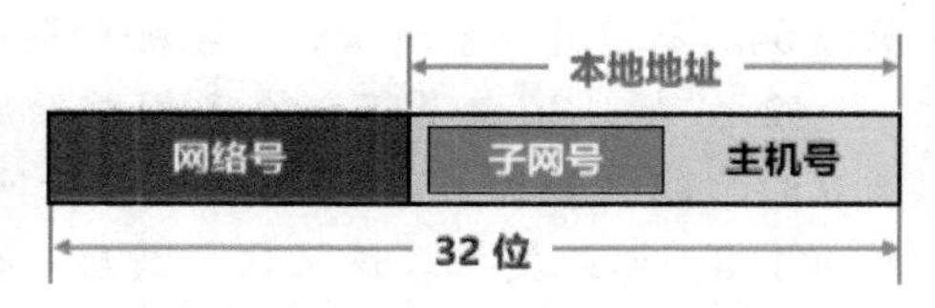

图 2-19　IP 地址的三级结构

以标准 C 类地址为例，其网络号占 24 位、主机号占 8 位，默认的子网掩码为 255.255.255.0。假设 IP 地址的三级结构中子网位数为 n，则根据 n 不同的取值可得到不同的子网划分结果，如表 2-2 所示。

表 2-2　子 网 划 分

子网位	可用子网数	CIDR 记法	子网掩码	主机位	可用主机数
1	2	/25	255.255.255.128	7	126
2	4	/26	255.255.255.192	6	62
3	8	/27	255.255.255.224	5	30
4	16	/28	255.255.255.240	4	14
5	32	/29	255.255.255.248	3	6
6	64	/30	255.255.255.252	2	2

其中：可用子网数 $= 2^n$(n 是子网位数)；可用主机数 $= 2^m - 2$(m 是主机位数)。

【例题 2-3】　假设现有一个 C 类网络地址 193.16.8.0/24，若要将其划分为 4 个子网，请问：如何指定子网掩码？每个子网的网络地址、广播地址、可分配的主机地址范围是多少？

解题思路：

(1) 要划分为 4 个子网，则需要从原有的 8 位主机位中借用 2 位作为子网位，因此新的子网掩码为 255.255.255.192。192 来自二进制数 11000000。

(2) 划分子网后，IP 地址的第 4 个 8 位中前 2 位是子网位；后 6 位是主机位。子网位的取值依次为00、01、10、11；主机位的取值范围为000000～111111。其中网络地址(最小地址)就是每一个子网中主机位全0的地址，即主机位为6个0；广播地址(最大地址)就是每一个子网中主机位全1的地址，即主机位为6个1；可分配的主机地址范围为介于网络地址和广播地址之间的所有地址。

4个子网所包含的具体地址信息如表2-3所示。

表2-3　每一个子网的地址信息

序号	网络地址		广播地址		可分配主机地址
1	00000000	193.16.8.0	00111111	193.16.8.63	193.16.8.1～193.16.8.62
2	01000000	193.16.8.64	01111111	193.16.8.127	193.16.8.65～193.16.8.126
3	10000000	193.16.8.128	10111111	193.16.8.191	193.16.8.129～193.16.8.191
4	11000000	193.16.8.192	11111111	193.16.8.255	193.16.8.193～193.16.8.254

【小技巧】

(1) 可算出子网的步长(增量)=256－子网掩码，即子网掩码为192时，256 - 192 = 64，步长为64。从0开始不断增加，直到子网掩码值，中间的结果就是子网，即0、64、128和192。

(2) 广播地址总是下一个子网前面的数。前面确定了子网为0、64、128和192，则子网0的广播地址为63，因为下一个子网为64；子网64的广播地址为127，因为下一个子网为128，以此类推。请记住，最后一个子网的广播地址总是255。

2.3　实　训

本章实训的主要目标是完成对西门子SIMATIC S7-1200 PLC、SIMATIC KTP700 HMI面板以及第2层工业交换机SCALANCE XB208、第3层工业交换机SCALANCE XM408、工业防火墙SCALANCE S615等设备的基本管理配置，通过实验练习使学生掌握这些常用工业网络设备的基本用法，为后续章节的学习与实践奠定良好基础。

实训目的

(1) 掌握西门子SIMATIC S7-1200 PLC与HMI的网络连接与基本配置；

(2) 掌握西门子SCALANCE工业交换机和工业防火墙的网络连接与基本配置。

实训准备

(1) 复习本章内容；

(2) 熟悉西门子SIMATIC S7-1200 PLC与HMI的设备外观及基本配置；

(3) 熟悉西门子SCALANCE工业交换机和工业防火墙的设备外观及基本配置。

实训设备

(1) 1台电脑：已安装博途和PRONETA软件；

(2) 1 台 SIMATIC S7-1200 PLC、1 台 SIMATIC KTP700 HMI 面板；

(3) 1 台 SCALANCE XB208 第 2 层工业交换机，1 台 SCALANCE XM408 第 3 层工业交换机，1 台 SCALANCE S615 工业防火墙；

(4) 网线若干。

2.3.1　西门子 SIMATIC S7-1200 PLC 与 HMI 的基本操作

PLC 与 HMI 的基本操作

本小节将介绍在博途环境下完成 S7-1200 PLC 和 HMI 设备组态，完成 S7-1200 PLC 和 HMI 的 IP 地址配置及复位操作的方法和实施步骤。按照如图 2-20 所示的实验拓扑完成设备连接。

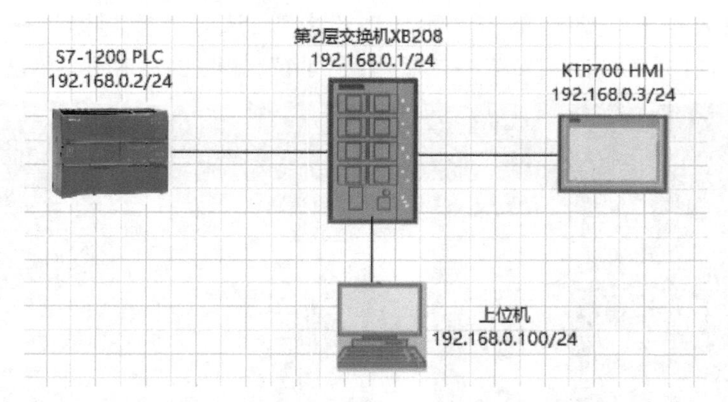

图 2-20　PLC 和 HMI 实验拓扑

1. PLC 硬件组态及 IP 地址配置

步骤 1　配置上位机 IP 地址为 192.168.0.100，如图 2-21 所示。

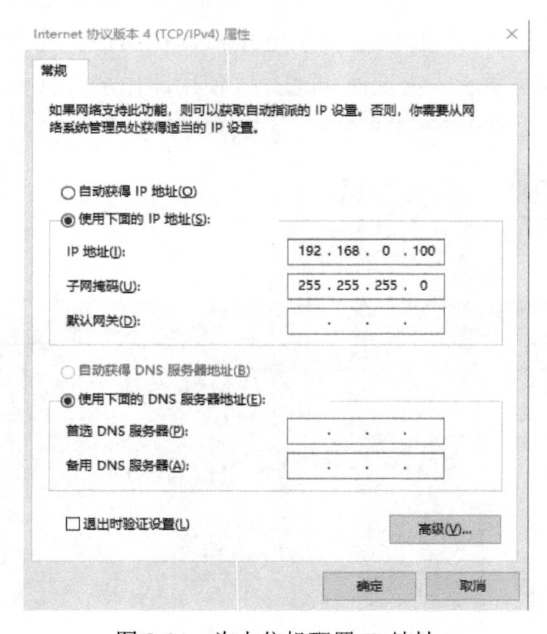

图 2-21　为上位机配置 IP 地址

步骤 2　启动博途软件，选择“创建新项目”，如图 2-22 所示输入项目名称、选择文件存储路径，然后单击“创建”按钮。

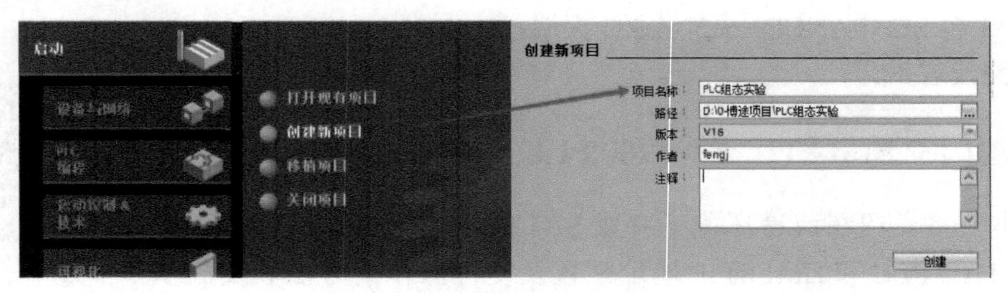

图 2-22　新建项目

步骤 3　进入组态设备，单击“添加新设备”，选择“控制器”→“SIMATIC S7-1200”→“CPU1215C DC/DC/DC”→“版本：V4.4”，如图 2-23 所示，单击“添加”按钮。

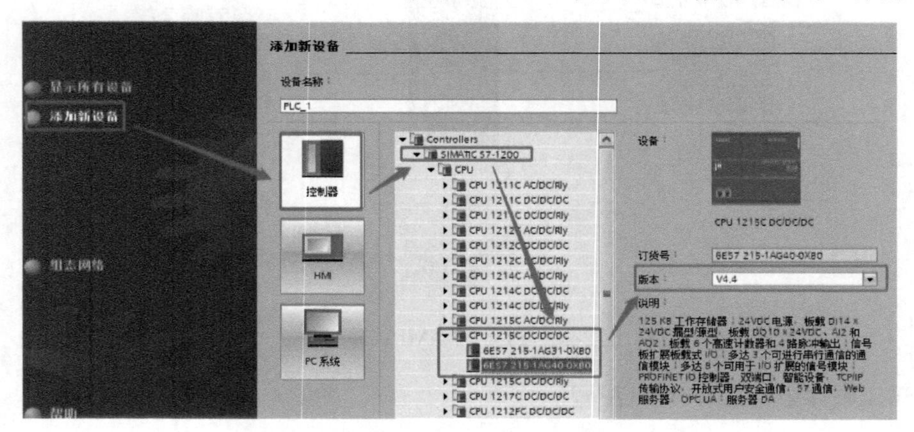

图 2-23　添加 SIMATIC S7-1200 PLC

步骤 4　进入设备视图，双击 PLC 的网络接口，在属性界面中为 PLC 配置 IP 地址和子网掩码，结果如图 2-24 所示。必要时可选择“使用路由器”并设置网关地址。

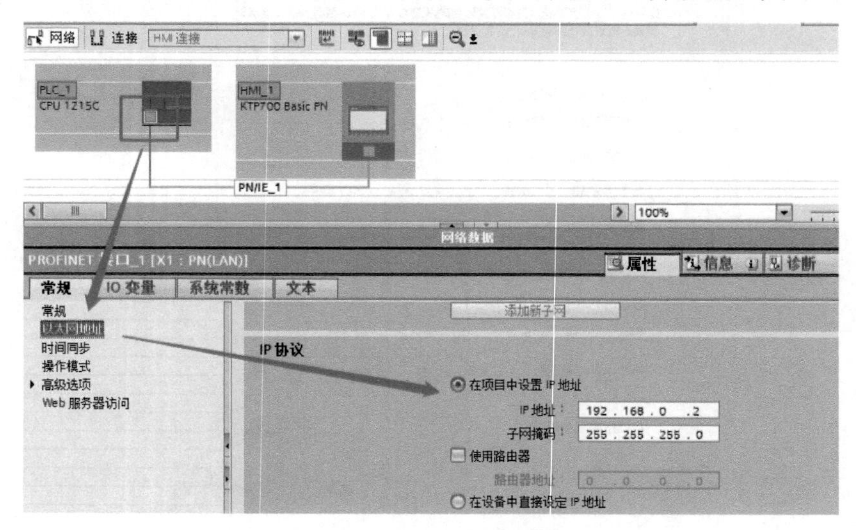

图 2-24　为 PLC 配置 IP 地址

步骤 5　在项目树中选择 PLC_1，然后单击下载到设备，将当前配置下载到相应的 PLC 中，如图 2-25 所示。

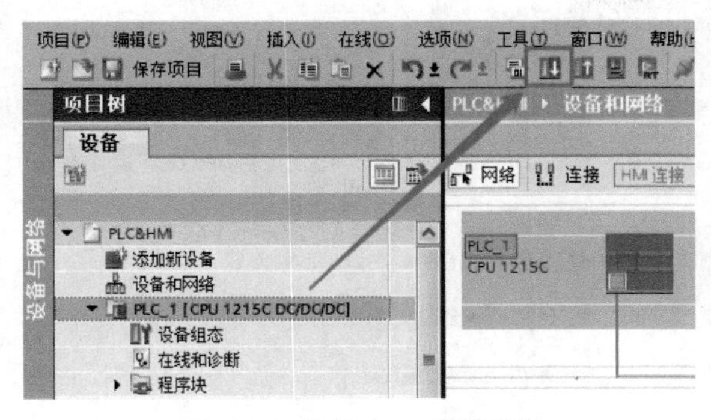

图 2-25　执行 PLC 配置下载

步骤 6　在下载界面设置 PG/PC 接口的类型 PN/IE，选择电脑的网卡为 Ethernet、接口 / 子网为默认参数，单击“开始搜索”按钮。

步骤 7　系统会自动搜索到网络中所有的 PLC，选择一台设备，勾选“闪烁 LED”，可以确认选择的是哪一台 PLC，选中正确的 PLC 后，单击“下载”按钮，如图 2-26 所示。

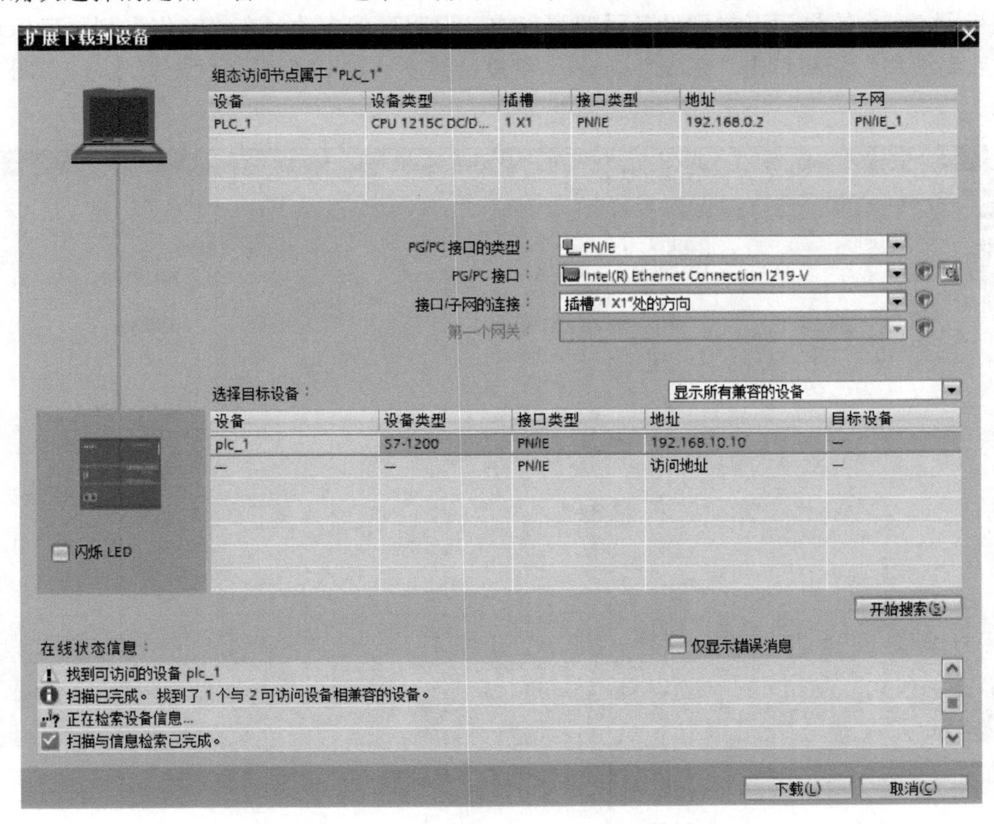

图 2-26　对搜索到的 PLC 执行下载操作

步骤 8　系统会自动执行下载前检查，若有还需要设置的选项，就需要按界面提示进行设置，然后单击“装载”按钮，这样才能真正执行下载操作，如图 2-27 所示。

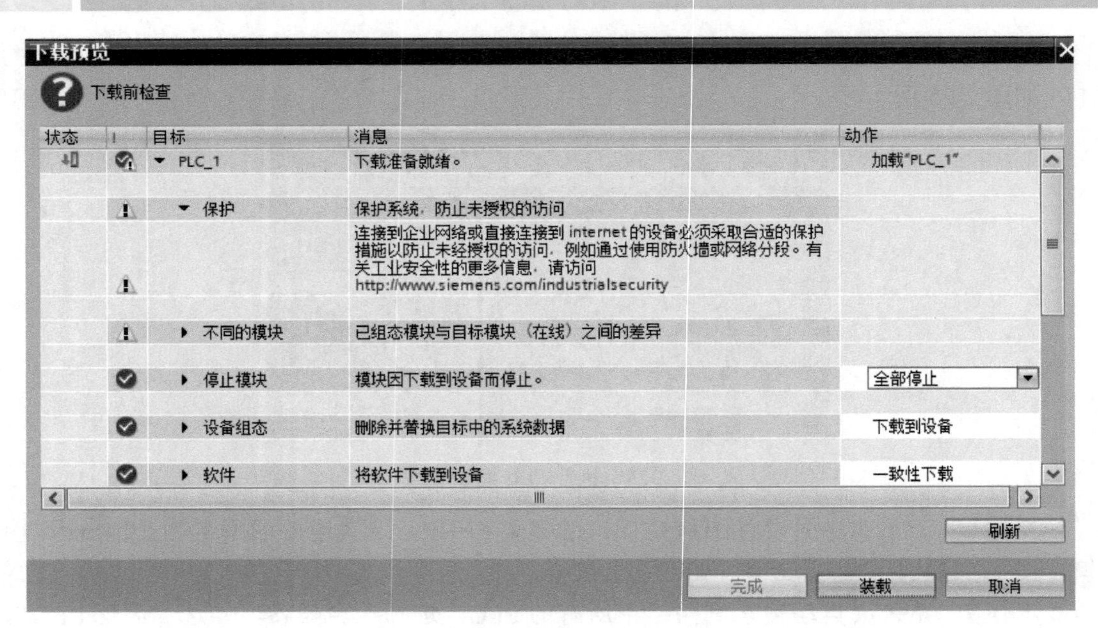

图 2-27　对 PLC 执行装载

步骤 9　系统显示下载到设备已顺利完成，说明下载成功。在“动作”列要确保选择为“启动模块”，然后单击“完成”按钮，系统就会重新启动 PLC 从而使配置生效，如图 2-28 所示。

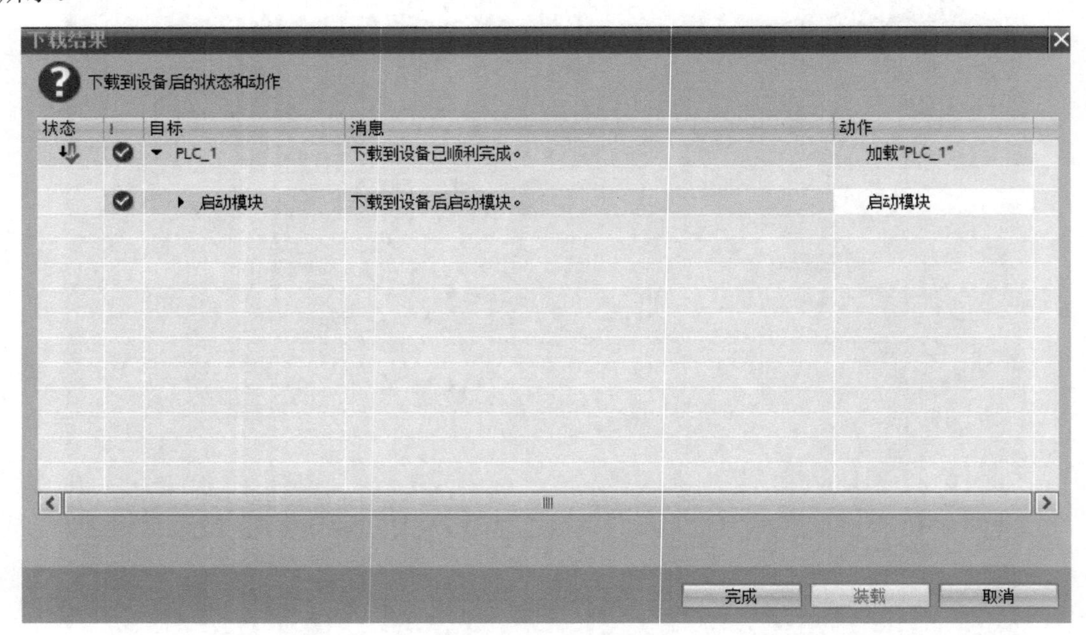

图 2-28　PLC 下载完成

2. HMI 硬件组态及 IP 地址配置

步骤 1　在项目树中双击“添加新设备”，选择 HMI→SIMATIC Basic Panel→7" Display→KTP700 Basic→PN 版本：16.0.0.0，单击“添加”按钮，如图 2-28 所示。

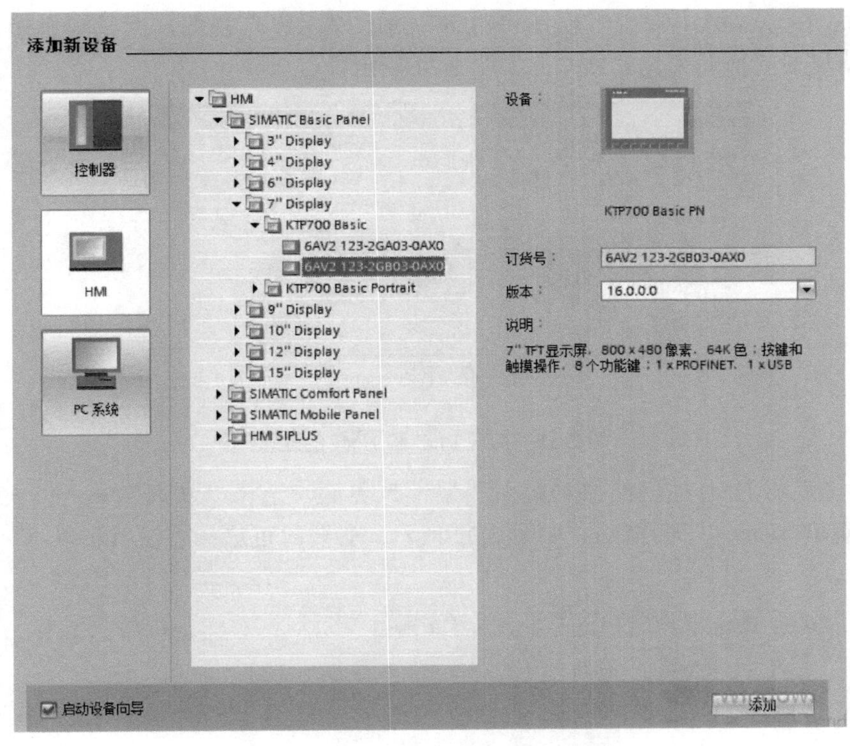

图 2-29　添加 SIMATIC HMI 基本面板

步骤 2　进入“HMI 设备向导”界面，如图 2-30 所示。单击“完成”按钮可直接退出该界面。

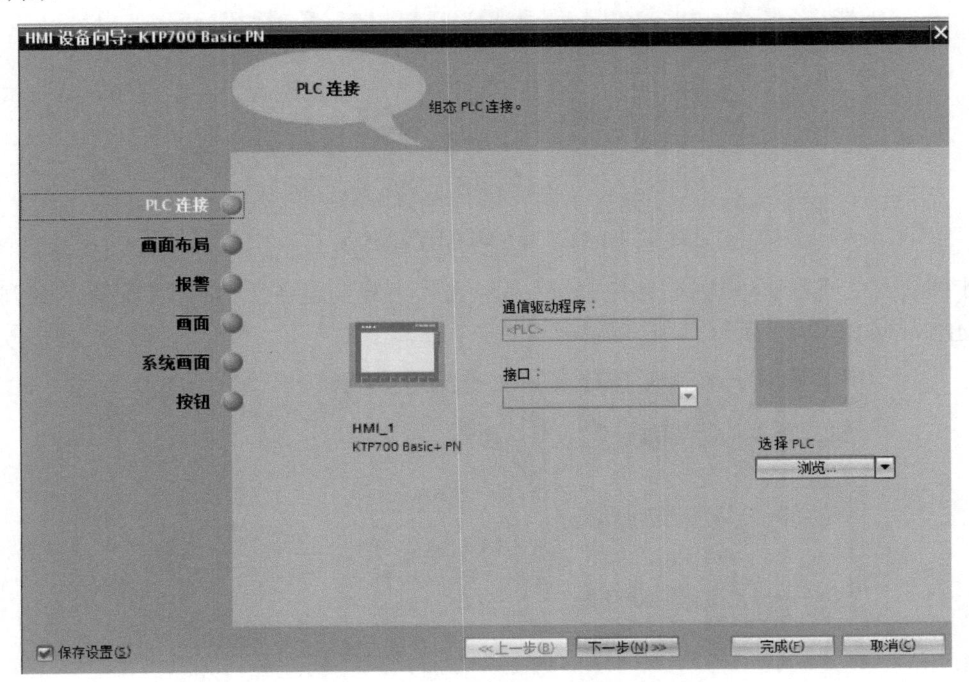

图 2-30　“HMI 设备向导”界面

步骤 3　在项目树中双击“设备和网络”进入“网络”视图，用鼠标直接在 PLC 和 HMI 的网络接口间拖动来建立连接，如图 2-31 所示。

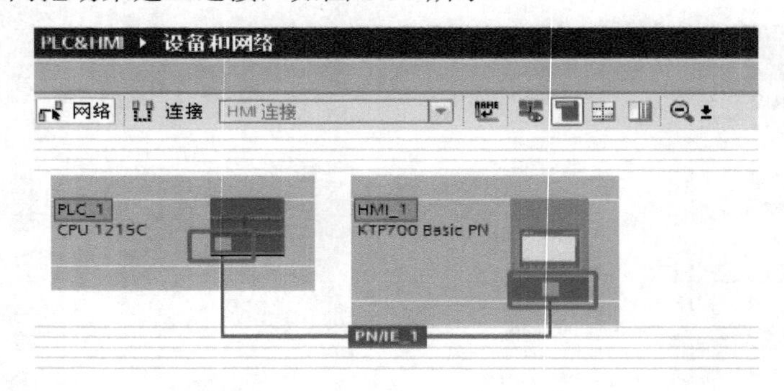

图 2-31　实现 PLC 和 HMI 的连接

步骤 4　双击 HMI 的网络接口显示“属性”界面，选择“常规”→“以太网地址”，为 HMI 配置 IP 地址和子网掩码，如图 2-32 所示。必要时可选择“使用路由器”并设置网关地址。

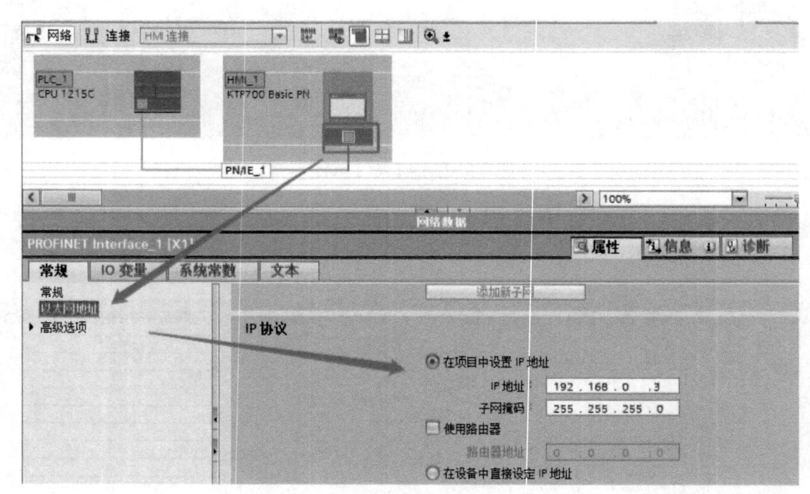

图 2-32　为 HMI 配置 IP 地址

步骤 5　在项目树中选择 HMI_1，然后单击“下载到设备”，将当前配置下载到相应的 HMI 中，如图 2-33 所示。

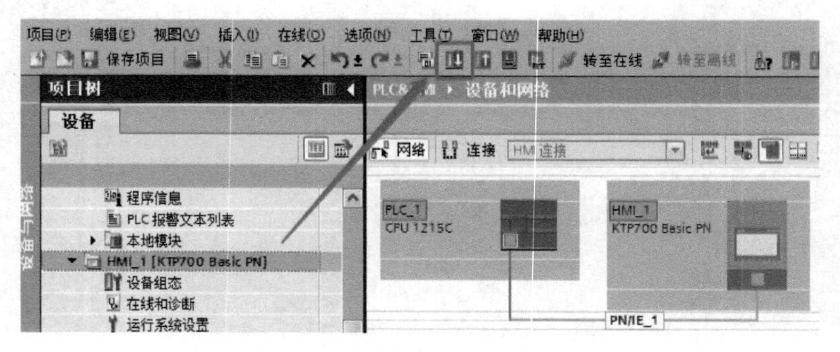

图 2-33　执行 HMI 配置下载

步骤 6　在下载界面设置 PG/PC 接口的类型 PN/IE、选择电脑的网卡为 Ethernet、接口 / 子网为默认参数，单击“开始搜索”按钮。

步骤 7　系统会自动搜索到网络中的 HMI 设备，选择该设备，勾选“闪烁 LED”，可以确认选择的是哪一台设备，选中正确的 HMI 后，单击“下载”按钮，如图 2-34 所示。

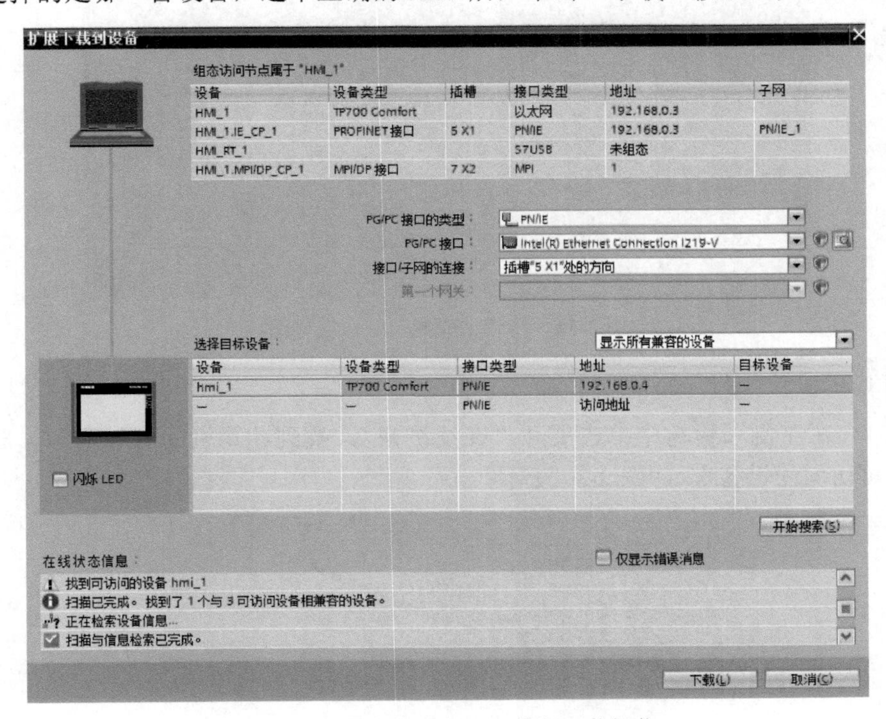

图 2-34　对搜索到的 HMI 执行下载操作

步骤 8　系统会自动执行下载前检查，若有还需要设置的选项，就需要按界面提示进行设置，如图 2-35 所示必须勾选动作列中的“全部覆盖”和“调整”复选框，之后才能单击“装载”按钮，这样才能真正执行下载操作。

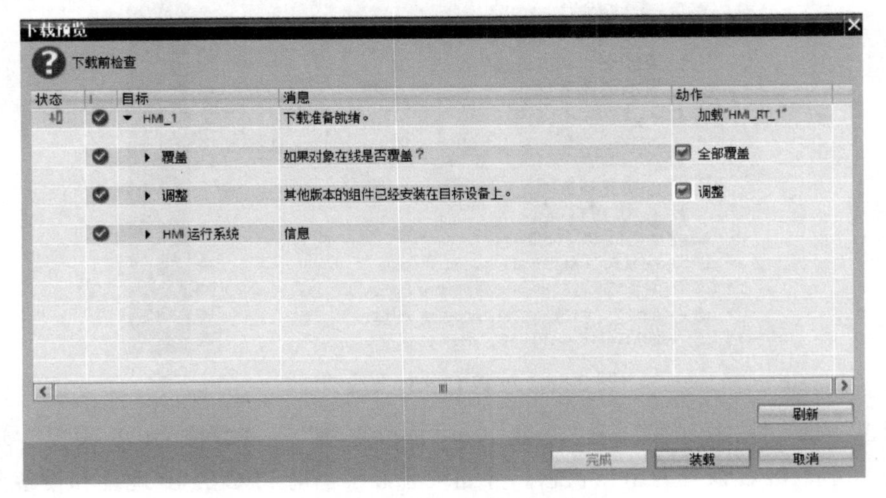

图 2-35　对 HMI 执行装载

步骤 9　装载成功后，HMI 会显示出默认的根界面信息，如图 2-36 所示。

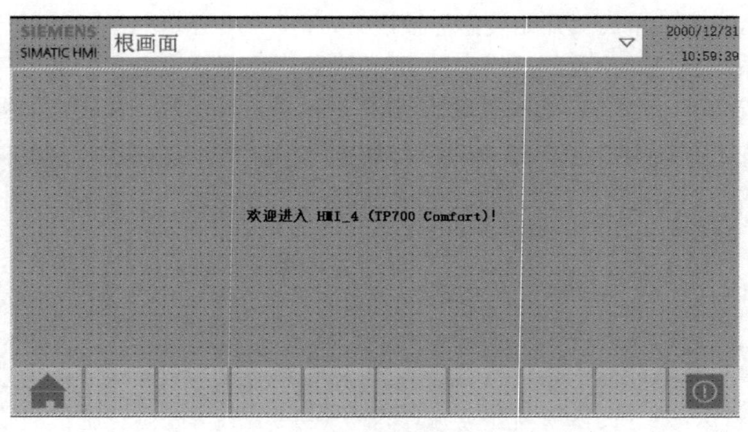

图 2-36　装载完成显示默认根界面

3. PLC 的复位操作

步骤 1　在左侧项目树中单击展开“在线访问”，找到计算机的有线网卡，双击下面的“更新可访问的设备”，如图 2-37 所示。

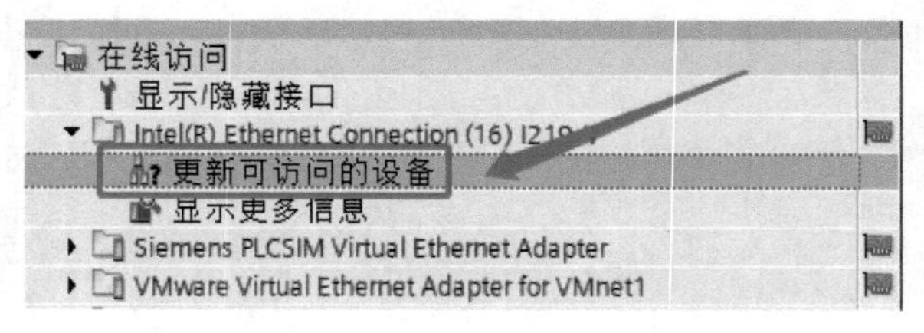

图 2-37　在线搜索可访问的设备

步骤 2　在可访问设备列表中找到 PLC，双击下面的“在线和诊断”，如图 2-38 所示，将会在右侧窗口中显示出诊断和功能菜单。

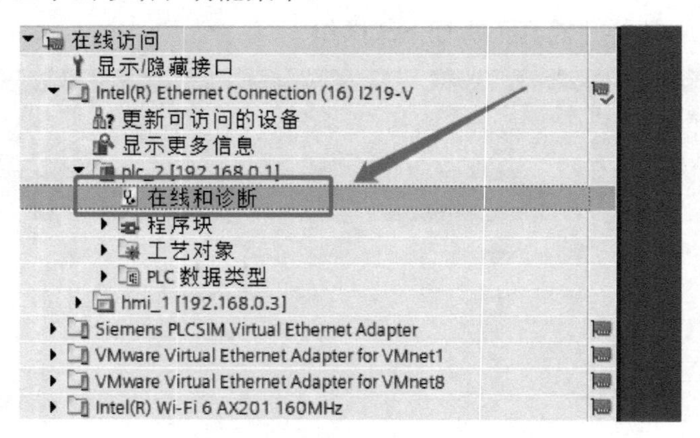

图 2-38　对 PLC 执行在线和诊断

步骤 3　选择“在线访问”→“功能”→“固件更新”→“复位为出厂设置”，单击“重置”按钮，可将 PLC 恢复为出厂状态。界面中会显示当前 PLC 的 IP 地址和设备名称，执行复位操作时可以选择保留或删除 IP 地址，如图 2-39 所示。

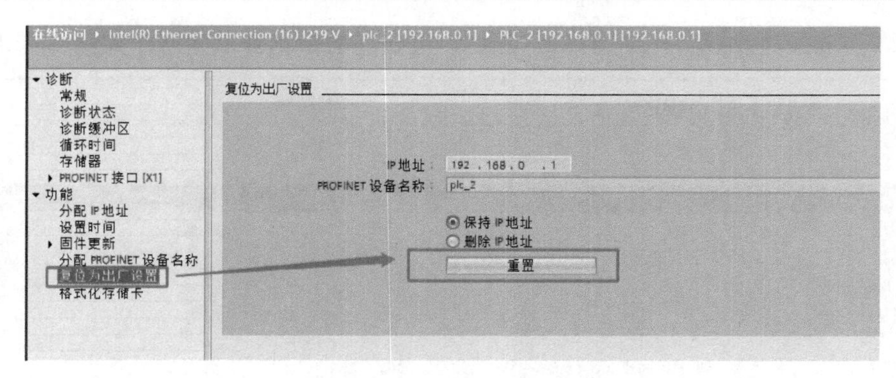

图 2-39　对 PLC 执行复位操作

2.3.2　西门子 SCALANCE 工业交换机和工业防火墙的基本操作

本小节将介绍使用 PRONETA 软件完成对第 2 层工业交换机 SCALANCE XB208、第 3 层工业交换机 SCALANCE XM408 及工业防火墙 SCALANCE S615 等设备进行 IP 地址配置及复位操作的方法和实施步骤。按照如图 2-40 所示的实验拓扑完成设备连接。

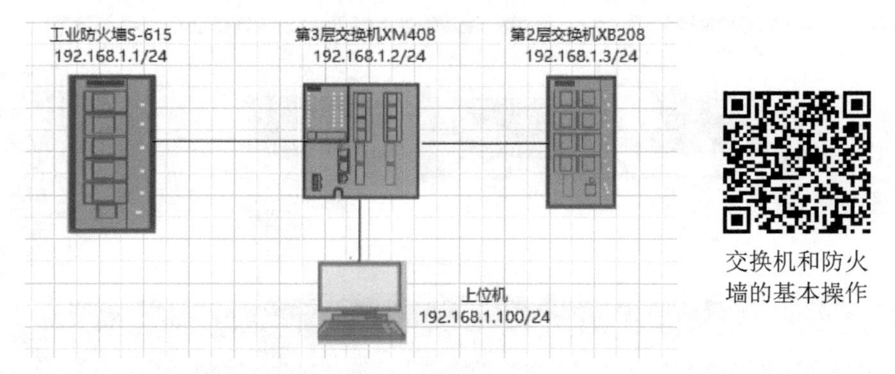

图 2-40　交换机和防火墙实验拓扑

1. 第 2 层工业交换机 SCALANCE XB208 的基本配置

步骤 1　双击图标启动 PRONETA 软件，进入其初始工作界面，如图 2-41 所示。

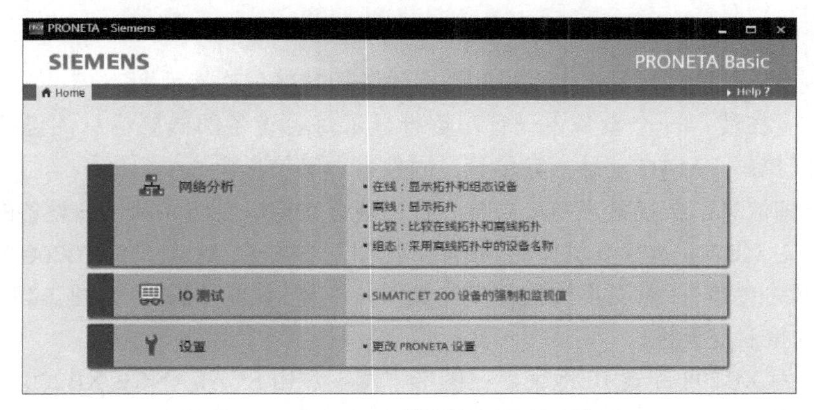

图 2-41　PRONETA 软件图标及初始工作界面

步骤 2　选择“设置”→“网络适配器”，可在界面中选择以太网，如图 2-42 所示。

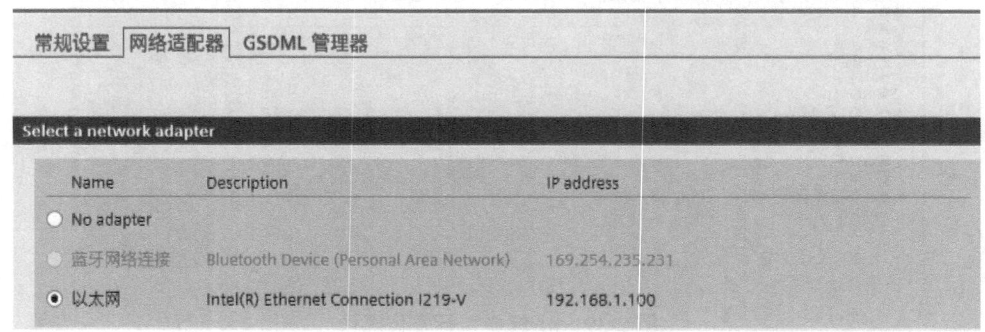

图 2-42　在 PRONETA 中选择网络适配器

步骤 3　单击“网络分析”，系统会自动搜索并显示出“在线”拓扑和组态设备信息，如图 2-43 所示。

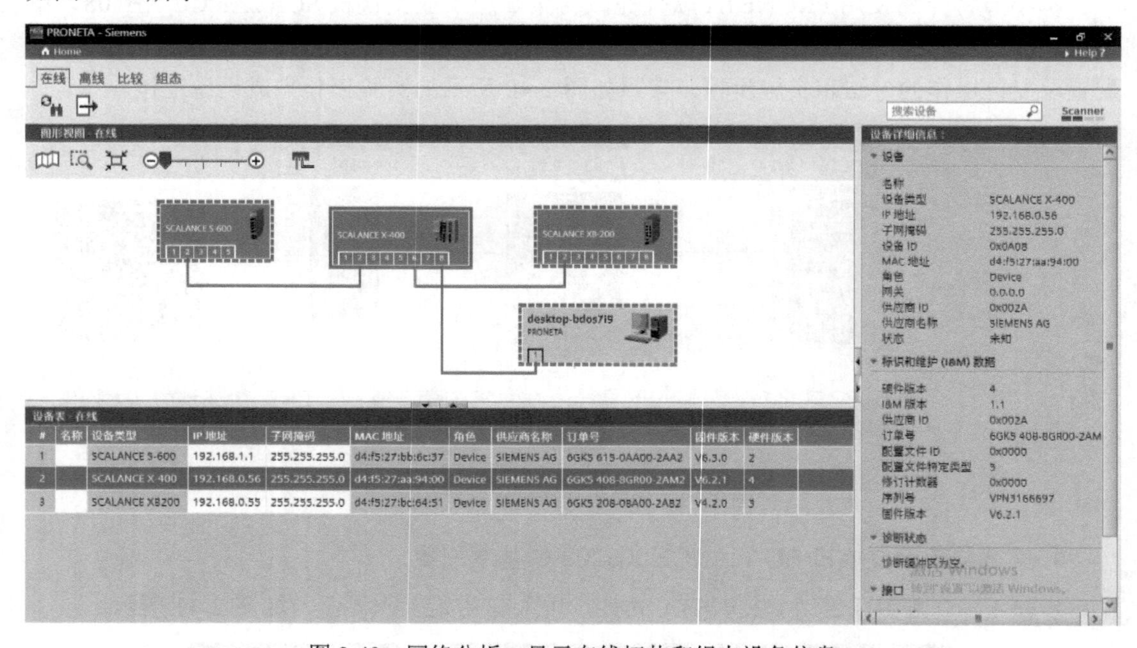

图 2-43　网络分析—显示在线拓扑和组态设备信息

• 图形视图 - 在线：显示出上位机和 3 台设备间的接口连接视图。

• 设备表 - 在线：一个设备占一行，逐行显示每台设备的概要信息，包括设备类型、IP 地址、子网掩码、MAC 地址、订单号、固件版本等信息。

• 设备详细信息：在设备表中单击某一行，则会在窗口右侧显示出该设备的详细信息。

步骤 4　对 XB208 执行复位操作，在图形视图下右击 SCALANCE XB200 交换机图标，选择“复位网络参数”，对交换机执行复位操作并恢复到出厂配置，如图 2-44 所示。复位完成后会自动重启交换机。

步骤 5　为 XB208 配置 IP 地址，在图形视图下右击 SCALANCE XB200 交换机图标，选择“设置网络参数”，在 IP 组态下手工输入 IP 地址和子网掩码，必要时可设置网关地址。

结果如图 2-45 所示。

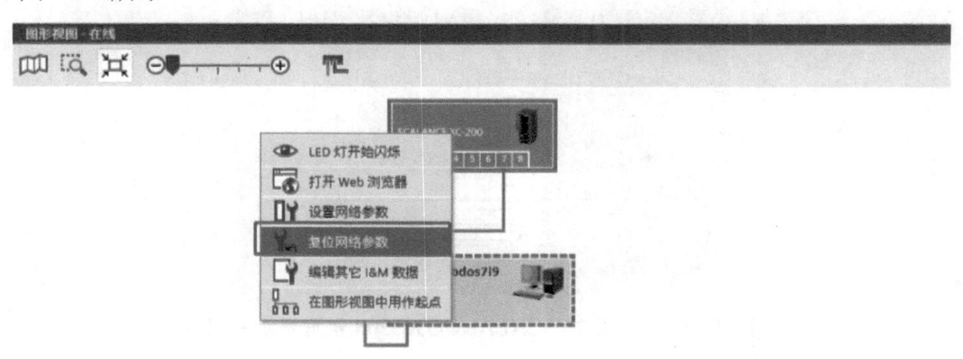

图 2-44　交换机 SCALANCE XB208 复位网络参数

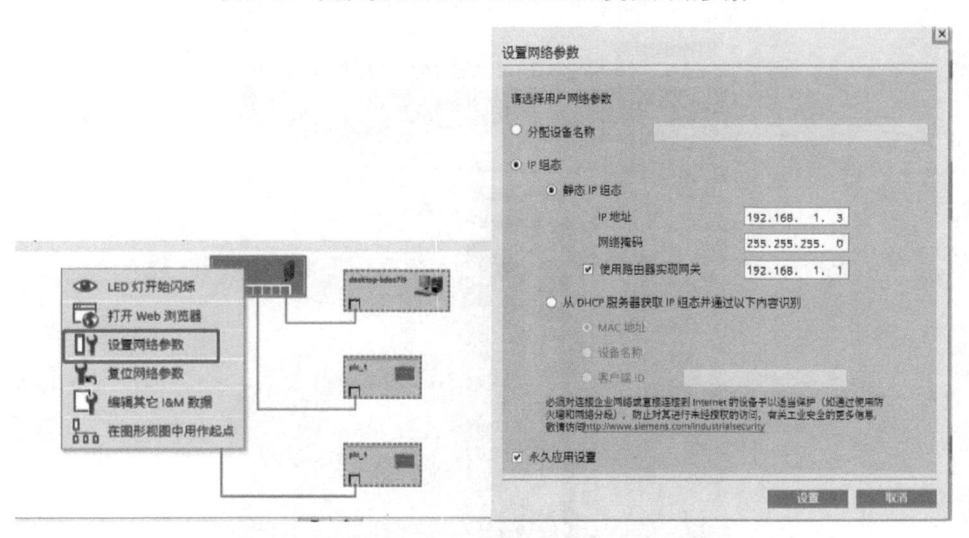

图 2-45　交换机 SCALANCE XB208 IP 地址配置

步骤 6　通过浏览器访问 XB208 交换机配置界面，在图形视图下右击 SCALANCE XB200 交换机图标，选择“打开 Web 浏览器”，进入系统登录界面。输入用户名和密码 (初始都是 admin)，如图 2-46 所示。

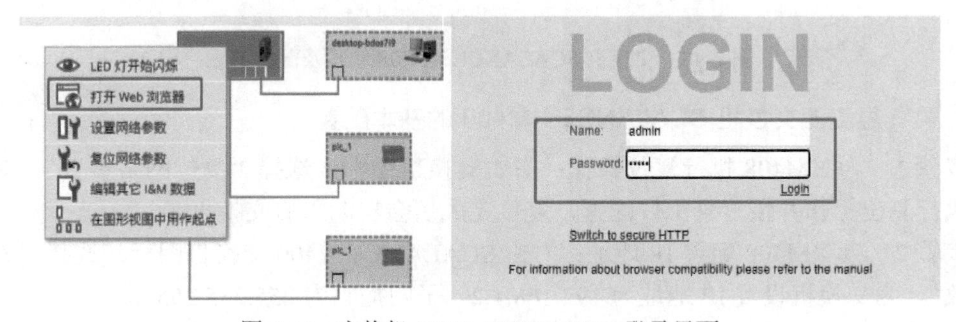

图 2-46　交换机 SCALANCE XB208 登录界面

步骤 7　按界面提示设置新密码为 ZD@123456，单击 Set Values 按钮使设置生效，如图 2-47 所示。

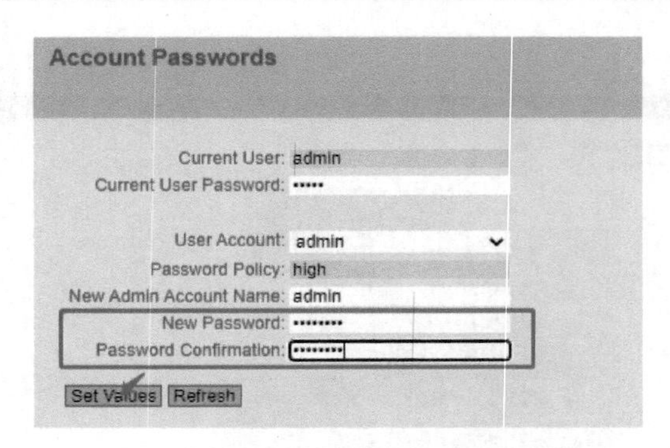

图 2-47 为交换机 SCALANCE XB208 重置登录密码

步骤 8 登录成功后进入 SCALANCE XB208 管理及配置界面，如图 2-48 所示。

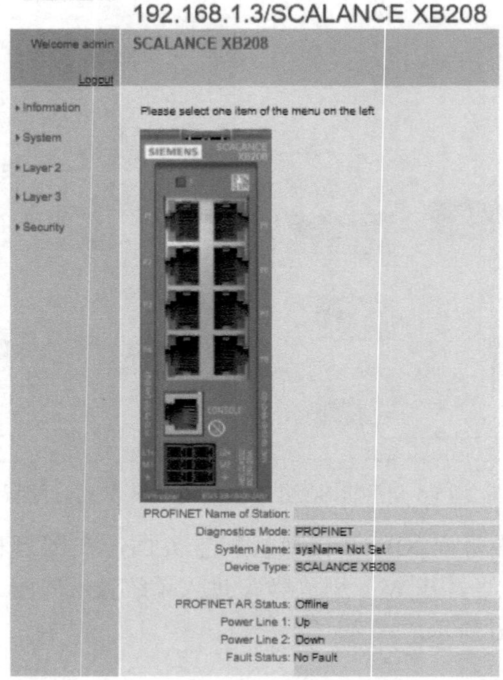

图 2-48 交换机 SCALANCE XB208 管理及配置界面

2. 第 3 层工业交换机 SCALANCE XM408 的基本配置

步骤 1 为 XM408 执行复位操作：右击交换机图标，选择“复位网络参数”，对该交换机执行复位操作并恢复到出厂配置，复位完成后会自动重启交换机。

步骤 2 为 XM408 配置 IP 地址：右击 SCALANCE X400 交换机图标，选择“设置网络参数”，为交换机设置 IP 地址为 192.168.1.2，子网掩码为 255.255.255.0。

步骤 3 通过浏览器访问 XM408 交换机配置界面：右击 SCALANCE X400 交换机图标，选择“打开 Web 浏览器”，进入系统登录界面。输入用户名和密码(初始都是 admin)，首次登录时同样需要设置新密码。

步骤 4　登录成功后进入第 3 层交换机 SCALANCE XM408 管理及配置界面，如图 2-49 所示。

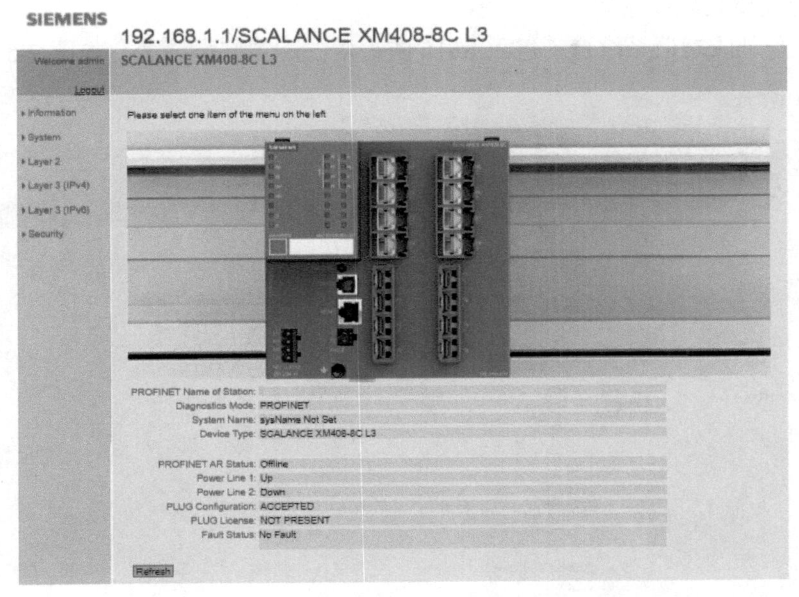

图 2-49　交换机 SCALANCE XM408 管理及配置界面

3. 工业防火墙 SCALANCE S615 的基本配置

步骤 1　为 S615 执行复位操作：S615 工业防火墙的复位需要直接操作物理设备来实现。找到设备前面板上的 RESET 按钮，长按 10 s 后松开，将对 S615 执行复位操作并恢复到出厂配置。复位完成后会自动重启防火墙。

步骤 2　为 S615 配置 IP 地址：右击 SCALANCE S600 防火墙图标，选择“设置网络参数”，为防火墙设置 IP 地址为 192.168.1.1，子网掩码为 255.255.255.0。

交换机和防火墙完成 IP 配置后的在线设备表如图 2-50 所示，通过该界面可方便用户查看每个设备的 IP 地址、子网掩码等信息。

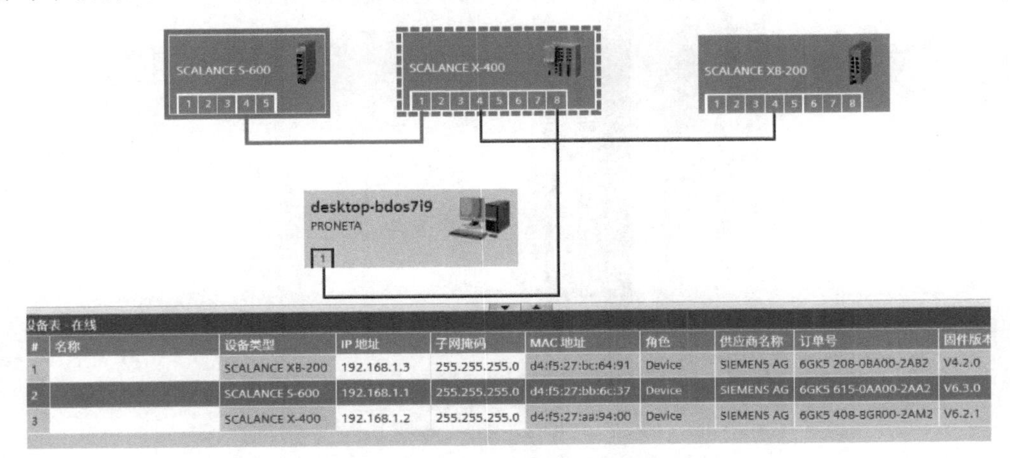

设备表 - 在线

#	名称	设备类型	IP 地址	子网掩码	MAC 地址	角色	供应商名称	订单号	固件版本
1		SCALANCE XB-200	192.168.1.3	255.255.255.0	d4:f5:27:bc:64:91	Device	SIEMENS AG	6GK5 208-0BA00-2AB2	V4.2.0
2		SCALANCE S-600	192.168.1.1	255.255.255.0	d4:f5:27:bb:6c:37	Device	SIEMENS AG	6GK5 615-0AA00-2AA2	V6.3.0
3		SCALANCE X-400	192.168.1.2	255.255.255.0	d4:f5:27:aa:94:00	Device	SIEMENS AG	6GK5 408-8GR00-2AM2	V6.2.1

图 2-50　交换机和防火墙 IP 地址配置结果

步骤 3　通过浏览器访问 S615 防火墙配置界面：右击 SCALANCE S600 交换机图标，选择“打开 Web 浏览器”，进入系统登录界面。输入用户名和密码 (初始都是 admin)，首次登录时同样需要设置新密码。

步骤 4　登录成功后系统自动进入 S615 防火墙的配置向导界面，如图 2-51 所示。

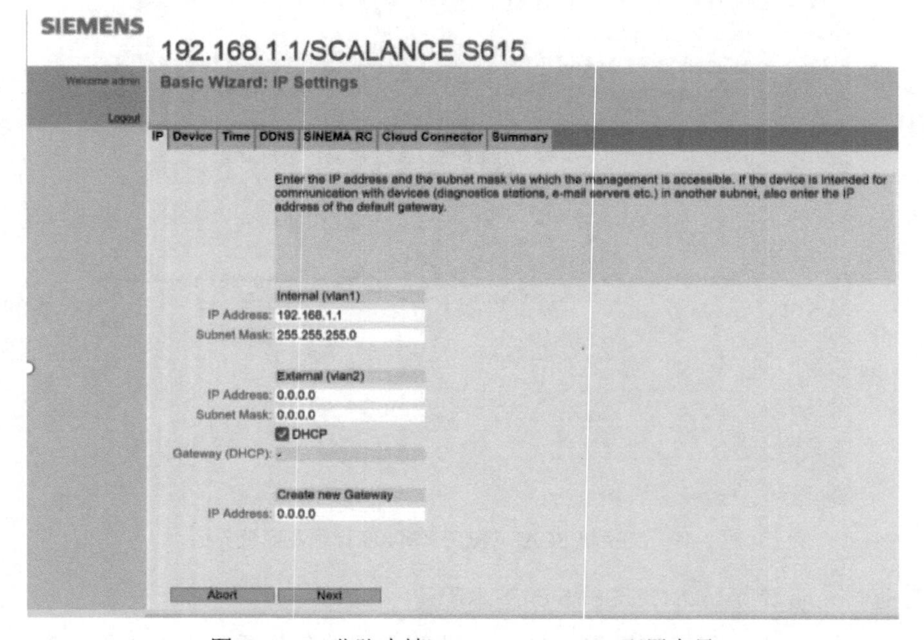

图 2-51　工业防火墙 SCALANCE S615 配置向导

步骤 5　在配置向导界面中单击 Abort 按钮则会退出向导，进入到 S615 防火墙的详细管理及配置界面，窗口左侧显示出 7 大类功能菜单，如图 2-52 所示。

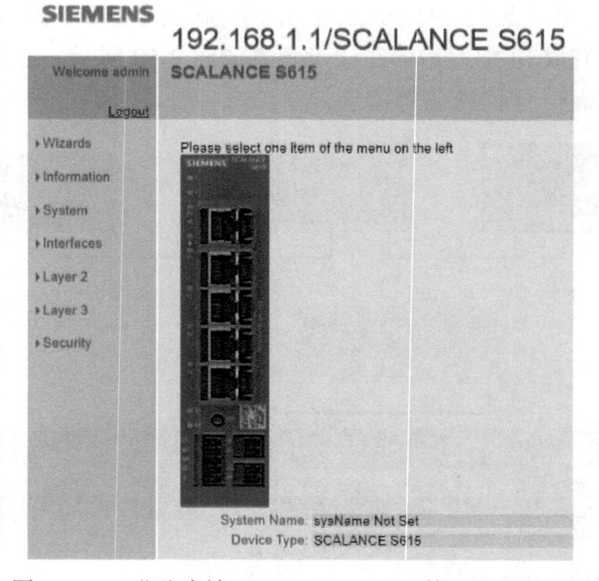

图 2-52　工业防火墙 SCALANCE S615 管理及配置界面

习　　题

1. 单选题（将答案填写在括号中）

(1) TCP/IP 参考模型由下到上的顺序是（　　）。

A. 网络层、传输层、网络接口层、应用层

B. 应用层、传输层、网络层、网络接口层

C. 网络接口层、网络层、传输层、应用层

D. 网络接口层、应用层、网络层、传输层

(2) OSI 参考模型共分为（　　）层。

A. 8　　B. 6

C. 7　　D. 4

(3) 与 192.168.3.65/24 同网络的 IP 地址是（　　）。

A. 192.168.3.56/24　　B. 192.168.2.18/24

C. 192.166.3.42/24　　D. 192.168.4.23/24

(4) 192.168.4.67/26 的网络地址是多少（　　）。

A. 192.168.3.0/24　　B. 192.168.4.64/26

C. 192.168.3.64/24　　D. 192.168.4.0/26

(5) /27 的点分十进制表示什么？（　　）

A. 255.255.255.0　　B. 255.255.224.0

C. 255.255.0.0　　D. 255.255.255.224

2. 判断题（正确的打 √，错误的打 ×，将答案填写在括号中）

(1) 192.168.34.129/25 属于 192.168.34.0/25。（　　）

(2) 交换机根据 IP 地址进行地址学习。（　　）

(3) 网络层最主要的协议是 IP 协议。（　　）

(4) TCP/IP 参考模型中的网络接口层对应了 OSI 参考模型中的物理层。（　　）

(5) 一个网络中所有的 IP 地址都可用。（　　）

第 3 章　虚拟局域网技术

1999 年 IEEE 颁布了用于标准化虚拟局域网 (Virtual Local Area Network，VLAN) 实现方案的 802.1Q 协议标准草案。本章讲述虚拟局域网的工作原理及该技术在西门子交换机上的应用。

3.1　虚拟局域网的基本概念

虚拟局域网是将物理网络划分成若干个相互屏蔽的逻辑网络，只有相同 VLAN 上的节点才能彼此寻址。

VLAN 技术使得管理员可以根据实际应用需求，把同一物理局域网内的不同用户逻辑地划分成不同的组，每一个 VLAN 都包含一组有着相同需求的工作站，与物理上形成的局域网有着相同的属性，比如按部门需求：一个 VLAN 用于销售，另一个 VLAN 用于工程，还有一个 VLAN 用于自动化。由于 VLAN 是从逻辑上划分网络，而不是从物理上划分，所以同一个 VLAN 内的各个工作站可以在不同物理局域网段。一个 VLAN 内部的广播和单播流量都不会转发到其他 VLAN 中，从而有助于控制流量、减少设备投资、简化网络管理、提高网络的安全性。

1. VLAN 产生的原因

为什么要使用 VLAN 呢？我们要从广播域说起。广播域是指广播帧 (目标 MAC 地址全部为 1 的数据帧) 所能传递到的范围，也就是某台设备能够直接通信的范围。没有 VLAN 的二层交换机连接的网络只能构建单一的广播域，图 3-1 是由 2 台交换机和 6 台计算机组成的交换网络，就是一个广播域。假如计算机 E 要与计算机 F 进行通信，首先计算机 E 广播“ARP 请求信息”，来尝试获取计算机 F 的 MAC 地址。接下来交换机 1 收到 ARP(地址解析协议) 请求广播帧后，会将它转发给除接收端口外的其他所有端口，也就是泛洪。然后交换机 2 收到广播帧后，也会泛洪。最终 ARP 请求会被转发到同一网络中的所有客户机上。

计算机 E 的 ARP 请求原本是为了获得计算机 F 的 MAC 地址而发出的，只需要计算机 F 能收到就可以了。可实际上，计算机 E 的 ARP 广播帧传遍整个网络，导致所有的计算机都收到了它。

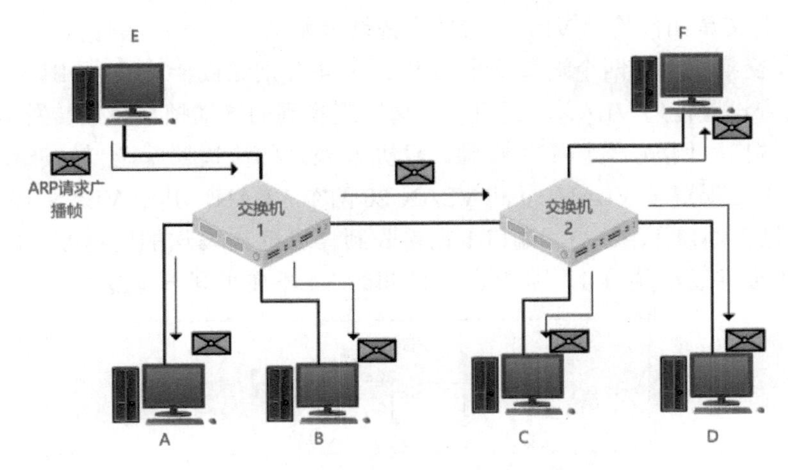

图 3-1　没有划分 VLAN 的广播域

随着网络中接入的计算机数量增加，网络中产生的各种广播帧也越来越多。这些广播帧占用大量的网络带宽，同时收到广播信息的计算机还要消耗一部分 CPU 时间来对它进行处理，造成网络带宽和 CPU 运算能力被无谓地消耗掉。

2. VLAN 工作原理

为了限制广播域的范围，减少广播流量，需要将主机划分为不同的组，组和组之间设置隔离。因此，采用 VLAN 技术，将物理局域网分割成多个逻辑局域网，也就是多个 VLAN。每一个 VLAN 都包含一组有相互通信需求的计算机，同一个 VLAN 内的计算机在同一广播域，可以在二层网络进行通信。而不同 VLAN 不属于同一个广播域，不同 VLAN 中的计算机不能实现二层网络的直接通信。图 3-2 中计算机 E 与计算机 F 同在 VLAN 10 中，所以计算机 F 可以收到计算机 E 发送的 ARP 请求帧。而计算机 A、B、C、D 都不属于 VLAN10，所以就收不到计算机 E 发送的 ARP 请求帧了。这样，广播帧就被限制在各自的 VLAN 范围内传输，同时也提高了网络安全性。

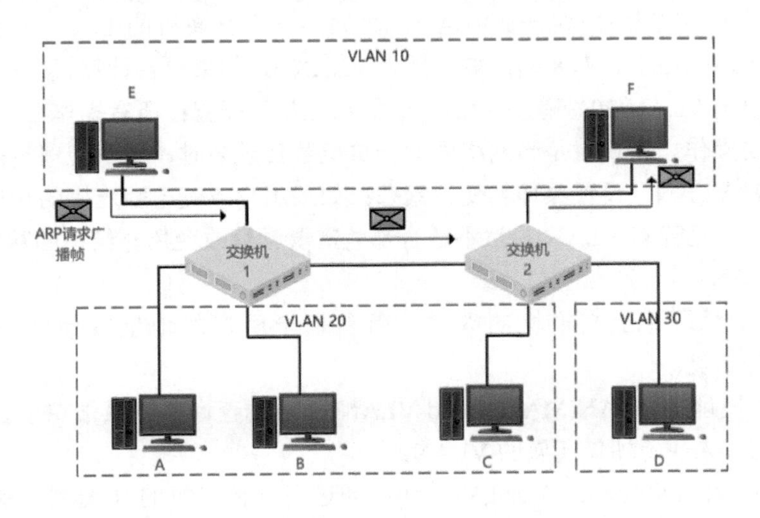

图 3-2　划分 VLAN 的广播域

在交换机上又是如何使用 VLAN 实现广播域分割的呢？我们具体分析一下交换机 1。如图 3-3 所示，交换机 1 有四个端口编号为 1、2、3、4 分别连接计算机 A、B、交换机 2 和 E。如果交换机 1 未设置任何 VLAN，任何一个端口接收到的广播帧都会被转发给除接收端口外的所有其他端口。例如，端口 1 接收到计算机 A 发送的广播帧后，会转发给端口 2、3、4。如果在交换机 1 上配置了 VLAN 10 和 VLAN 20 两个 VLAN，其中 VLAN 10 包含端口 3、4，VLAN 20 包含端口 1、2、3。端口 1 在接收到计算机 A 发送的广播帧后，只会转发给端口 2、3 而不会转发给端口 4，因为端口 1 和端口 4 不属于同一 VLAN。

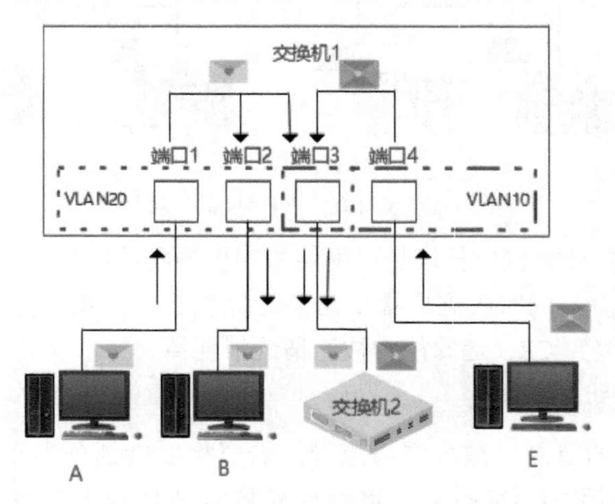

图 3-3　交换机 1 端口的 VLAN 划分

3. VLAN 类型

VLAN 的划分可以事先固定，也可以根据所连的计算机而动态地设定，分别被称为静态 VLAN 和动态 VLAN。

1) 静态 VLAN

静态 VLAN 又称为基于端口的 VLAN(Port Based VLAN)，是根据用户的计算机连接到的交换机端口判断属于哪一个 VLAN，比如，一个交换机的 1、2、3 端口被定义为 VLAN 10，同一交换机的 6、7、8 端口被定义为 VLAN20，如果一台计算机连接到 6 号端口，则这台计算机属于 VLAN 20。静态 VLAN 的优点是易于配置；所有操作在交换机上完成，用户几乎不需要操作。其缺点是当网络中的计算机数目过多时，由于管理员需要逐个指定交换机端口所属 VLAN，设置操作就变得繁杂；如果用户改变电脑连接的端口，则管理员必须重新配置。可见静态 VLAN 显然不适合那些需要频繁改变拓扑结构的网络。

2) 动态 VLAN

动态 VLAN 不是基于交换机的端口，而是基于用户的地址或使用的协议。动态 VLAN 大致分为 3 类：

基于 MAC 地址的 VLAN(MAC Based VLAN)：通过查询并记录端口所连计算机上网卡的 MAC 地址，来决定端口所属的 VLAN。

基于子网的 VLAN(Subnet Based VLAN)：通过所连计算机的 IP 地址，来决定端口所属的 VLAN。

基于用户的 VLAN(User Based VLAN)：根据交换机各端口所连的计算机上当前登录的用户，来决定该端口属于哪个 VLAN。

动态 VLAN 的优点是每个人都可以将计算机连接到任何端口，并且仍然是正确 VLAN 的一部分；缺点是这种 VLAN 类型的配置成本较高，因为它需要特殊的硬件。

4. VLAN 协议格式

IEEE 802.1Q 在以太网帧中增加了 4 B(字节) 的 802.1Q 标签，如图 3-4 所示，包含了 2 B 的标签协议标识和 2 B 的标签控制信息。

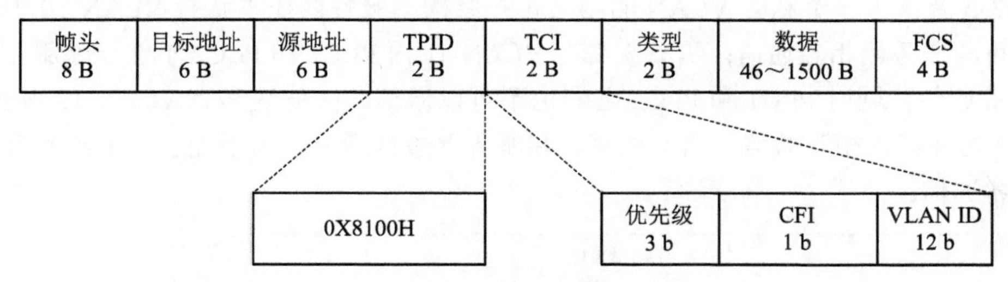

图 3-4　802.1Q 标签帧格式

标签字节字段含义如下：

(1) TPID(标签协议标识)：2 B，值为 0X8100H，指定此帧为标记帧，因此包含额外信息字段。

(2) TCI(标签控制信息)：2 B，包含 3 个字段优先级 CFI 和 VLAN ID。

(3) 优先级：3 b(位)，包含帧的优先级，优先级代码是介于 0 和 7 之间的数字，又称为服务类别 (Class of Service，CoS)。

(4) CFI(规范格式标识符)：1 b，IEEE 802.1Q 仅针对以太网或令牌环开发。0 代表以太网，1 代表令牌环。

(5) VLAN ID(VLAN 识别号)：12 b，最多可构成 4096 个 VLAN ID。4095 编号为保留；0 编号帧中仅包含优先级信息 (标记有优先级的帧)，不包含任何有效的 VLAN 标识符。

3.2　私有 VLAN

在实际的 VLAN 划分中，我们经常碰到某台服务器需要与不同 VLAN 中的主机进行通信的情况，在没有路由设备的情况下，我们可用私有 VLAN 来实现。

私有 VLAN 又称为 PVLAN，可将一个 VLAN 二层广播域划分为多个子区域。一个私有 VLAN 由一个主私有 VLAN 和多个次私有 VLAN 组成。

1. 私有 VLAN 的类型

私有 VLAN 分为主私有 VLAN(Primary PVLAN) 和次私有 VLAN(Secondary PVLAN)。

(1) 主私有 VLAN 是指被划分的 VLAN。

(2) 次私有 VLAN 只存在于主私有 VLAN 内。每个次私有 VLAN 都有一个特定的

VLAN 号，并且与主私有 VLAN 相连。

次私有 VLAN 包括两种类型：隔离次私有 VLAN 和团体次私有 VLAN。

(1) 隔离次私有 VLAN(Isolated Secondary PVLAN)：隔离次私有 VLAN 内的各设备之间不能通过第 2 层进行通信。

(2) 团体次私有 VLAN(Community Secondary PVLAN)：团体次私有 VLAN 内的各设备之间可直接通过第 2 层进行通信。隶属不同团体私有 VLAN 的设备之间不能通过第 2 层进行通信。

图 3-5 展示了一个私有 VLAN 的网络拓扑结构：服务器在主私有 VLAN 10 中，所有设备均可与服务器相互通信；隔离次私有 VLAN 11 内 PLC1 和 PLC2 不能与除服务器外的其他设备通信，同时 PLC1 和 PLC2 之间也不可以通信。团体次私有 VLAN 12 内的 PLC3 和 PLC4 之间可以相互通信，它们也可以和服务器进行通信，但不能与其他次私有 VLAN 内的设备通信。

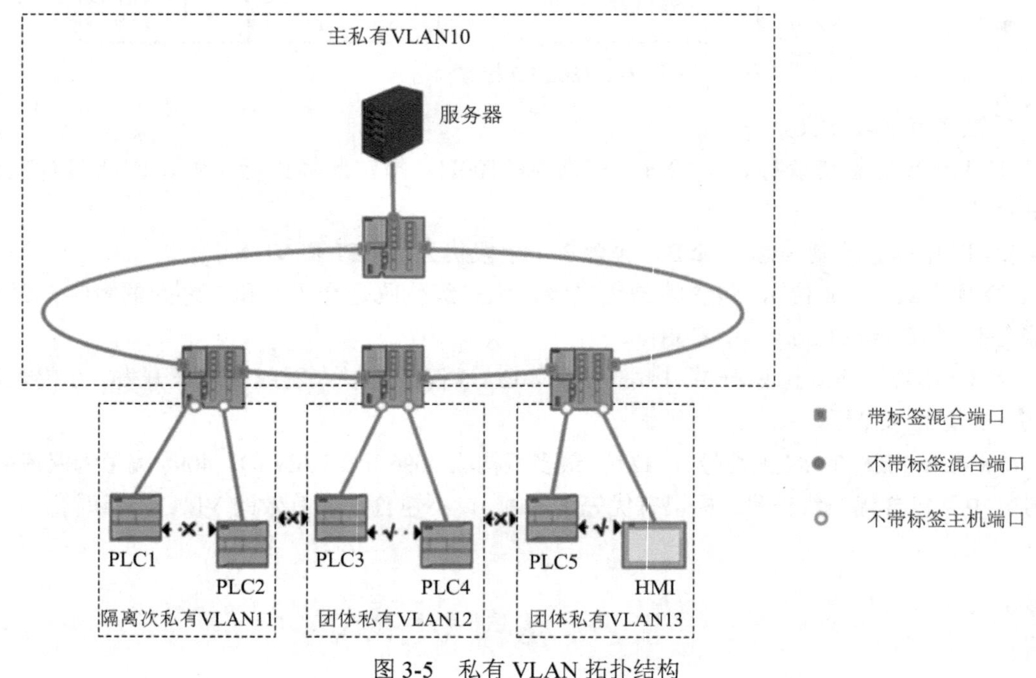

图 3-5 私有 VLAN 拓扑结构

2. 私有 VLAN 端口类型

在私有 VLAN 中，由于交换机连接的设备不同，需要配置 3 种不同类型的端口，如图 3-5 所示。

(1) 带标签混合端口是指各工业以太网交换机之间使用混合端口进行互连，即在端口类型 (Port Type) 中配置成“交换机端口 PVLAN 混合 (Switch-Port PVLAN Promiscuous)”，这些网络端口在所有私有 VLAN(包括主私有 VLAN 和所有次私有 VLAN) 中均为 VLAN 带标记的成员，即在端口列表中相应端口配置为 M。这样配置后，端口既可以接收和转发主私有 VLAN 的数据帧也可以接收和转发次私有 VLAN 的数据帧，在转发时数据帧的中的 VLAN 标记不会去掉。

(2) 不带标签的主机端口是指用于连接 PC 的端口，即在端口类型 (Port Type) 中配置成“交换机端口 VLAN 主机 (Switch Port VLAN Host)”。这些端口在主私有 VLAN 及其次私有 VLAN 中均为无标记的成员，即在端口列表中相应端口配置为 u。这样配置后，端口只接受并转发主私有 VLAN 和所属次私有 VLAN 的数据帧，在转发数据帧的过程中 VLAN 标记会被去掉。

(3) 不带标记的混合端口是指用于连接服务器的端口，即在端口类型 (Port Type) 中配置成“交换机端口 PVLAN 混合”(Switch-Port PVLAN Promiscuous)。该混合端口在所有私有 VLAN(主 PVLAN 和所有次 PVLAN) 中均为无标记的成员，即在端口列表中相应端口配置为 u。这样配置后，端口既可以接收和转发主私有 VLAN 的数据帧也可以接收和转发次私有 VLAN 的数据帧，在转发时数据帧中的 VLAN 标记会被去掉。

端口类型在 SCALANCE XM408 交换机中通过 System→Ports Configuration→Configuration 路径下 Port Type 下拉列表进行配置，如图 3-6 所示。

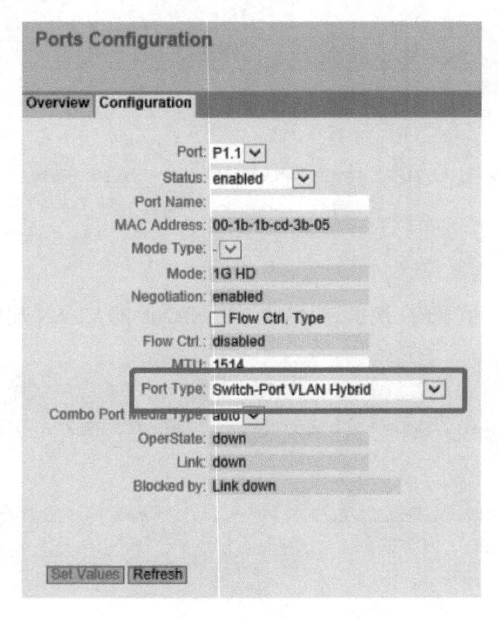

图 3-6　端口组态界面

在图 3-6 的下拉列表中有 6 种端口类型，除了在私有 VLAN 使用到的“交换机端口 VLAN 主机”和“交换机端口 PVLAN 混合”两种端口类型外，其他端口类型的解释如下：

(1) 路由器端口 (Router Port)：端口是第 3 层接口。它不支持第 2 层功能。

(2) 交换机端口 VLAN 混合 (Switch-Port VLAN Hybrid)：端口发送有标记和无标记的帧。它不会自动成为 VLAN 的成员。

(3) 交换机端口 VLAN 中继 (Switch-Port VLAN Trunk)：端口仅发送有标记的帧，并且自动成为所有 VLAN 的成员。

(4) 交换机端口 VLAN 主机 (Switch-Port VLAN Host)：主机端口属于次私有 VLAN。连接到主机端口的设备只能与私有 VLAN 中特定设备进行通信。

(5) 交换机端口 PVLAN 混合 (Switch-Port PVLAN Promiscuous)：混合端口属于主 PVLAN。连接到混合端口的设备可与私有 VLAN 的所有设备进行通信。

(6) 交换机端口 VLAN 访问：访问端口属于支持 Q-in-Q VLAN 隧道功能的提供商交换机。将用户网络连接到访问端口。

3.3　西门子 SCALANCE XM200 交换机 VLAN 界面

西门子第 2 层交换机 SCALANCE XB208 和第 3 层交换机 SCALANCE XM408 界面略有不同，如图 3-7 和图 3-8 所示。SCALANCE XM408 的 VLAN 功能更为强大，这里以 SCALANCE XM208 的 VLAN 界面来介绍西门子工业交换机 VLAN 功能中 General 标签和 Port Based VLAN 标签。

Virtual Local Area Network (VLAN) General

General | GVRP | Port Based VLAN

Bridge Mode: Customer

Base Bridge Mode: 802.1Q VLAN Bridge

Update Priority

VLAN ID:

Select	VLAN ID	Name	Status	Private VLAN Type	Primary VLAN ID	Priority	Update Priority	P0.1	P0.2
☐	1		Static	-		Do not force	☐	U	U
☐	2		Static	-		Do not force	☐	-	-

2 entries.

Create | Delete | Set Values | Refresh

图 3-7　西门子交换机 SCALANCE XB208 的 VLAN 配置界面

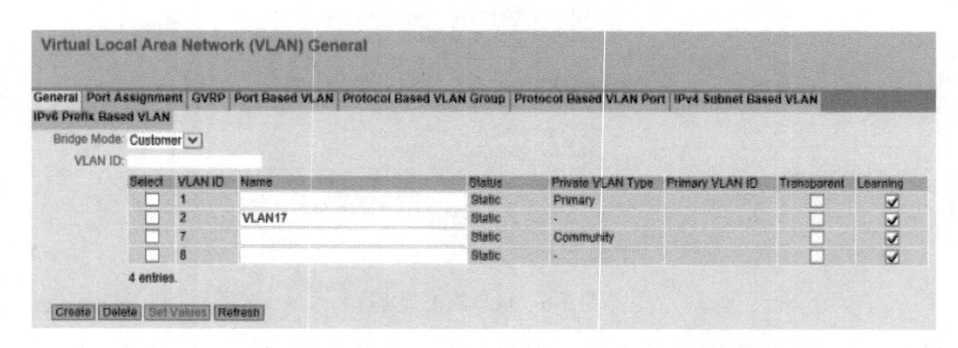

图 3-8　西门子交换机 SCALANCE XM408 的 VLAN 配置界面

3.3.1　General 常规标签

如图 3-7 所示，General 标签中包含 Bridge Mode、Base Bridge Mode、Update Priority、VLAN ID 和列表。我们将逐一介绍每一项的功能。

1. Bridge Mode（网桥模式）

Bridge Mode 下拉列表中包括 Customer 和 Provider 选项，如果以 Customer 角色操作设备，则设备与标准以太网交换机的功能相同。如果以 Provider 角色操作设备，除了 Customer

角色属性外，该设备还可提供用于管理外部 VLAN 标签的选项，可使用 Q-in-Q VLAN 隧道功能。

2. Base Bridge Mode(基础网桥模式)

Base Bridge Mode 下拉列表中包括 802.1Q VLAN Bridge 和 802.1D Transparent Bridge。802.1Q VLAN Bridge 将设备模式设置为“VLAN 识别”。在此模式下，设备会识别 VLAN 信息。802.1D Transparent Bridge 将设备模式设置为“VLAN 不识别”。设备不会更改 VLAN 标记，而会以透明方式转发这些标记。在此模式下，无法创建任何 VLAN。仅“管理 VLAN”即 VLAN 1 可用。

3. Update Priority(更新优先级)

选中此复选框后，列表中 Priority(优先级) 列中的值作为新的“服务等级”(Class of Service) 被输入到指定 VLAN 所有传入帧的 VLAN 优先级字段中。

4. VLAN ID(VLAN 编号)

在 VLAN ID 输入框中输入 VLAN ID 值，单击 Create 按钮，可以在列表中创建新的 VLAN 记录，VLAN ID 值的范围为 1～4094。

5. 列表

图 3-7 中 VLAN 记录项表格包括以下列信息：

(1) Select(选择)：选择要删除的行。

(2) VLAN ID(VLAN 号)：显示 VLAN ID。VLAN ID 值 (1～4094 的数字) 只能在创建新数据记录时被分配一次，之后不能更改。如要更改，必须删除整个数据记录并重新创建。

(3) Name(名称)：输入 VLAN 的名称。此名称仅提供信息，对组态没有影响。名称长度最多 32 个字符。

(4) State(状态)：显示 VLAN 类型。Static 表示该 VLAN 是由用户以静态方式输入的。

(5) Private VLAN Type(私有 VLAN 类型)：显示 PVLAN 的类型，包括 Primary、Isolated 和 Community，分别代表主私有 VLAN、隔离次私有 VLAN 和团体次私有 VLAN。

(6) Primary VLAN ID(主 VLAN ID)：对于次私有 VLAN，显示对应的主私有 VLAN 的 ID。

(7) Priority(优先级)：选择一个优先级应用到此 VLAN 的所有传入帧中，以作为新的服务等级 (CoS)。无论端口优先级或者无标记帧中的优先次序如何，交换机都会根据选定的优先级进一步处理帧。帧中包含的 VLAN 标签不会更改。

如果选择“非强制”(Do not force)，帧的优先级将保持不变。根据端口优先级或 VLAN 标签确定帧的优先顺序。

(8) Update Priority(更新优先级)：该列在所有 VLAN 的页面开头显示 Update Priority 复选框的状态，无法进行特定于某个 VLAN 的设置。

(9) List of ports(端口列表)：规定端口如何接收并转发数据帧。可使用以下选项：

- 该端口不是指定 VLAN 的成员。对于新创建的 VLAN，所有端口的标识符均为“-”。

M 该端口是 VLAN 的成员。端口接受此 VLAN 数据帧，在转发数据帧时带有相应 VLAN 标记。

R 该端口是 VLAN 的成员，GVRP 帧用于注册。

U(大写) 此端口是无标记的 VLAN 成员。端口接收此 VLAN 数据帧，对无 VLAN 标记数据帧组态为该 VLAN 号。端口在转发此 VLAN 的帧数据时不带 VLAN 标记。

u(小写) 此端口是无标记 VLAN 成员，端口接收此 VLAN 数据帧，对无 VLAN 标记数据帧不组态为该 VLAN 号。端口在转发此 VLAN 的帧数据时不带 VLAN 标记。

F 该端口不是指定 VLAN 的成员，即使该端口组态为中继端口，也无法成为此 VLAN 的成员。

T 该选项只显示，无法在 WBM 中选择。此端口是中继端口，可成为所有 VLAN 的成员。

3.3.2　Port Based VLAN 标签

Port Based VLAN 标签用于配置端口接收数据帧后的处理，只有预先在 General(常规) 选项卡上选择 Base Bridge Mode(基础网桥模式)802.1Q VLAN Bridge 时，才能在此页面上配置相关设置，如图 3-9 所示。该界面中主要包含了两个列表，上面的我们称为列表 1，下面的我们称为列表 2。

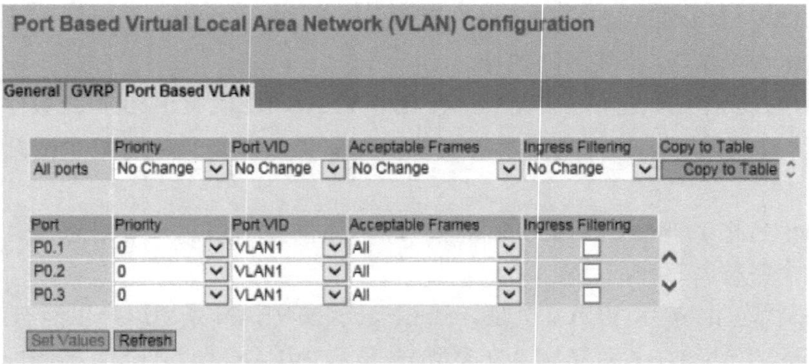

图 3-9　Port Based VLAN 标签

1. 列表 1：批量组态端口

(1) 第 1 列：显示设置对于所有端口有效。

(2) 第 2～5 列：分别是 Priority(优先级)、Port VID(端口 VID)、Acceptable Frames(可接受帧)、Ingress Filtering(入站过滤) 在下拉列表中选择设置。如果选择 No Change(无变化)，则列表 2 的条目保持不变。

(3) Copy to Table(复制到表)：单击此按钮后，列表 2 的所有端口将应用此设置。

2. 列表 2：组态单独端口

(1) Port(端口)：显示可用端口。端口由模块号和端口号组成，例如，P0.1 表示模块 0，端口 1。

(2) Priority(优先级)：从下拉列表中选择分配给无标记帧的优先级。如果端口接收到无标记的帧，将为其分配此优先级。优先级决定了该帧与其他帧相比较后，如何进一步处理该帧。总共有 8 个优先级，值分别为 0～7，其中 7 表示最高优先级。

(3) Port VID(端口 VID)：从下拉列表中选择 VLAN ID。只能选择在 General(常规) 标签中定义的 VLAN ID。如果接收到的帧没有 VLAN 标记，则会为其添加此处指定的 VLAN ID 作为标记，然后按照端口规则发送出去。

(4) Acceptable Frames(可接受帧)：指定将接受哪些类型的帧。其可能的选项如下：

Tagged Frames Only(仅限带标记的帧)：设备会丢弃所有无标记帧。带标记的帧按照组态规则进行转发。

All(全部)：设备会转发所有帧。

Untagged and Priority Tagged Only(仅限无标记和带优先级标记)：设备会丢弃所有带标记的帧，而转发所有无标记帧及具备优先级的帧 (带优先级标记的帧)。数据帧按照组态规则进行转发。如果是 Provider(已组态网桥模式)，则表示设备将所有传入帧按无标记帧处理。

(5) Ingress Filtering(入站过滤)：指定是否评估已接收帧的 VID。其可做以下选择：

启用：由接收到的帧的 VLAN ID 决定是否转发：要转发 VLAN 标记帧，接收端口必须是相同 VLAN 的成员。在接收端口会丢弃来自未知 VLAN 的帧。

禁用：转发所有帧。

3.4 实　训

为了让大家更好地理解 VLAN 技术以及西门子 SCALANCE XB208 和 SCALANCE XM408 工业交换机实现 VLAN 的方法，本章设单交换机 VLAN 配置、跨交换机 VLAN 配置、同一网段 VLAN 技术应用和西门子私有 VLAN 技术共四个实训任务。

实训目的

(1) 掌握 VLAN 协议与基本原理；

(2) 掌握单交换机 VLAN 配置；

(3) 掌握跨交换机 VLAN 配置；

(4) 掌握私有 VLAN 配置。

实训准备

(1) 复习本章内容；

(2) 熟悉西门子交换机的基本配置及网络连接；

(3) 熟悉西门子 PLC 的基本配置；

(4) 熟悉 VLAN 的原理及配置；

(5) 熟悉私有 VLAN 原理及配置。

实训设备

2 台已安装博途软件的电脑，2 台 S7-1200 PLC，2 台 SCALANCE XB208 工业交换机，1 台 SCALANCE XM408 工业交换机及网线若干。

单交换机 VLAN 配置

3.4.1　单交换机 VLAN 配置

单交换机 VLAN 实训拓扑如图 3-10 所示，通过 IP 地址为 192.168.0.100 的上位机 1 可以访问 IP 地址为 192.168.0.99 的 PLC_1，不可访问另外一台上位机 2 及另外一台 PLC_2；通过 IP 地址为 192.168.1.200 的上位机 2 可以访问 IP 地址为 192.168.1.199 的 PLC_2，不可访问另外一台上位机 1 及另外一台 PLC_1；PLC_1 与 PLC_2 之间不可相互访问。

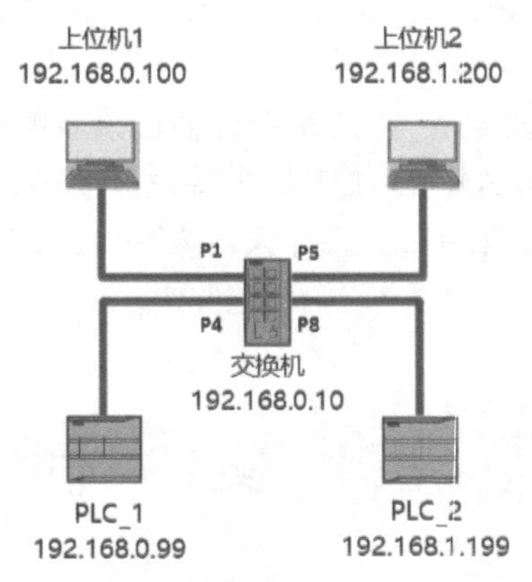

图 3-10　单交换机 VLAN 实训拓扑

具体实训步骤如下：

步骤 1　将交换机和 PLC 恢复出厂设置。

步骤 2　将两台上位机的 IP 地址分别设为 192.168.0.100 和 192.168.1.200，使用博途软件将两台 PLC 的 IP 地址分别设为 192.168.0.99 和 192.168.1.199，交换机的 IP 地址设为 192.168.0.10。

步骤 3　用工业以太网线缆将 IP 地址为 192.168.0.100 的上位机连接至交换机的 P1 网口上，将 IP 地址为 192.168.1.200 的上位机连接至交换机的 P5 网口上，将 IP 地址为 192.168.0.99 的 PLC 连接至交换机的 P4 网口上，将 IP 地址为 192.168.1.199 的 PLC 连接至交换机的 P8 网口上。

步骤 4　使用 192.168.0.100 上位机，打开一个 Web 浏览器，输入交换机地址 192.168.0.10，单击回车键，进入交换机的配置界面，如图 3-11 所示。

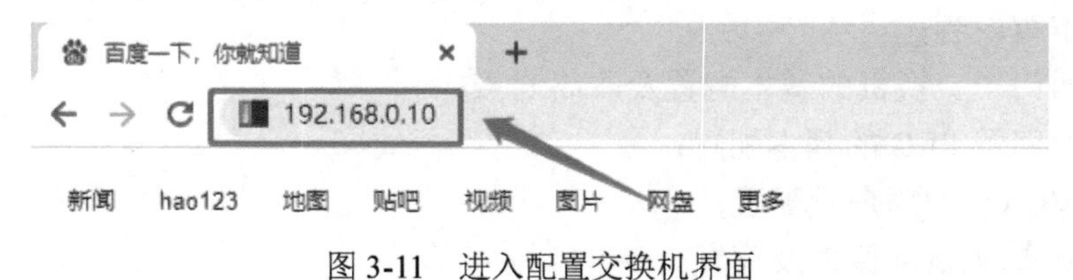

图 3-11　进入配置交换机界面

步骤5　在图3-12登录界面中Name和Password后面的输入框中，分别输入默认的用户名admin和默认的密码admin，单击Login按钮。

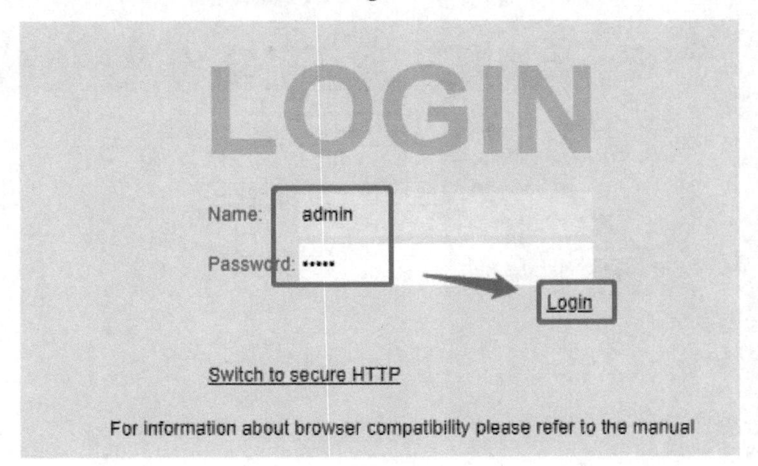

图3-12　登录界面

步骤6　如图3-13所示，在弹出更改密码提示的对话框中单击OK按钮。

图3-13　更改密码提示

步骤7　修改密码，按图3-14所示重新设置密码后单击Set Values。密码设置规则为长度大于8位，至少包含大写字母、数字和特殊符号三种字符。本书统一使用密码为Zd@123456。

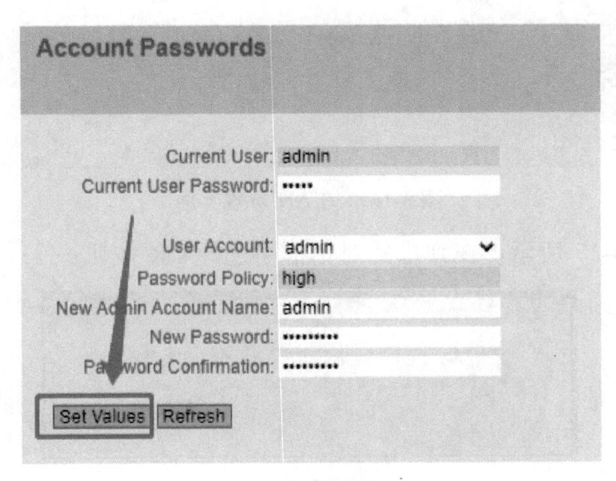

图3-14　修改密码

步骤8　在Layer2→Ring Redundancy路径下，取消Ring Redundancy选项，单击Set

Values 按钮，如图 3-15 所示。

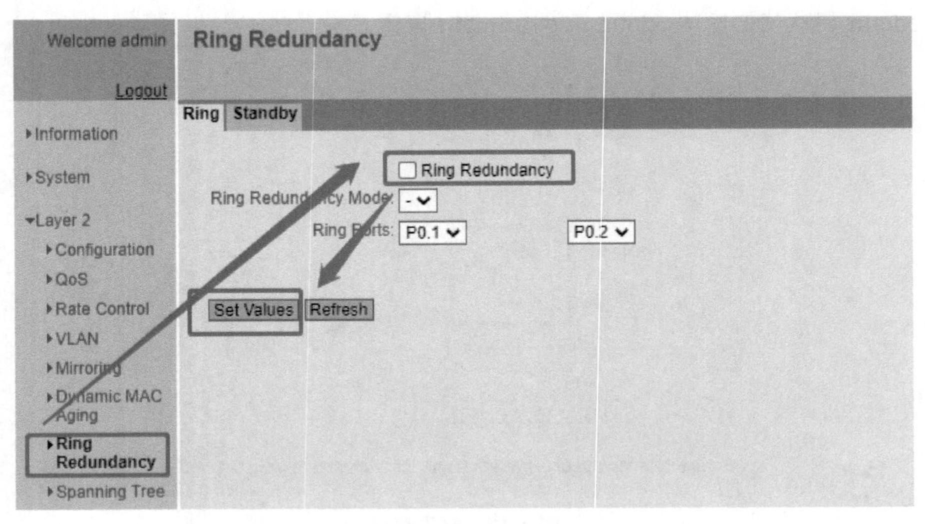

图 3-15　环状冗余界面

步骤 9　选择 Layer2→VLAN，在 General 标签的 Base Bridge Mode 选择 802.1Q VLAN Bridge，如图 3-16 所示。

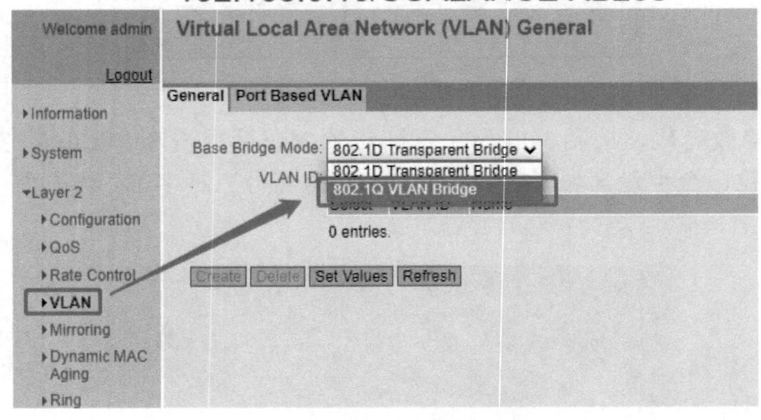

图 3-16　VLAN 常规界面

步骤 10　如图 3-17 所示，在弹出的对话框中选择 OK 按钮。

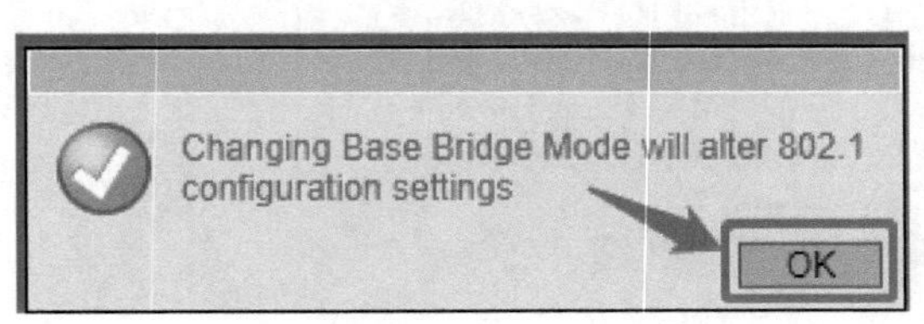

图 3-17　确认启用 802.1Q 配置

步骤 11　如图 3-18 所示，在 VLAN ID 后输入 1，单击 Set Values 按钮。

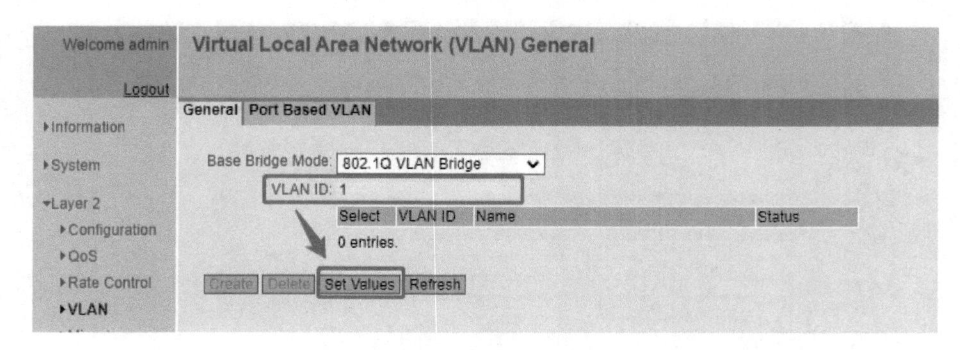

图 3-18　添加 VLAN 1

步骤 12　在 VLAN ID 后输入 10，单击 Create 按钮，如图 3-19 所示。

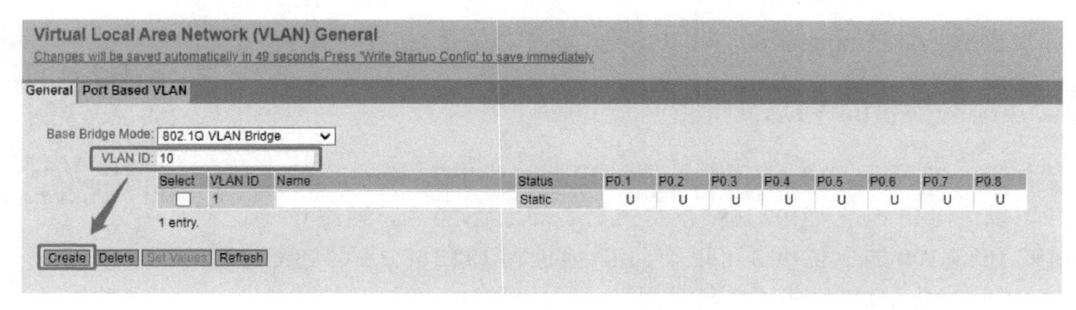

图 3-19　添加 VLAN 10

步骤 13　如图 3-20 所示，在 VLAN ID 后输入 20，单击 Create 按钮。

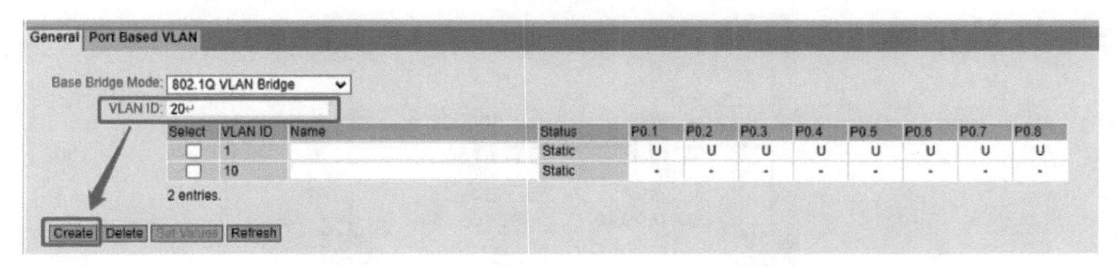

图 3-20　添加 VLAN 20

步骤 14　按照图 3-21 所示，设置交换机各端口属性，设置完成后单击 Set Values 按钮。

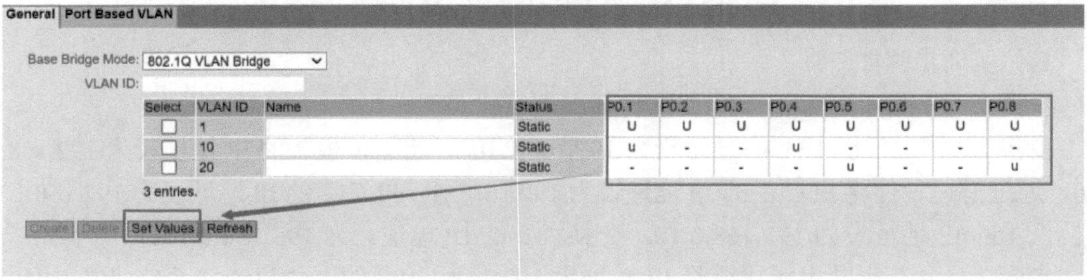

图 3-21　设置交换机各端口属性

步骤 15　在 Port Based VLAN 视图下将 P0.1 和 P0.4 的 Port VID 设为 VLAN 10，P0.5 和 P0.8 的 Port VID 设为 VLAN 20，设置完成后单击 Set Values 按钮，如图 3-22 所示。

General | Port Based VLAN

	Priority	Port VID	Acceptable Frames	Ingress Filtering	Copy to Table
All ports	No Change	No Change	No Change	No Change	Copy to Table

Port	Priority	Port VID	Acceptable Frames	Ingress Filtering
P0.1	0	VLAN10	All	
P0.2	0	VLAN1	All	
P0.3	0	VLAN1	All	
P0.4	0	VLAN10	All	
P0.5	0	VLAN20	All	
P0.6	0	VLAN1	All	
P0.7	0	VLAN1	All	
P0.8	0	VLAN20	All	

Set Values | Refresh

图 3-22 Port Based VLAN 界面

步骤 16 通过 ping 测试，可以验证实验任务是否完成。

3.4.2 跨交换机的 VLAN 配置

跨交换机 VLAN 配置

如图 3-23 所示，VLAN10 中，通过 IP 地址为 192.168.0.100 的上位机 1 可以访问 IP 地址为 192.168.1.1 的 PLC_2，VLAN20 中，通过 IP 地址为 192.168.0.100 的上位机 2 可以访问 IP 地址为 192.168.0.1 的 PLC_1，VLAN10 与 VLAN20 主机不能相互通信。

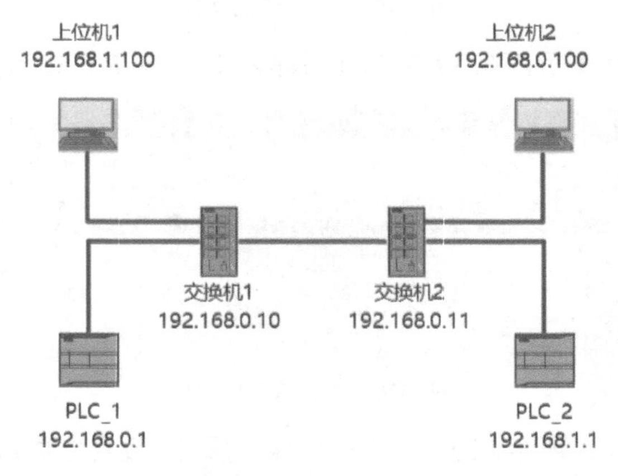

图 3-23 跨交换机的 VLAN 拓扑

具体实训步骤如下：

步骤 1 分别将交换机和 PLC 恢复至出厂设置。

步骤 2 将上位机 1 的 IP 地址设为 192.168.1.100，将上位机 2 的 IP 地址设为 192.168.0.100，通过博途软件将 PLC_1 的 IP 地址设为 192.168.0.1，PLC_2 的 IP 地址设为 192.168.1.1，交换机 1 的 IP 地址设为 192.168.0.10，交换机 2 的 IP 地址设为 192.168.0.11。

步骤 3 用工业以太网线缆将 IP 地址为 192.168.1.100 的上位机连接至交换机 1 的 P1 网口上，将 IP 地址为 192.168.0.100 的上位机连接至交换机 2 的 P1 网口上，将 IP 地址为 192.168.0.1 的 PLC1 连接至交换机 1 的 P4 网口上，将 IP 地址为 192.168.1.1 的 PLC_2 连接至交换机 2 的 P4 网口上，两台交换机的 P2 接口使用工业以太网线连接起来。

步骤 4　使用一台上位机 3，将上位机 3 的 IP 地址设置为 192.168.0.200，接入交换机 1 的 P5 口上，为交换机 1 添加 VLAN1、VLAN10 和 VLAN20，按照 3.4.1 节中步骤 4 至步骤 13，设置 IP 地址为 192.168.0.10 的交换机。

步骤 5　按照图 3-24 所示，设置各个端口，完成后单击 Set Values。

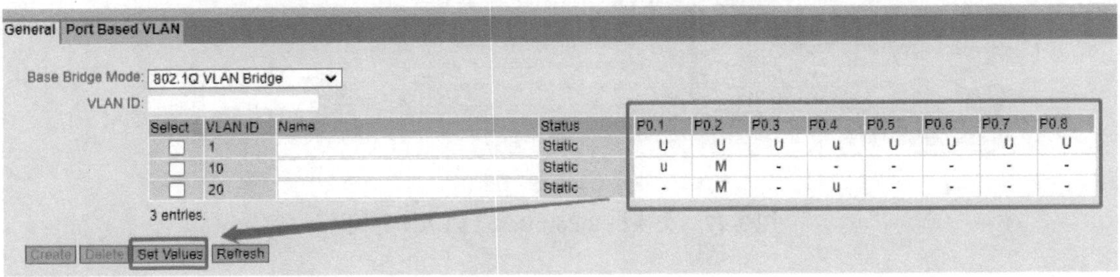

图 3-24　设置交换机 1 各个端口属性

步骤 6　在 Port Based VLAN 标签下，将 P0.1 的 Port VID 设为 VLAN 10，P0.4 的 Port VID 设为 VLAN 20，设置完成后单击 Set Values，如图 3-25 所示。

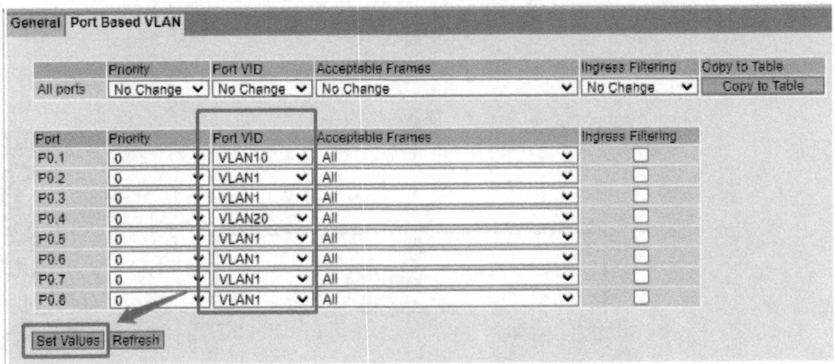

图 3-25　交换机 1 Port Based VLAN 界面

步骤 7　将上位机 3 接入交换机 2 的 P5 口上，按照 3.4.1 节中的步骤 4 至步骤 13 设置 IP 地址为 192.168.0.11 的交换机 2 的参数。

步骤 8　按照图 3-26 所示，设置各个端口，完成后单击 Set Values。

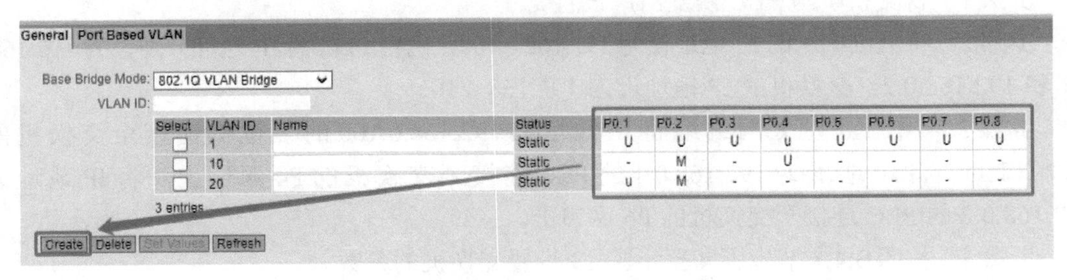

图 3-26　设置交换机 2 各端口属性

步骤 9　在 Port Based VLAN 标签下，将 P0.1 的 Port VID 设为 VLAN20，P0.4 的 Port VID 设为 VLAN10，完成后单击 Set Values，如图 3-27 所示。

步骤 10　通过 ping 命令测试，可以验证实验任务是否完成。

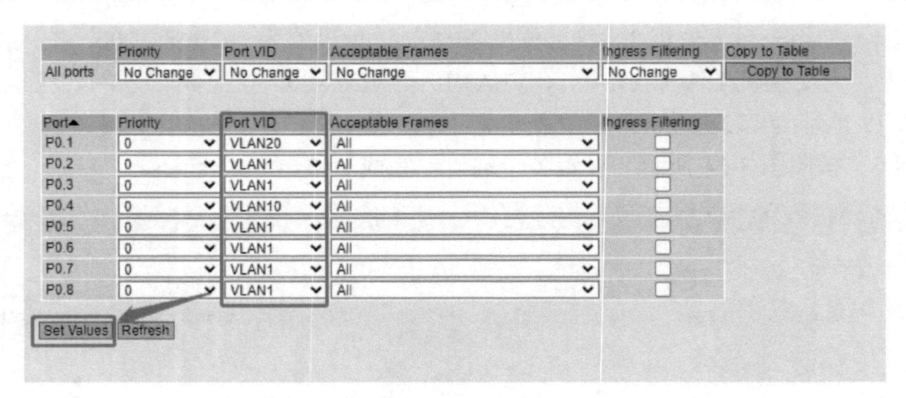

图 3-27　交换机 2 Port Based VLAN 界面

3.4.3　同一网段的 VLAN 隔离与访问配置

如图 3-28 所示，通过 IP 地址为 192.168.0.100 的上位机可以访问 IP 地址为 192.168.0.1 的 PLC_1 和 IP 地址为 192.168.0.2 的 PLC_2，PLC_1 与 PLC_2 之间不可相互访问。

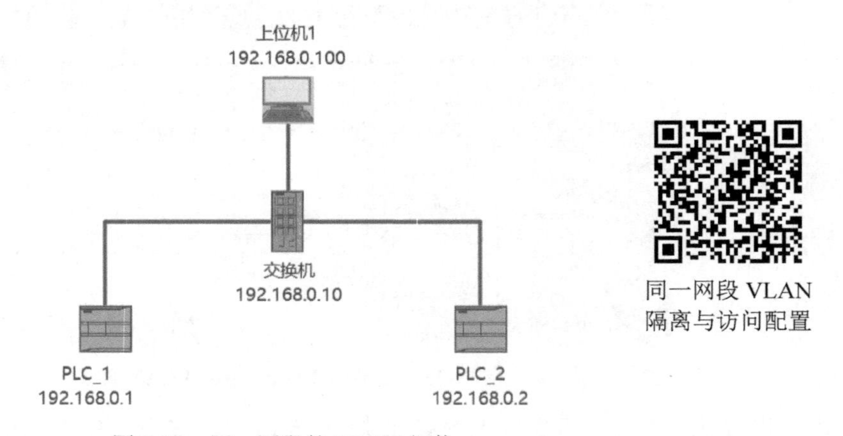

同一网段 VLAN 隔离与访问配置

图 3-28　同一网段的 VLAN 拓扑

具体实训步骤如下：

步骤 1　将交换机与 PLC 恢复出厂设置。

步骤 2　将上位机 1 的 IP 地址设为 192.168.0.100，两台 PLC 的 IP 地址分别设为 192.168.0.1 和 192.168.0.2，交换机的 IP 地址设为 192.168.0.10。

步骤 3　用工业以太网线缆将 IP 地址为 192.168.0.100 的上位机连接至交换机的 P2 网口上，将 IP 地址为 192.168.0.1 的 PLC 连接至交换机的 P4 网口上，将 IP 地址为 192.168.0.2 的 PLC 连接至交换机的 P6 网口上。

步骤 4　按照 3.4.1 节步骤 4 至步骤 13 设置交换机的参数。

步骤 5　按照图 3-29 所示，设置各端口属性，设置完成后单击 Set Values 按钮。

步骤 6　在 Port Based VLAN 视图下，将 P0.2 的 Port VID 设为 VLAN30，P0.4 的 Port VID 设为 VLAN10，P0.5 和 P0.6 的 Port VID 设为 VLAN20，设置完成后单击 Set Values，如图 3-30 所示。

General | Port Based VLAN

Base Bridge Mode: 802.1Q VLAN Bridge

VLAN ID:

Select	VLAN ID	Name	Status	P0.1	P0.2	P0.3	P0.4	P0.5	P0.6	P0.7	P0.8
☐	1		Static	U	U	U	U	U	U	U	U
☐	10		Static	-	u	-	u	-	-	-	-
☐	20		Static	-	u	-	-	-	u	-	-
☐	30		Static	-	u	-	u	-	u	-	-

4 entries.

Create　Delete　Set Values　Refresh

图 3-29　设置交换机的各端口属性

General | Port Based VLAN

	Priority	Port VID	Acceptable Frames	Ingress Filtering	Copy to Table
All ports	No Change	No Change	No Change	No Change	Copy to Table

Port	Priority	Port VID	Acceptable Frames	Ingress Filtering
P0.1	0	VLAN1	All	☐
P0.2	0	VLAN30	All	☐
P0.3	0	VLAN1	All	☐
P0.4	0	VLAN10	All	☐
P0.5	0	VLAN1	All	☐
P0.6	0	VLAN20	All	☐
P0.7	0	VLAN1	All	☐
P0.8	0	VLAN1	All	☐

Set Values　Refresh

图 3-30　交换机的 Port Based VLAN 界面

步骤 7　通过 ping 测试，可以验证实验任务是否完成。

3.4.4　西门子私有 VLAN 配置

西门子私有 VLAN 拓扑结构如图 3-31 所示。上位机 1 属于主私有 VLAN，通过上位机 1 可以访问 PLC_1、PLC_2、PLC_3 和 PLC_4，PLC_1 和 PLC_2 属于隔离次私有 VLAN，其中 PLC_1 和 PLC_2 可以访问上位机 1，但不可访问其他 PLC，PLC_1 和 PLC_2 之间也不可以访问。PLC_3 和 PLC_4 属于团体次私有 VLAN，可以访问上位机 1，也可以相互访问，但不可以访问其他次私有 VLAN 成员，如 PLC_1 和 PLC_2。

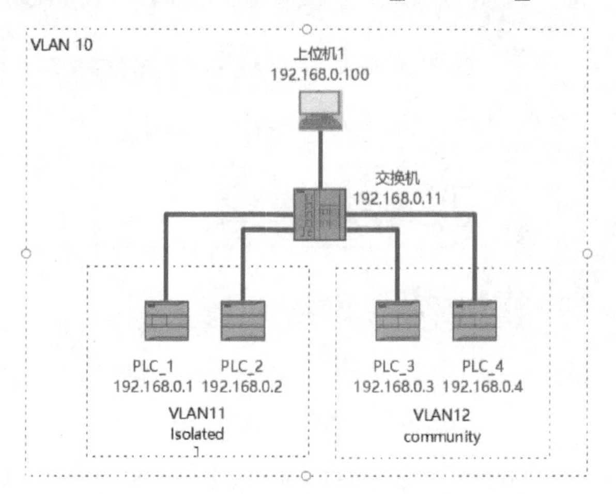

图 3-31　西门子私有 VLAN 拓扑结构

西门子私有 VLAN 配置

具体实训步骤如下：

步骤 1 将交换机与 PLC 恢复出厂设置。

步骤 2 将上位机的 IP 地址设为 192.168.0.100，使用博途软件将 PLC_1 的 IP 地址设置位 192.168.0.1，将 PLC_2 的 IP 地址设置为 192.168.0.2，将 PLC_3 的 IP 地址设置为 192.168.0.3，将 PLC_4 的 IP 地址设置 192.168.0.4，将交换机的 IP 地址设置为 192.168.0.11。

步骤 3 用工业以太网线缆将上位机连接至交换机的 P1 网口上，将 PLC_1 连接至交换机的 P2 网口上，将 PLC_2 连接至交换机的 P3 网口上，将 PLC_3 连接至交换机的 P4 网口上，将 PLC_4 连接至交换机的 P5 网口上。

步骤 4 按照 3.4.1 节的步骤 4 至步骤 7 登录交换机的 Web 界面。

步骤 5 选择“Layer2”→VLAN，添加 VLAN ID 为 10、11、12 的三组 VLAN，如图 3-32 所示。

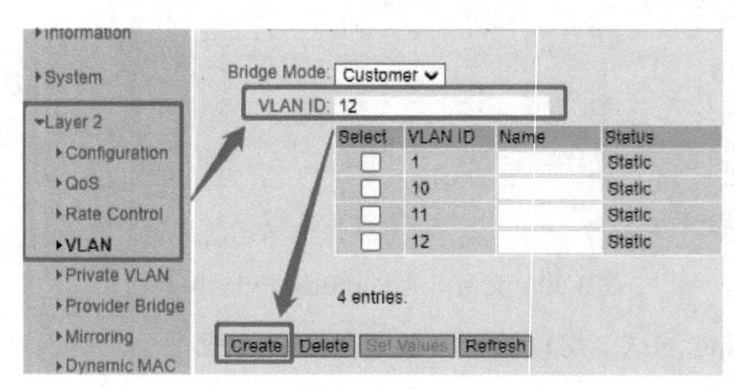

图 3-32 创建三组 VLAN

步骤 6 选择“Layer2”→Private VLAN，将 VLAN ID 为 10 的 VLAN 类型设置为 Primary，VLAN ID 为 11 的 VLAN 类型设置为 Isolated，VLAN ID 为 12 的 VLAN 类型设置为 Community，单击 Set Values 按钮，如图 3-33 所示。

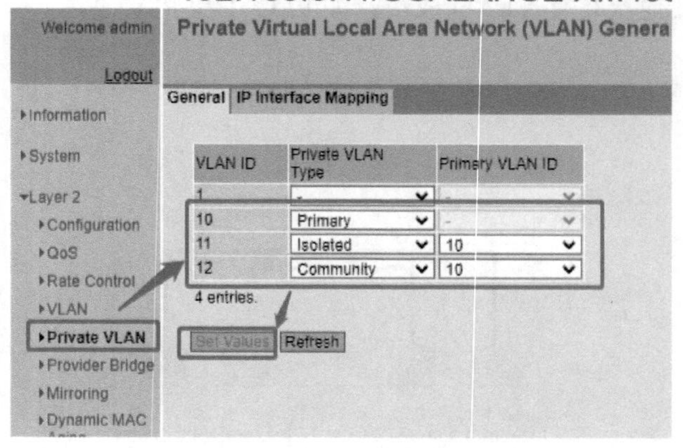

图 3-33 私有 VLAN 配置

步骤 7 选择 System→Ports→Configuration，将 P1.1 的 Port Type 设置为 Switch-Port PVLAN Promiscuous，单击 Set Values 按钮，如图 3-34 所示。按照相同的方法分别将 P1.2、P1.3、

P1.4、P1.5 的 Port Type 设置为 Switch-Port VLAN Host。

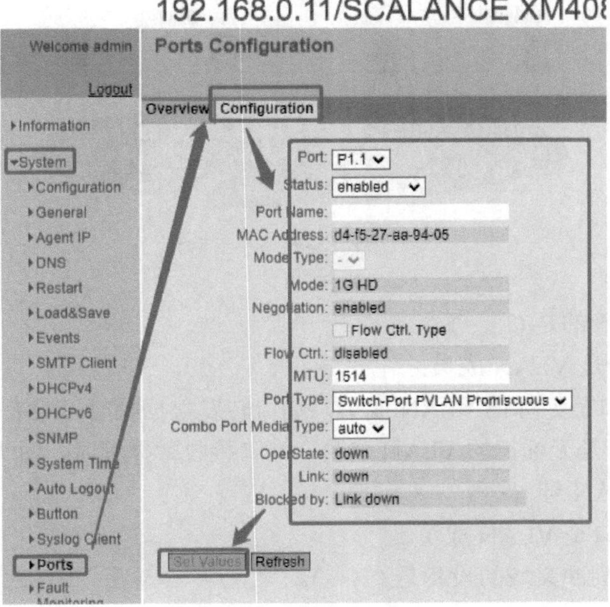

图 3-34　端口类型配置

步骤 8　选择“Layer2”→VLAN→General，取消 P1.2、P1.3 在 VLAN ID 为 1 中的“u”，将 P1.1、P1.2、P1.3、P1.4、P1.5 在 VLAN ID 为 10 的 VLAN 中设置为“u”，将 P1.1、P1.2、P1.3 在 VLAN ID 为 11 的 VLAN 中设置为“u”，将 P1.4、P1.5 在 VLAN ID 为 12 的 VLAN 中设置为“u”，完成后单击 Set Values 按钮，如图 3-35 所示。

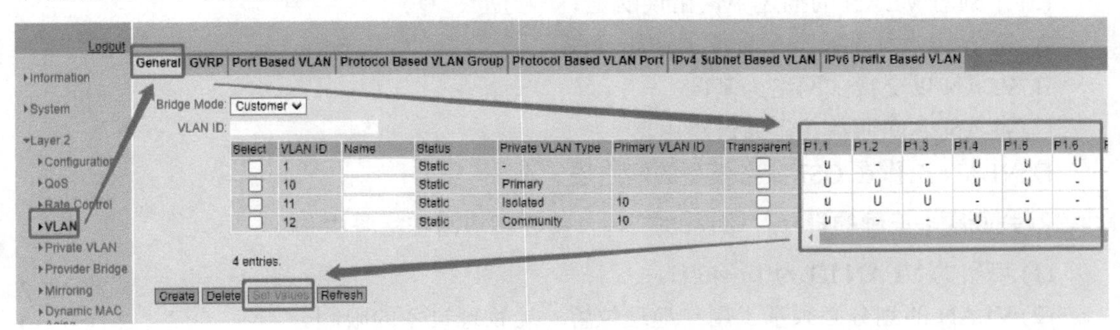

图 3-35　设置交换机各端口属性

步骤 9　使用 ping 命令或 PLC 程序测试任务是否完成。

习　题

1. 单选题（将答案填写在括号中）

(1) 下列网络拓扑图中 PC2 能与（　　）相互通信。

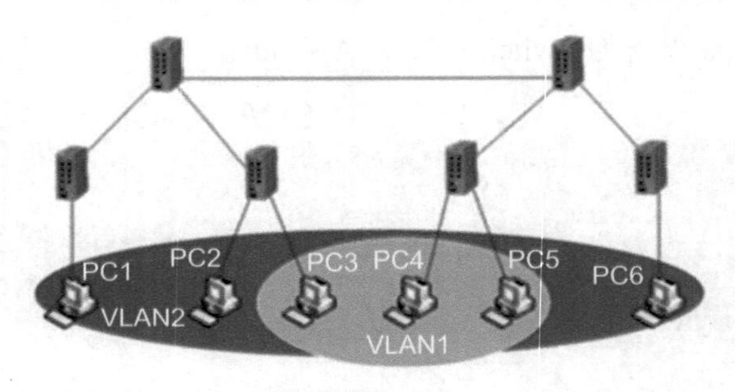

A. PC6　　　　B. PC4

C. PC3　　　　D. PC5

(2) 下列说法正确的是 (　　)。

A. - 代表该端口是 VLAN 成员

B. U 代表此端口是无标记 VLAN 成员，端口转发数据帧时，带有 VLAN 标签

C. u 代表该端口是无标记的 VLAN 成员，端口接收数据帧时，对无 VLAN 标记数据帧组态为该 VLAN 号

D. M 代表该端口是 VLAN 成员

(3) 不能用来分割冲突域的设备是 (　　)。

A. 网桥　　　　B. 集线器

C. 交换机　　　　D. 路由器

(4) 能用来分割广播域的设备是 (　　)。

A. 带有 VLAN 功能的交换机　　　　B. 网桥

C. 非管理型交换机　　　　D. 集线器

(5) 下列对 VLAN 的描述中，错误的是 (　　)。

A. 每个 VLAN 都是一个独立的逻辑网段

B. VLAN 以交换式网络为基础

C. VLAN 之间通信必须通过路由器

D. VLAN 工作在 OSI 参考模型的网络层

2. 判断题（正确的打 √，错误的打 ×，将答案填写在括号中）

(1) 可用的 VLAN ID 为 1～4095。(　　)

(2) VLAN 的划分必须基于用户地理位置，受物理设备的限制。(　　)

(3) 对于连接到交换机上的用户计算机来说，是不需要知道 VLAN 信息的。(　　)

(4) 每个 VLAN 都是一个独立的逻辑网络、单一的广播域。(　　)

(5) 多个交换机之间进行 VLAN 通信时可能会用到 M。(　　)

第4章 网络冗余技术

网络冗余是指集成硬件和软件资源，在网络某一点故障时，能够保持网络最佳可用性的技术。通信系统网络是每一个现代自动化项目的核心，为了处理不同网络中的故障，可以在网络设备中集成不同的冗余协议。在现代工业网络中常用的冗余协议有以下几种：

(1) 生成树协议 / 快速生成树协议 (STP/RSTP)：用于消除网络中存在的环路，构建树形拓扑，同时实现链路的冗余备份；

(2) 介质冗余协议 (MRP)：仅适用于环形拓扑结构，它允许以太网交换机成环形连接，在发生单点故障时获得比生成树协议更快的恢复时间，它适用于大多数工业以太网的应用场合；

(3) 并行冗余协议 (PRP)：适用于高可靠性自动化网络；

(4) 高可靠性无缝冗余 (HSR)：通过环网式结构实现的平行冗余。

使用 MRP 网络收敛时间是 200 ms，但在一些特殊场合，需要使用无重构时间的网络。目前，PRP 和 HSR 两个技术能实现无缝冗余。

4.1 生成树与快速生成树协议

生成树协议 (Spanning Tree Protocol，STP) 是 IEEE 802.1d 中描述的开放协议。它是 OSI 第 2 层协议，保证了局域网中无环路。生成树协议基于 Radia Perlman 开发的算法，允许网络有冗余链路，如果链路出于任何原因损坏，则会自动恢复并提供非环路的备份路径。

STP 协议在工业网络中很难得到应用。这是因为支持生成树协议的交换机在链路中断后，需要 30～50 s 恢复时间替代路径才可用，这种延时对于控制系统是不可接受的。而对于检测应用程序来说，30 s 是最长的接受时间。此外，它还不能用于环结构冗余。

为了让生成树协议缩短恢复时间，IEEE 在 2001 年制定了快速生成树协议 (RSTP)。该协议在 IEEE 802.1w 标准中进行了描述。自 2004 年以来，IEEE 建议使用 RSTP 而不是 STP。因此，IEEE 802.1d 包含在 IEEE 802.1w 规范中。RSTP 的恢复时间低于 STP，大于 1～10 s 而不是 30～50 s。根据应用程序的不同，此恢复时间已经相当快了。

4.1.1 生成树协议中的基本概念

下面介绍STP协议工作过程中使用的几个关键概念。

1. 桥接协议数据单元

生成树协议的所有功能都是通过交换机或者网桥之间周期性地发送STP的桥接协议数据单元(Bridge Protocol Data Unit，BPDU)来实现的。BPDU用于在交换机或者网桥之间传递信息，每2 s发送一次报文。STP的BPDU是一种二层报文，目的MAC是多播地址01-80-C2-00-00-00，所有支持STP协议的交换机都会接收并处理收到的BPDU报文，该报文的数据区里携带了用于生成树计算的所有有用信息。BPDU的报文格式如图4-1所示。

Protocol ID (2 B)	Version (1 B)	Type (1 B)	Flags (1 B)	Root BID (8 B)	Root Path (4 B)
Sender BID (8 B)	Port ID (2 B)	M-Age (2 B)	Max Age (2 B)	Hello (2 B)	FD (2 B)

图4-1 BPDU的报文格式

BPDU报文格式各个字段的含义如下：

(1) Protocol ID(协议ID)：恒定为0。

(2) Version(版本号)：恒定为0。

(3) Type(报文类型)：决定该帧中所包含的两种BPDU格式类型(配置BPDU和拓扑变更TCNBPDU)。

(4) Flags(标记)：标志活动拓扑中的变化。标记包含在拓扑变化通知(Topology Change Notifications)的下一部分中。

(5) Root BID(根网桥的网桥ID)：在收敛后的网络中，所有网桥配置BPDU中的该字段都应该具有相同的值。可以细分为两个BID子字段：网桥优先级(2 B)和网桥MAC地址(6 B)。

(6) Root Path(根路径成本)：通向根网桥(Root Bridge)的所有链路的积累开销。

(7) Sender BID(发送网桥ID)：创建当前BPDU的网桥ID。对于某一交换机发送的所有BPDU而言，该字段值都相同；而对于不同交换机发送的BPDU而言，该字段值不同。

(8) Port ID(端口ID)：每个端口的ID值都是唯一的，由端口优先级(1 B)和端口编号组成。这个字段记录的是发送BPDU网桥的出端口。

(9) Message Age(报文老化时间)：记录Root Bridge生成当前BPDU后经过的时间。

(10) Max Age(最大老化时间)：保存BPDU的最长时间，也反映了拓扑变化通知(Topology Change Notification)过程中的网桥表生存时间情况。

(11) Hello(访问时间)：周期性发送BPDU的时间，默认是2 s。

(12) Forward Delay(转发延迟)：用于在Listening和Learning状态的时间，也反映了

拓扑变化通知 (Topology Change Notification) 过程中的时间情况。

在 BPDU 中，最关键的字段是根网桥 ID、根路径成本、发送网桥 ID 和端口 ID 等，STP 的工作过程依靠这几个字段的值。当交换机的一个端口收到高优先级的 BPDU(更小的 RootBID 或者更小的 RootPathCost 等) 时，就在该端口保存这些信息，同时向所有端口更新并传播信息。如果交换机的一个端口收到比自己低优先级的 BPDU，交换机就会丢弃这些信息。

2. 路径成本

STP 依赖于路径成本的概念，最短路径是建立在累计路径成本的基础上的。生成树的根路径成本就是到根网桥的路径中所有链路的路径成本的累计和。

路径成本的计算和链路的带宽相关联，表 4-1 列出了一些在 IEEE 802.1d 标准中规定的路径成本。IEEE 802.1d 的路径成本是被修订了的，在以前的版本中，路径成本是以 1000 Mb/s 带宽为计算基础的，因为以太网的速度提高得很快，不得不做出修订，以非线性的方法融合了高速端口，重新计算了路径成本。无论是修订前还是修订后，我们都会发现，STP 的路径成本是越低越好。

表 4-1　修订前后的 802.1d 路径成本

链路带宽 /(Mb/s)	成本 (修订前)	成本 (修订后)
10000	1	2
1000	1	4
100	10	19
10	100	100

3. 网桥 ID

使用 STP 时，拥有最低网桥 ID 的交换机将成为根网桥。网桥 ID 共 8 B，由 2 B 的优先级和 6 B 网桥的 MAC 地址组成。

网桥优先级是 0～65 535 之间的数字，默认值是 32768(0x8000)。优先级最低的网桥将成为根网桥。如果网桥优先级相同，则比较网桥的 MAC 地址，具有最低 MAC 地址的交换机或网桥将成为根网桥。

4. 端口 ID

端口 ID 也参与决定到根网桥的路径。端口 ID 共 2 B，包括 1 B 的端口优先级和 1 B 的端口编号。端口优先级是 0～255 之间的数字，默认值是 128(0x80)。端口编号则是按照端口在交换机上的顺序排列的，例如，端口 1 的 ID 是 0x8001，端口 2 的 ID 是 0x8002。

端口优先级数越小，则优先级越高。如果端口优先级相同，则编号越小，优先级越高。

4.1.2　生成树协议的工作过程

STP 要构造一个逻辑无环的拓扑结构，需要进行下面 4 项操作。

1. 选择一个根网桥

在一个给定网络中只能存在一个根网桥，也就是具有最小网桥 ID 的交换机。

当网络中的交换机启动后，每一台都会假定它自己就是根网桥，把自己的网桥 ID 写入 BPDU 的根网桥 ID 字段里面，然后向外泛洪。当交换机接收到一个具有更低的 Root BID 的 BPDU 时，它就会把自己正在发送的 BPDU 中的 Root BID 字段替换为这个更低的网桥 ID，再向外发送。经过一段时间以后，所有的交换机都会比较完全部的 Root BID，并且选出具有最小网桥 ID 的交换机作为根网桥。

例如，在图 4-2 所示的 STP 选根网桥的拓扑结构中，三台交换机通过比较网桥优先级，发现交换机 1 的优先级是最小的，因此交换机 1 被选为根网桥。

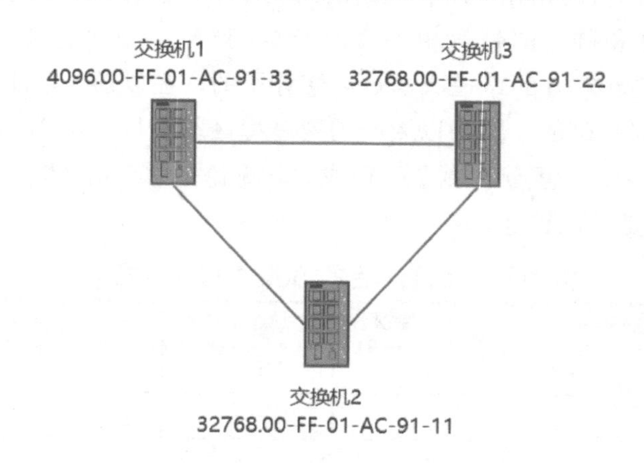

图 4-2　STP 选根网桥的拓扑结构

如果三台交换机的网桥优先级相同的话，则交换机 2 被选为根网桥，因为它的 MAC 地址最小。

在默认情况下根网桥每 2 s 发送一次 BPDU，生成树下游的非根交换机会接收这些 BPDU，依据其中传递的信息进行根端口和指定端口的选择。

STP 收敛以后，如果有一台网桥 ID 值更小的交换机加入进来，它也会把自己当作一个根网桥而在网络中通告，引起 STP 进行新一轮的根网桥选择。由于新交换机的网桥 ID 更小，所以其他的交换机在比较一番后，就会把它作为新的根网桥记录下来，再重新计算到达新根网桥的无环路拓扑。

2. 选择根端口

下面要在所有的非根网桥上选出根端口。所谓根端口 (Root Port，RP)，就是从非根网桥到根网桥路径成本最小的端口。选择根端口的依据如下：

(1) 根路径成本最小；

(2) 发送网桥 ID 最小；

(3) 发送端口 ID 最小。

如图 4-3 所示，交换机 1 为根网桥，交换机 2 和交换机 3 都需要选出到达交换机 1 的根端口。按照表 4-1 中路径成本的计算方法，对于交换机 2 来说，从端口 P2 到达根网桥的根路径成本是 19，计算方法是：端口 P2 接收到根网桥发送的 BPDU 中根路径成本字段是 0，交换机 2 将端口 P2 的路径成本 (带宽 100 Mb/s 的快速以太网链路，路径成本为 19) 累加在上面，得到 P2 的根路径成本为 0 + 19 = 19。

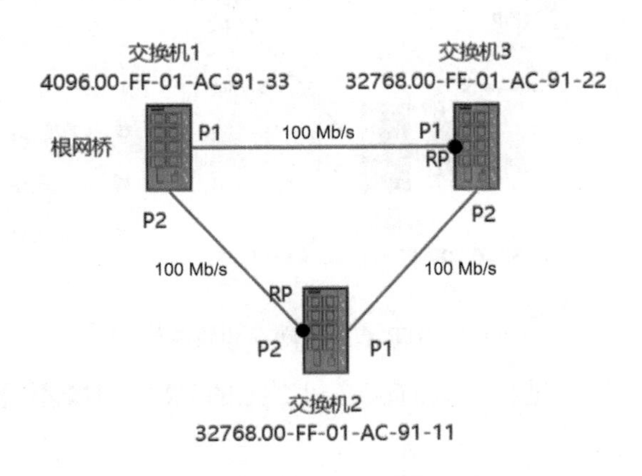

图 4-3　STP 选择根端口

从端口 P1 到达根网桥的根路径成本是 19 + 19 = 38，因为它收到交换机 3 发送的 BPDU 中根路径成本字段值已经是 19 了，再累加端口 P1 的路径成本 19，得到最终的根路径成本为 38。通过比较端口 P1 和端口 P2 的根路径成本，P2 将被选为根端口。同理，交换机 3 的 P1 端口也会被选成根端口。

如果一台非根交换机到达根网桥的多条根路径的成本相同，则比较从不同的根路径所收到 BPDU 中的发送网桥 ID，哪个端口收到的 BPDU 中发送网桥 ID 较小，则哪个端口为根端口；如果发送网桥 ID 也相同，则比较这些 BPDU 中的端口 ID，哪个端口收到的 BPDU 中端口 ID 较小，则哪个端口为根端口。

3. 选择指定端口

在每个网段中需要选取一个指定端口。所谓指定端口 (Designated Port，DP)，就是连接在某个网段上的一个桥接端口，它通过该网段既向根交换机发送流量，也从根交换机接收流量。桥接网络中的每个网段都必须有一个指定端口。选择指定端口的依据如下：

(1) 根路径成本最小；

(2) 所在交换机的网桥 ID 最小；

(3) 端口 ID 最小。

因此，根网桥上的每个活动端口都是指定端口，因为它的每个端口都具有最小根路径成本 0。

如图 4-4 所示，根网桥交换机 1 上的活动端口 P1 和 P2 由于根路径成本为 0，都被选为指定端口；而连接交换机 2 和交换机 3 的网段上两个端口的根路径成本都是 38(19 + 19 = 38)，那么就需要比较网桥 ID 了。交换机 2 和交换机 3 的网桥优先级相同，但交换机 2 的 MAC 地址更小一些，所以交换机 2 的 P1 端口会被选为该网段的指定端口。

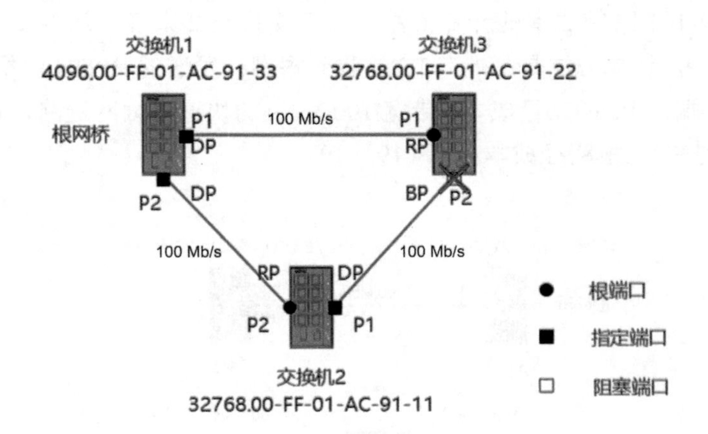

图 4-4　STP 选择根端口和阻塞端口

此时，STP 完成了计算过程。只有交换机 3 上的 P2 端口既不是根端口，也不是指定端口。

4. 阻塞非根和非指定端口

为创建一个无环拓扑，STP 配置根端口和指定端口转发流量，然后阻塞非根和非指定的端口，形成逻辑上无环路的拓扑结构。被阻塞的端口叫阻塞端口 (Blocked Port，BP)。此时，交换机 2 和交换机 3 之间的链路为备份链路，当交换机 1 和交换机 2、交换机 1 和交换机 3 之间的主链路正常时，这条链路处于逻辑断开状态，这样就将交换环路变成了逻辑上的无环拓扑。只有当主链路故障时，才会启用备份链路，以保证网络的连通性。

4.1.3　生成树协议的端口状态

在 STP 中，正常的端口具有 4 种状态：阻塞 (Blocking)、监听 (Listening)、学习 (Learning) 和转发 (Forwarding)，端口的状态就在这 4 种状态里面变化。

(1) Blocking：初始启用端口之后的状态。端口不能接收或者传输数据，不能把 MAC 地址加入地址表，只能接收 BPDU。如果检测到有一个交换环路，或者端口失去了它的根端口或者指定端口的状态，那么就会返回到 Blocking 状态。

(2) Listening：如果一个端口可以成为一个根端口或者指定端口，那么它就转入监听状态，不能接收或者传输数据，也不能把 MAC 地址加入地址表，但可以接收和发送 BPDU。此时，端口参与根端口和指定端口的选择，因此，这个端口最终可能被允许成为一个根端口或指定端口。如果该端口失去根端口或指定端口的地位，那么它将返回到 Blocking 状态。

(3) Learning：在转发延迟计时时间超时 (默认 15 s) 后，端口进入学习状态，此时端口不能传输数据，但可以发送和接收 BPDU，也可以学习 MAC 地址，并加入地址表。正因为如此，才使得交换机可以沉默一定的时间，处理有关地址表的信息。

(4) Forwarding：在下一次转发延时计时时间后，端口进入转发状态，此时端口能够发送和接收数据，学习 MAC 地址，发送和接收 BPDU。在生成树拓扑中，该端口至此才成为一个全功能的交换机端口。

(5) STP 中端口还有一个 Disabled(禁用) 状态，由网络管理员设定或因网络故障使系统的端口处于 Disabled 状态。这个状态是比较特殊的状态，它并不是端口正常的 STP 状态。

当交换机加电启动后，所有的端口从初始化状态进入阻塞状态，它们从这个状态开始监听 BPDU。当交换机第一次启动时，它会认为自己是根网桥，所以会转换为监听状态。如果一个端口处于阻塞状态，并在一个最大老化时间 (20 s) 内没有接收到新的 BPDU，端口也会从阻塞状态转换为监听状态。

在监听状态，所有交换机选择根网桥，在非根网桥上选择根端口，并且在每一个网段中选择指定端口。经过一个转发延迟 (15 s) 后，端口进入学习状态。

如果一个端口在学习状态结束后 (再经过一个转发延迟 15 s)，成为根端口或者指定端口就进入了转发状态，可以正常接收和发送用户数据，否则就转回阻塞状态。

最后，生成树经过一段时间 (默认值是 50 s 左右) 稳定之后，所有端口都进入转发状态或者阻塞状态。STP BPDU 仍然会定时 (默认每隔 2 s) 从各个交换机的指定端口发出，以维护链路的状态。如果网络拓扑发生变化，生成树就会重新计算，端口状态也会随之改变。

4.1.4　快速生成树协议

快速生成树协议 RSTP 在物理拓扑变化或配置参数发生变化时，显著地减少了网络拓扑的重新收敛时间。相比 STP 主要有以下几处变化：

(1) 除了根端口和指定端口外，快速生成树协议定义了 2 种新增加的端口角色：替代端口 (Alternate Port) 和备份端口 (Backup Port)。这两种新增的端口用于取代阻塞端口。替代端口为当前的根端口到根网桥的连接提供了替代路径，而备份端口则提供了到达同段网络的备份路径，是对一个网段的冗余连接。

(2) RSTP 只有 3 种端口状态：丢弃 (Discarding)、学习 (Learning) 和转发 (Forwarding)。STP 中的禁用、阻塞和监听状态就对应了 RSTP 的丢弃状态。表 4-2 比较了 STP 和 RSTP 的端口状态。

表 4-2　STP 和 RSTP 端口状态的比较

运行状态	STP 端口状态	RSTP 端口状态	在活动的拓扑中是否包含此状态
Disabled	Disabled	Discarding	否
Enabled	Blocking	Discarding	否
Enabled	Listening	Discarding	否
Enabled	Learning	Learning	是
Enabled	Forwarding	Forwarding	是

注：Enabled 为启用。

(3) RSTP 可以主动地将端口立即转变为转发状态，而无须通过调整计时器的方式去缩短收敛时间。为了能够达到这种目的，就出现了两个新的变量：边缘端口 (edge port) 和链路类型 (link type)。

“边缘端口”是指连接终端的端口。由于连接端工作站（而不是另一台交换机）是不可能引起交换环路的，因此这类端口就没有必要经过“监听”和“学习”状态，从而可以直接转变为转发状态。一旦边缘端口收到了 BPDU，它将立即转变为普通的 RSTP 端口。

链路类型包括 Point-to-Point(点对点)类型、Shared(共享)类型和 Boundary(边界)类型。不同类型的链路在决定收敛时间时，具有不同的数值。

(4) RSTP 依赖于一种有效的桥—桥握手机制，而不是 STP 中根桥所指定的计时器。RSTP 利用交换机不断发送 BPDU 作为保持本地连接的方式，这就使 STP 的 Forward Delay 和 Max Age 定时器变得多余。

在理想条件下，RSTP 应当是网络中使用的默认生成树协议。由于 STP 与 RSTP 之间的兼容性，由 STP 到 RSTP 转换是无缝的。

4.2 环网冗余

随工业以太网的快速发展，越来越多的工业网络设备加入网络，网络变得愈发复杂。在工业现场，如果线性拓扑网络的某个节点发生了问题，随后的设备就会完全断开，造成通信中断。而针对工业技术对控制网络可靠性的高要求，工业以太网的环网技术应运而生。

环网技术的优点如下：

(1) 可以快速检测网络错误并重新自动配置网络；

(2) 可以在小型和大型网络中使用；

(3) 具有清晰且结构简单的网络接线；

(4) 工厂可以在运行期间进行扩展工作；

(5) 标准化的协议确保了来自不同制造商设备的兼容性。

4.2.1 介质冗余协议

介质冗余协议 (Media Redundancy Protocol，MRP) 是 Profinet 标准的一部分。在 MRP 的情况下，环状网络通过阻塞环中的一个端口以获得一个线状结构。在发生网络错误的情况下，网络分成两条独立的线路，当被阻塞的端口被释放时，这些线路再次连接在一起。恢复时间在 200 ms 范围内。MRP 适用于大多数工业以太网应用场合，工业交换机通常都支持 MRP。

1. 介质冗余协议概述

介质冗余协议是一种基于环形拓扑结构的快速恢复协议，图 4-5 为两个 MRP 环互联的拓扑结构。

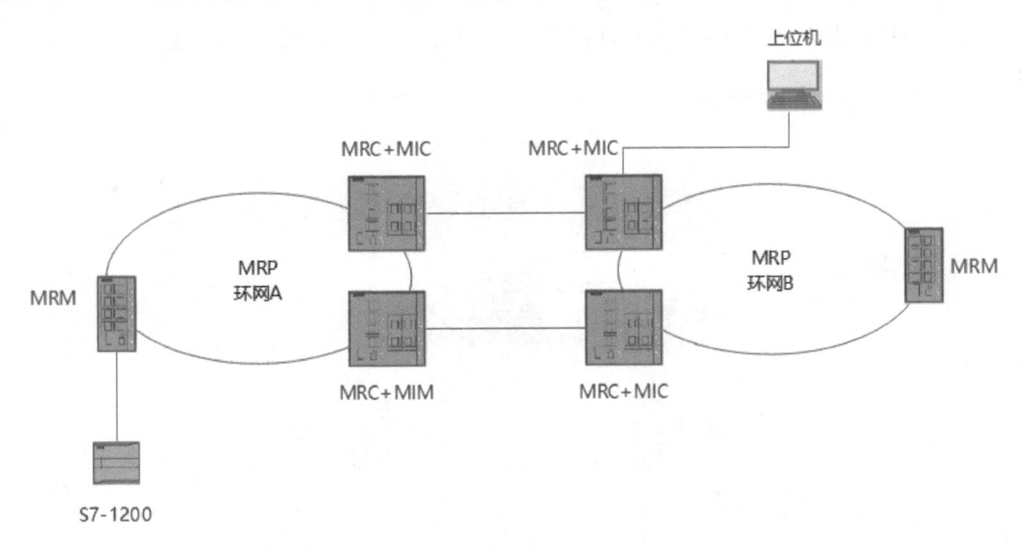

图 4-5　两个 MRP 环互联的拓扑结构

每个 MRP 的环网络都有多个设备，其中一个设备为介质冗余管理器 (MRM)。MRM 的功能是观察和控制环拓扑，以便对网络故障做出反应。MRM 通过在环上的一个环端口发送帧，并通过另一个环端口从环接收帧，反之亦然。环中的其他设备为介质冗余客户端 (MRC)。MRC 对从 MRM 接收到的重新配置数据帧做出反应，并且可以检测其环端口上的链路改变并发送信号。环中的某些设备或所有设备也可以作为介质冗余自动管理器 (MRA) 启动。MRA 通过使用投票协议在彼此之间选择一个 MRM，其余的转换为 MRC。环中的每个节点都能够检测交换机间链路的故障或故障恢复，或者检测相邻节点的故障或故障恢复。

为了冗余地连接两个 MRP 环，每个环的两个设备点被分配额外的角色。其中一个设备除了具有 MRC 或 MRM 的角色之外，还具有介质冗余连接管理器 (MIM) 的角色。MIM 的功能是观察和控制冗余互连拓扑，以便对互连故障做出反应。互连拓扑中的其他三个设备除了具有 MRC 或 MRM 的作用外，还具有介质冗余互连客户端 (MIC) 的作用。MIC 对从 MIM 接收到的重新配置帧做出反应，它可以检测到其互连端口的链路变化并发出信号，并且它可以发出链接更改通知消息。

2. MRP 协议的端口状态

MRM 和 MRC 应该有两个环形端口，环形端口应禁用 STP、RSTP 或 MSTP。环形端口通常为以下端口状态：

(1) 不可用 (DISABLED)：全部数据帧被丢弃；

(2) 阻塞 (BLOCKED)：除了 MRP 用于管理的数据帧和高层应用不转发的数据帧，其余数据帧都被丢弃；

(3) 转发 (FORWARDING)：所有数据帧均转发。

3. 介质冗余管理器控制方式

MRM 的一个环形端口应连接到 MRC 的一个环形端口。MRC 的另一个环形端口应连接到另一个 MRC 的环形端口或 MRM 的第二个环形端口，从而形成如图 4-6 所示的环形拓扑。

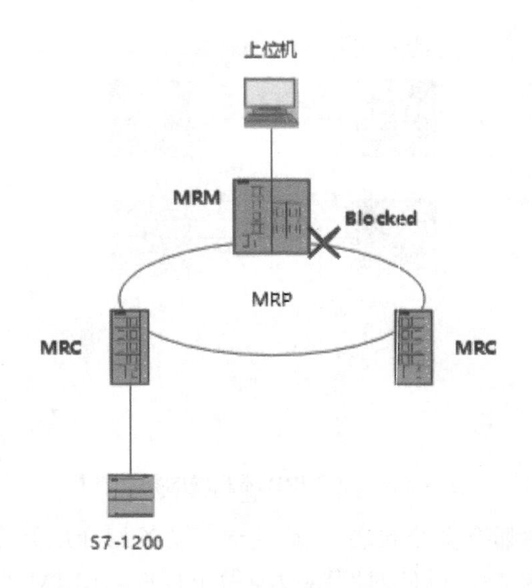

图 4-6　MRP 环形拓扑

MRM 通过以下方式控制环状态：

(1) 在配置的时间周期内在环的两个方向发送 MRP_Test 检测帧；

(2) 如果接收到自己的 MRP_Test 检测帧，将一个环端口设置为转发状态，将另一个环端口设置为阻塞状态；

(3) 如果在一个 MRP_TSTdefaultT 或 MRP_TSTshortT 或 MRP_TSTNRmax 时间周期里，没有接收到自己的 MRP_Test 检测帧，则将两个环端口设置为转发状态，如图 4-7 所示。

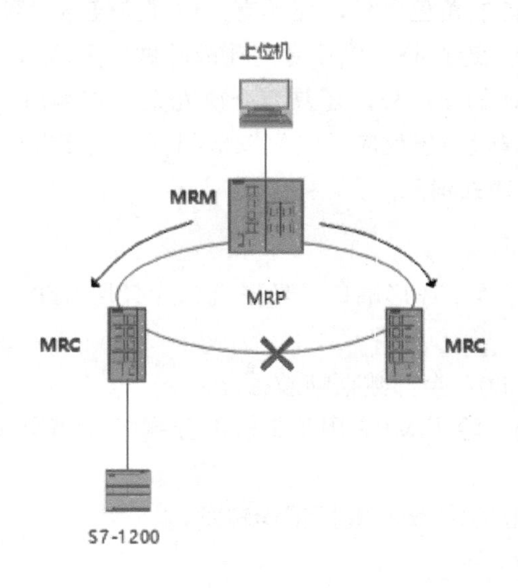

图 4-7　链路损坏时 MRM 控制方法

下面的机制保证 MRM 和 MRC 之间在环形拓扑变化时的同步。

MRM 应该指出环状态的变化，给所有 MRC 发送 MRP_Topology Change 帧。当探测到环路断开时，MRM 通过它的两个环端口发送 MRP_Topology Change 帧。这个帧带有一个延时时间，延时后执行环形拓扑的改变。这个延时参数称为 MRP_Interval。当这个时间结束，所有 MRC 应该清除它们的过滤数据库 (FDB)。

每个 MRC 应该对延时参数 (MRP_Interval) 返回一个 MRP_LinkUp 或者 MRP_LinkDown 帧到 MRM，告诉 MRM 在这个时间结束后，MRC 将改变它的端口状态，从 BLOCKED 到 FORWARDING(MRP_LinkUp 帧) 或者到 DISABLED(MRP_LinkDown 帧)。

4. 介质冗余客户端 (MRC) 的控制方式

每个 MRC 应将一个环形端口上接收到的 MRP_Test 测试帧转发到另一个环形端口。

如果某一台 MRC 检测到环形端口链路的故障或恢复，该 MRC 可以通过其两个环形端口发送 MRP_LinkChange 链路改变帧来通知链路改变。每个 MRC 收到 MRP_LinkChange 链路改变帧后都应将其从一个环形端口转发到另一个环形端口。

每个 MRC 应将一个环形端口上接收到的 MRP_Topology Change 拓扑改变帧转发到另一个环形端口。每个 MRC 应能处理这些帧。如果在一个给定间隔 (MRP_TOPchgT) 收到 MRP_Topology Change 帧，它应该清除它的过滤数据库 (FDB)。

每个 MRC 如果没有 MIM 和 MIC 处于活动状态，总是将 MRP_InTest 帧、MRP_InLink Change 帧、MRP_InTopology Change 帧和 MRP_InLink Status 帧从一个端口转发到另一个端口。

5. 冗余域

冗余域表示一个环。缺省时，所有 MRM 和 MRC 都属于整个缺省域。每个域分派了一个独一无二的身份标识 ID，作为它的关键属性，特别当一个 MRM 或者一个 MRC 为多个环的成员时，这样就不会造成混淆。在每个冗余域中，一个设备应该严格指派两个唯一的环端口。

4.2.2　高速冗余协议

高速冗余协议 (High Redundancy Protocol，HRP) 是西门子交换机的一种私有的环网协议，它的重构时间在最大网络规模下是 300 ms。HRP 主要是为了交换机的骨干网设计的环网协议，其最大的特点是可以结合环间热备 (Hot Standby) 实现和多环网之间的链路冗余。

1. 高速冗余协议

和 MRP 协议类似，HRP 也是一种基于环形拓扑结构的快速恢复协议。图 4-8 是一个单环 HRP 网络结构，在一个 HRP 环网中只能有一个冗余管理器 (RM)，冗余客户端可以有多个；环网阻塞端口和环网接收端口是初始随机分配的。

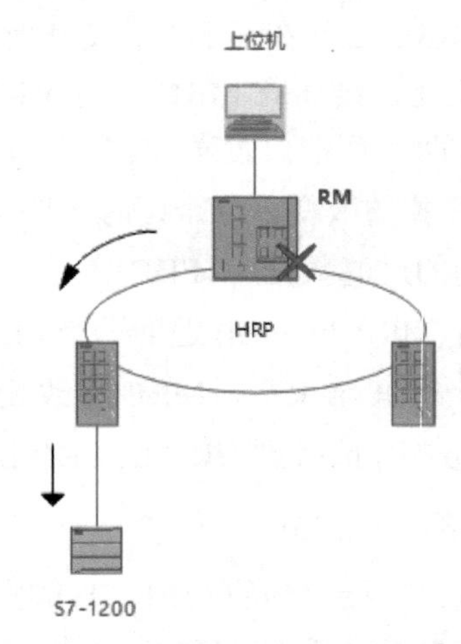

图 4-8　一个单环 HRP 网络结构

在环网链路正常的情况下，RM(冗余管理)分别从两个环网端口发送出去的检测帧又分别被另一个端口接收到，那么说明环网是正常的。当 HRP 判断环网正常之后，它会选择一个接收端口和一个阻塞端口，当一个端口是接收端口时，另一个端口就是阻塞端口，形成线形链路。

检测帧包含以下数据：

① 发送 RM 的 MAC 地址，用于检测环网中是否有其他的 RM，如果发现有其他 RM 时，设备会进行报错。

② 自 RM 启动以来，之前环网的切换次数，也就是环网从断开到恢复一共经历了几次。

③ RM 的状态(主动/被动)：环网正常时 RM 处于被动状态，当环网有链路断开时 RM 处于主动状态。

当链路发生故障时，如果 RM 从一个环网端口发送的检测帧无法被另一个环网端口接收，则说明环网故障。接下来切换数据传输路径，此时将冗余管理器的原先的阻塞端口切换为转发状态，如图 4-9 所示。

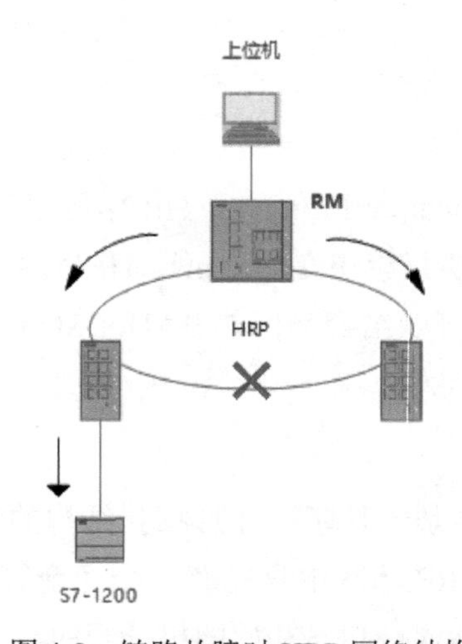

图 4-9　链路故障时 HRP 网络结构

2. 备用冗余协议

备用冗余协议 (Standby) 是 HRP 的扩展，支持在环网之间或开放网段 (线性总线) 之间采用冗余连接。在冗余链路中，环网通过以太网相连在一起。其实现的方法是在一个环网中配置一个主、从设备对，主、从设备能彼此监视对方，并且能在发生故障时将数据通信从常用的主以太网连接重定向到替代 (从) 以太网连接，图 4-10 中展示了两个 HRP 环网之间的备用冗余。

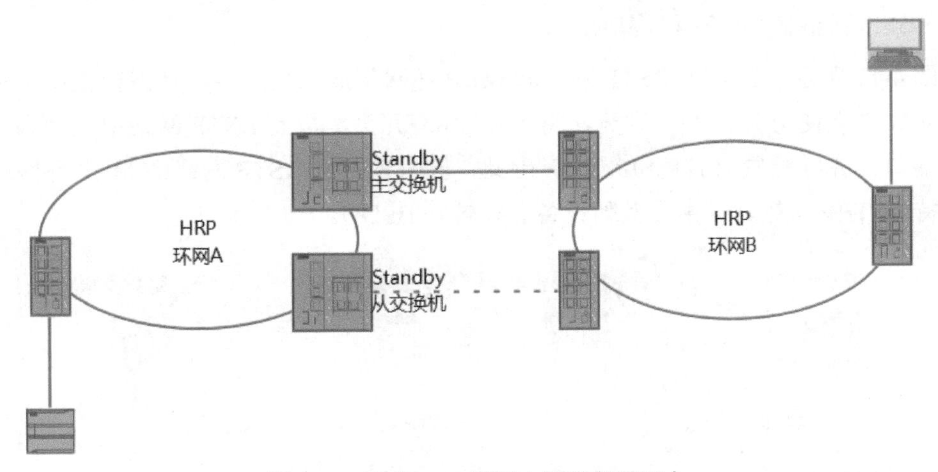

图 4-10　两个 HRP 环网之间的备用冗余

正常状态下，环网中交换机第一次启动时，当备用主交换机发送一个信号到环网中，并且该信号被备用从交换机接收到时，说明备用主交换机已经准备就绪。当备用从交换机发送一个信号到环网中，该信号被备用主交换机接收到时，说明备用从交换机已经准备就绪。这样备用主交换机和备用从交换机都成功完成了启动，环网便可以开始采用备用冗余协议进行通信了，也就是说在环网开始通信之前会进行一个关键帧的检测，检测备用主交换机和备用从交换机是不是已经准备就绪，是否可以开始进行通信了。

备用协议工作时，在数据传输的过程中，备用主交换机会不断地向备用从交换机发送一个被动“状态”的信号，如果备用从交换能够接收到这个信号，说明此时的环是正常的，那么此时的路径是由备用主交换机的主端口进行转发的。

当主链路出现故障时，备用主交换机发送的被动状态信号无法被备用从交换机收到，备用从交换机长时间未收到主交换机发送的被动信号，那么此时从交换机备用端口变为转发状态，进行链路的切换。

4.3　快速生成树 + 协议

快速生成树 + 协议 (RSTP+) 主要用于将 MRP 环网冗余与 RSTP 网络进行集成。对于只使用 RSTP 的网络，如果想和更高效且更快速的 MRP 环网集成，就要使用 RSTP+ 协议。MRP 环网冗余模式不受 RSTP+ 的影响，因为这两种模式相互独立地工作。除此之外，还可以使用 RSTP+ 基于一个 MRP 环网连接两个 RSTP 网络。如果不使用 RSTP+，则无法实现该连接，因为生成树在环网端口上已禁用。

原则上，RSTP 网络与 MRP 环网之间连接点处的所有设备都必须支持 RSTP+ 方法。MRP 环网中的所有其他设备都必须转发 BPDU(桥接协议数据单元)。

1. RSTP 网络和 MRP 环网集成

如图 4-11 所示，在一个 RSTP 网络和 MRP 环网集成的网络中，环网交换机 1 和环网交换机 4 如果不使用 RSTP+，则无法将 MRP 环网冗余集成到 RSTP 网络中，因为不允许在一个端口上并行配置 RSTP 和 MRP。因此，同时连接到 RSTP 网络的 MRP 环网的设备必须支持 RSTP+。图 4-11 中的其他设备必须转发 BPDU。

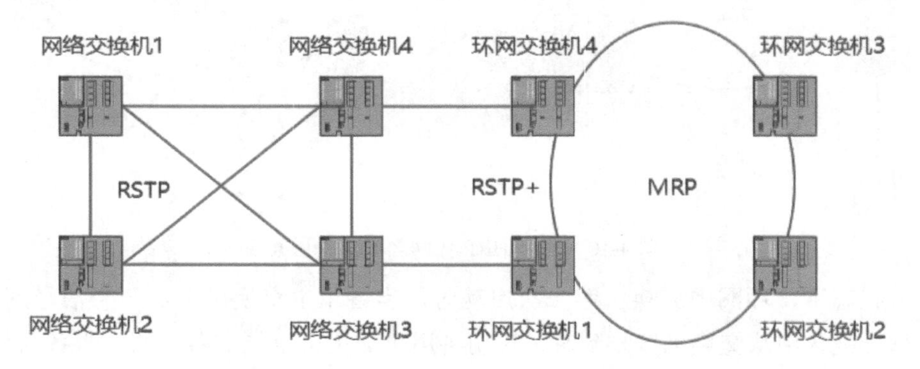

图 4-11　RSTP 网络和 MRP 环网集成

2. 多个 MRP 环网集成

RSTP+ 还可用于通过 RSTP 将多个 MRP 环网彼此相互连接起来。如图 4-12 所示，两个 MRP 环网集成，在这种情况下，RSTP+ 确保 MRP 仍可管理环网冗余且不受 RSTP 影响。其中，环网交换机 2、3、5、8 使用 RSTP+。

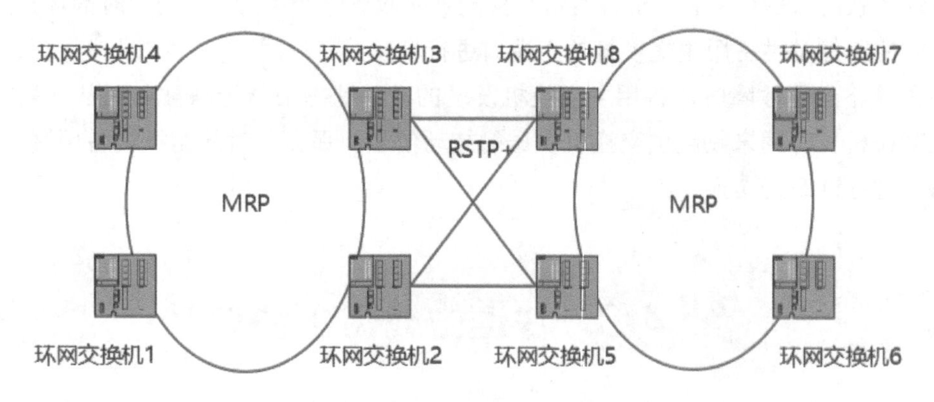

图 4-12　多个 MRP 环网集成

4.4　并行冗余协议和高可靠性无缝冗余协议

HSR/PRP 全称分别为高可靠性无缝冗余 (High-availability Seamless Redundancy) 与并行冗余协议 (Parallel Redundancy Protocol)。最初，制定该标准的主要目的是满足 IEC 61850-5 中所提到的变电站自动化应用中各通信组件或服务故障所要求的恢复时间问题，但协议设计时的通用性，使得这两项协议不仅能适用于变电站的应用场景，也能成为一项工业网络中的通用解决方案。HSR/PRP 协议位于 IEC 62439 的第 3 部分，即 IEC 62439-3，2008 年第一版的协议中只有 PRP 协议，HSR 协议是在 2010 年的第二版中才添加进去的。在应用场景上，HSR 协议可以实现单环网，PRP 协议可以实现双环网和双星网。PRP 协议的工作原理如下所述。

1. PRP 协议的基本概念

PRP 协议在数据转发时，提供了两条不同的链路进行链路冗余备份，如图 4-13 所示。其中：

(1) SAN(Singly Attached Node) 表示单端口设备，不实现 PRP 功能；

(2) DANP(Doubly Attached Node implementing PRP) 表示 PRP 的双端口设备，可直接发送 PRP 流量；

(3) REDBOX(Redundancy Box) 表示将 SAN 传入的流量转换成 PRP 流量发送出去的冗余盒。

PRP 冗余机制主要依靠两个逻辑或物理独立的子网 (网络 A 和网络 B) 分别传送相同的 PRP 数据帧来实现。

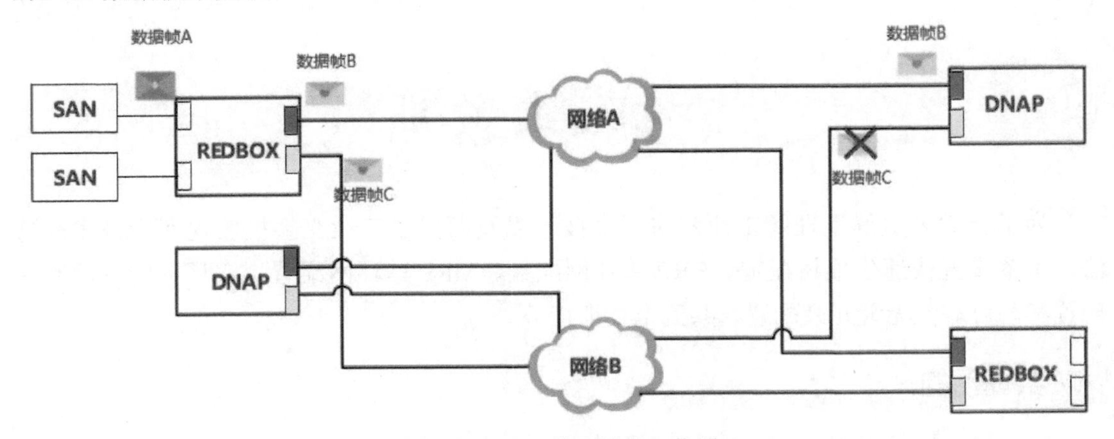

图 4-13　PRP 协议网络拓扑图

2. PRP 协议的工作原理

发送方将原始数据帧 A 复制一份，并在两份数据帧中添加了特定字段 RCT，形成 PRP 数据帧，即数据帧 B 和数据帧 C，分别从自身的两个端口发送给网络 A 和网络 B，最终都会到达同一个接收方 P。接收方从两个端口分别接收到这两份带有 PRP 信息的数据帧后，会经过一系列的数据帧处理算法，依据“先来后到”的原则，将后到达的 PRP 数据帧丢弃，仅保留一份先到达的 PRP 信息数据帧，再将特定字段 RCT 去掉后，还原成原始的数据帧 A，传递给上层。

3. PRP 数据帧

PRP 协议在设备的内部实现只是在标准以太网设备的介质访问控制 MAC 子层中增添了一个链路层冗余实体子层 LRE(Link Redundancy Entity)，这个子层内部实现了 PRP 数据帧的产生和丢弃算法。协议在原始数据帧的基础上，增加了一个 RCT(Redundancy Control Trailer，冗余控制体)字段，并针对这个字段进行一系列的处理，基于 802.3 标准以太网的 PRP 帧格式如图 4-14 所示。

8 B	6 B	6 B	2 B	46～1500 B	2 B	12 b	4 b	2 B	4 B
报头	目标地址	源地址	L/T	数据	帧序列号	载荷大小	子网 ID	PRP 数据帧后缀	FCS
					RCT 字段				

图 4-14　基于 802.3 标准以太网的 PRP 帧格式

RCT 字段由 6 B 组成：

• 帧序列号 (Sequence Number)：16 b，LRE 对同一原始信息帧复制而来的 PRP 帧赋予相同的序列号，并会随 PRP 帧的发送而递增序列号的值。

• 载荷大小 (LSDU size)：12 b，标识数据字段和 RCT 字段的总字节大小。

• 子网 ID(Lan Id)：4 b，仅有两个值可选，0xa、0xb 代表 A、B 两个子网。

• PRP 数据帧后缀 (PRP Suffix)：16 b，固定为 0x88fb。

4.5 实　训

为了让大家更好地理解工业网络冗余技术以及西门子工业交换机实现冗余技术的方法，本章设置快速生成树配置、HRP 单环网配置、MRP 单环网配置、双环网间备用冗余配置和高可靠性无缝冗余配置，共五个实训任务。

实训目的

(1) 理解 RSTP 协议、MRP 协议、HRP 协议、备用协议和 HRS 协议的基本原理；

(2) 掌握快速生成树配置；

(3) 掌握 HRP 单环网配置；

(4) 掌握 MRP 单环网配置；

(5) 掌握双环网间备用冗余配置；

(6) 掌握高可靠性无缝冗余配置。

实训准备

(1) 复习本章内容；

(2) 熟悉西门子交换机的基本配置及网络连接；

(3) 熟悉西门子 S7-1200 PLC(简写为 PLC) 的基本配置；

(4) 熟悉各种冗余协议的原理及配置。

实训设备

2 台安装博途软件的电脑，2 台 S7-1200 PLC，4 台 SCALANCE XB208 工业交换机，2 台 SCALANCE XM408 工业交换机，2 台 SCALANCE X204RNA 交换机及网线若干。

4.5.1　快速生成树配置

配置 3 台交换机 RSTP 快速生成树协议，将 3 台交换机连接成如图 4-15 所示的快速生成树拓扑结构，其中 SCALANCE XM408 交换机为根交换机，优先级为 4096；2 台 SCALANCE XB208 交换机优先级均为 32768，观察哪个端口被阻塞。拔掉根交换机和交换机 1 与交换机 2 之间的网线，观察网络恢复情况。

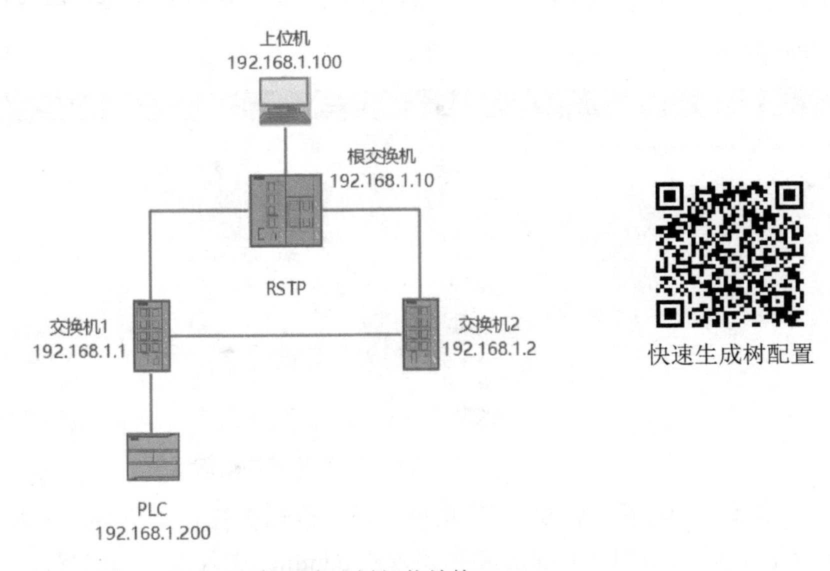

图 4-15　RSTP 快速生成树拓扑结构

具体实验步骤如下：

步骤 1　对 3 台交换机和 PLC 恢复出厂设置。

步骤 2　将上位机的 IP 地址设为 192.168.1.100，使用博途软件将 PLC 的 IP 地址配置为 192.168.1.200，根交换机的 IP 地址设为 192.168.1.10，交换机 1 的地址设为 192.168.1.1，交换机 2 的地址设为 192.168.1.2。

步骤 3　按照图 4-16 进行设备连接。

上位机
192.168.1.100
根交换机
192.168.1.10
交换机1
192.168.1.1
交换机2
192.168.1.2
PLC
192.168.1.200

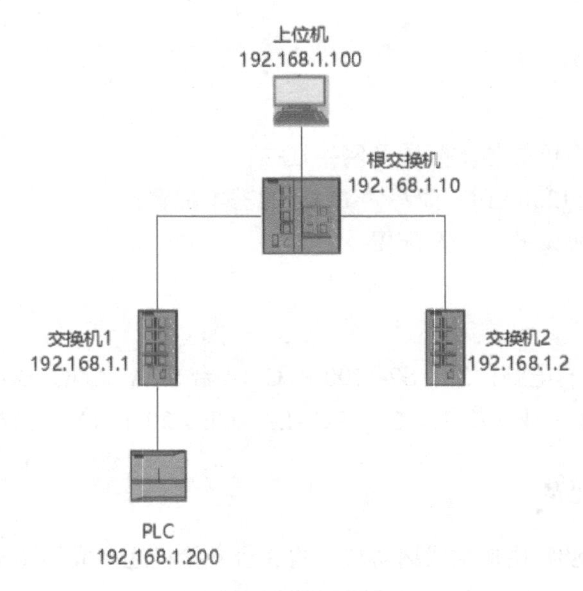

图 4-16　未成环拓扑结构

步骤 4　检验网络配置是否正确。在上位机上用 Proneta 或 PNI 软件进行扫描，结果如图 4-17 所示。查看是否可以扫描到全部设备，核对设备配置是否正确。

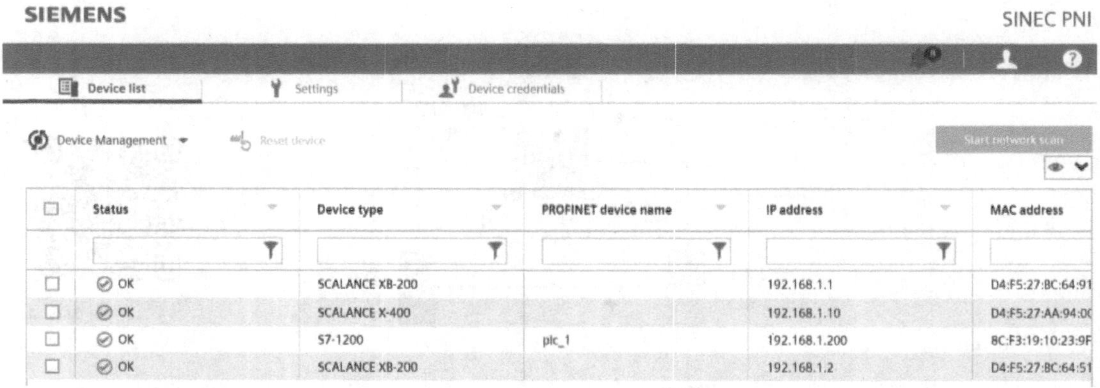

SIEMENS
SINEC PNI
Device list
Settings
Device credentials
Device Management
Reset device
Start network scan
Status
Device type
PROFINET device name
IP address
MAC address
OK　SCALANCE XB-200　192.168.1.1　D4:F5:27:BC:64:91
OK　SCALANCE X-400　192.168.1.10　D4:F5:27:AA:94:0
OK　S7-1200　plc_1　192.168.1.200　8C:F3:19:10:23:9F
OK　SCALANCE XB-200　192.168.1.2　D4:F5:27:BC:64:51

图 4-17　PNI 软件扫描结果

步骤 5　配置 XM408 根交换机，在上位机中打开浏览器，输入 192.168.1.10，进入管理界面，输入用户名 admin 和初始密码 admin，进入账户密码界面，修改密码，这里将密码修改为 TJzd@123。

步骤 6　进入 XM408 交换机管理界面，选择“Layer2”→Spanning Tree，在 General 标签的 Spanning Tree 前面打“ √ ”，在 Protocol Compatibility 下拉列表中选择 RSTP，单击 Set Values 按钮，如图 4-18 所示。

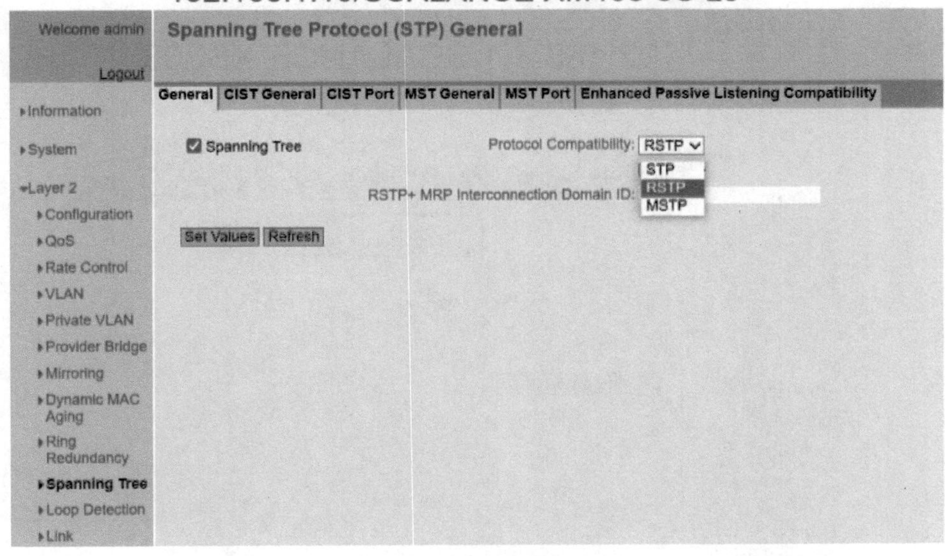

图 4-18　生成树常规界面

步骤 7　选择 CIST General 标签，在 Bridge Priority 中填写优先级为 4096，单击 Set Values 按钮，如图 4-19 所示。

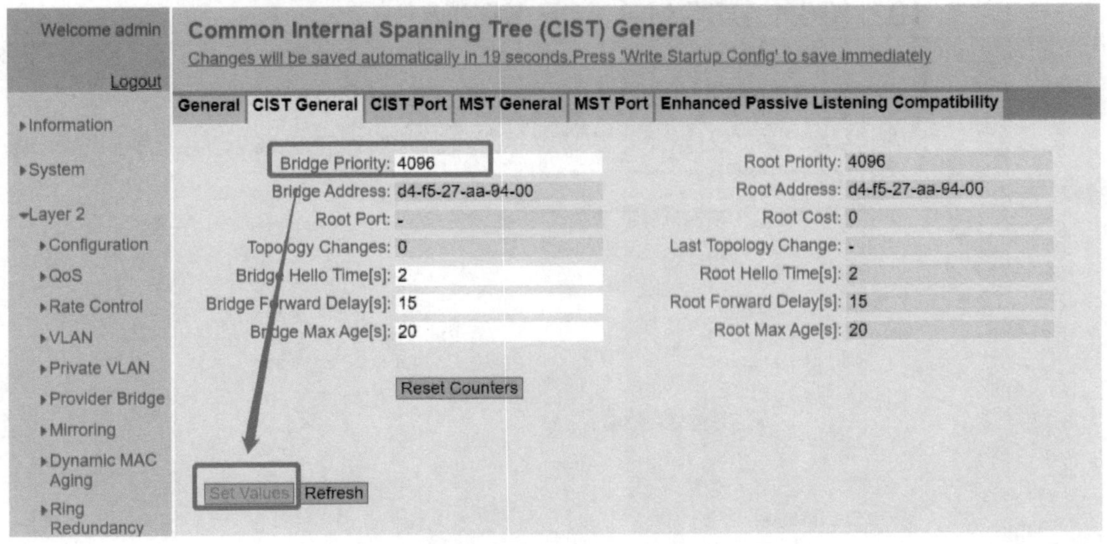

图 4-19　408 根交换机 CIST General 标签界面

步骤 8　配置 XB208 交换机 1 和 XB208 交换机 2，参考步骤 6 重新设置交换机密码，如果启用 RSTP，应该先取消环状冗余，选择“Layer2”→Ring Redundancy，在 Ring 标签中取消 Ring Redundancy 前面的“√”，单击 Set Values 按钮，如图 4-20 所示。

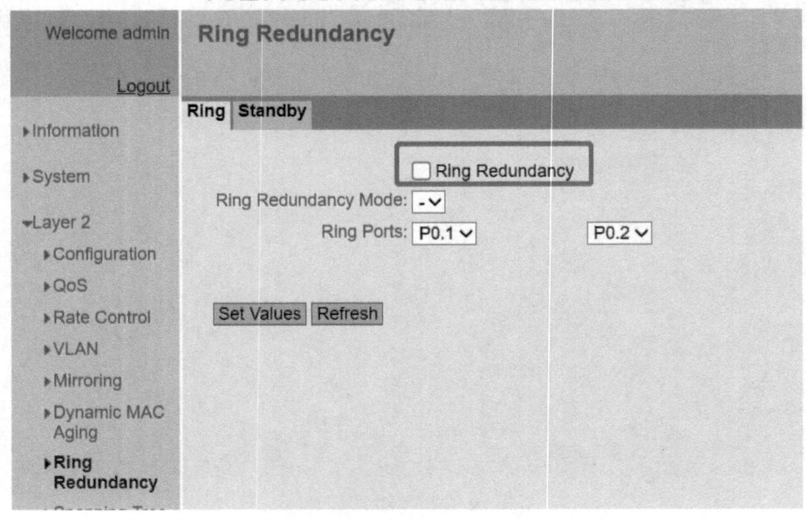

图 4-20　208 交换机环状冗余界面

步骤 9　参考步骤 6～7，用同样的方法配置交换机 1 和交换机 2 的生成树协议，不同的是在 Bridge Priority 中填写优先级为 32768，如图 4-21 所示。

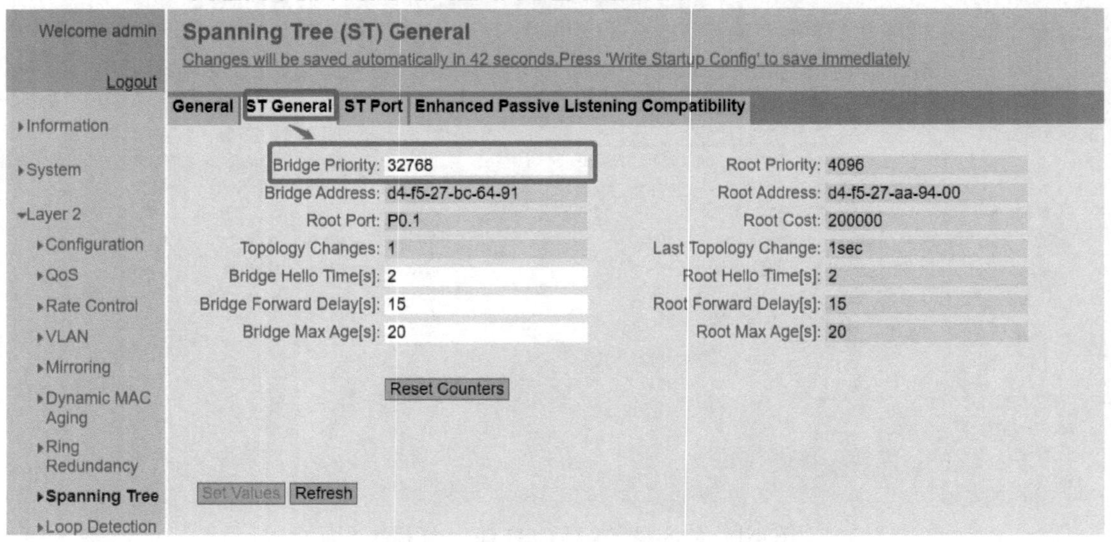

图 4-21　XB208 非根交换机 ST General 标签界面

步骤 10　用网线连接交换机 1 和交换机 2，在拓扑图上记录连接端口，如图 4-22 所示。

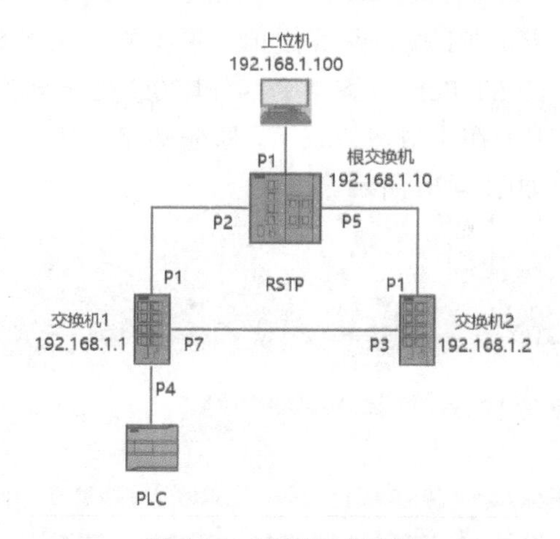

图 4-22　连接冗余链路

步骤 11　打开交换机 1 的 ST Port 标签，观察 P0.1 和 P0.4 处于转发状态，P0.7 处于丢弃状态，如图 4-23 所示。这是因为在生成树协议下，交换机 1 的 P0.7 端口被阻塞，防止广播风暴产生。上位机访问 PLC 的数据流如图 4-24 所示。

SIEMENS

192.168.1.1/SCALANCE XB208

Welcome admin　Spanning Tree (ST) Port

Logout

General | ST General | ST Port | Enhanced Passive Listening Compatibility

Information
System
Layer 2
Configuration
QoS
Rate Control
VLAN
Mirroring
Dynamic MAC Aging
Ring Redundancy
Spanning Tree
Loop Detection
DCP

	Spanning Tree Status	Copy to Table
All ports	No Change	Copy to Table

Port	Spanning Tree Status	Priority	Cost Calc	Path Cost	State
P0.1	✓	128	0	200000	Forwarding
P0.2	✓	128	0	200000	Discarding
P0.3	✓	128	0	200000	Discarding
P0.4	✓	128	0	200000	Forwarding
P0.5	✓	128	0	200000	Discarding
P0.6	✓	128	0	200000	Discarding
P0.7	✓	128	0	200000	Discarding
P0.8	✓	128	0	200000	Discarding

Set Values　Refresh

图 4-23　交换机 1 的 ST Port 标签

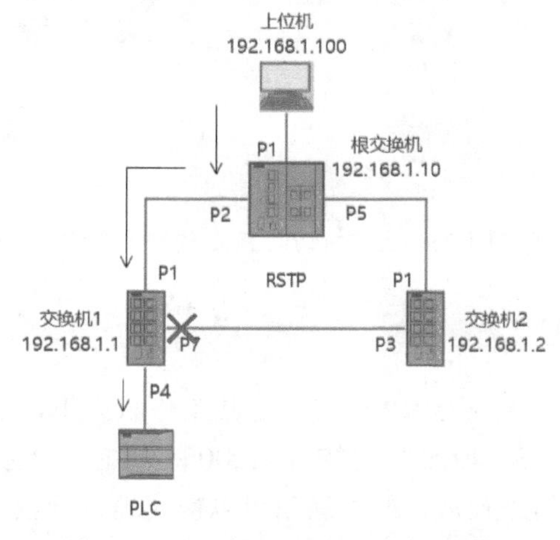

图 4-24　上位机访问 PLC 的数据流图

步骤 12　将交换机 1 上的 P1 端口网线拔掉，模拟根交换机和交换机 1 之间线路损坏的情况，观察到交换机 1 的 ST Port 标签中 P0.4 和 P0.7 处于转发状态，P0.1 处于丢弃状态，如图 4-25 所示。这是因为在生成树协议下，原先链路损坏时，冗余链路能够快速恢复。上位机访问 PLC 的数据流如图 4-26 所示。

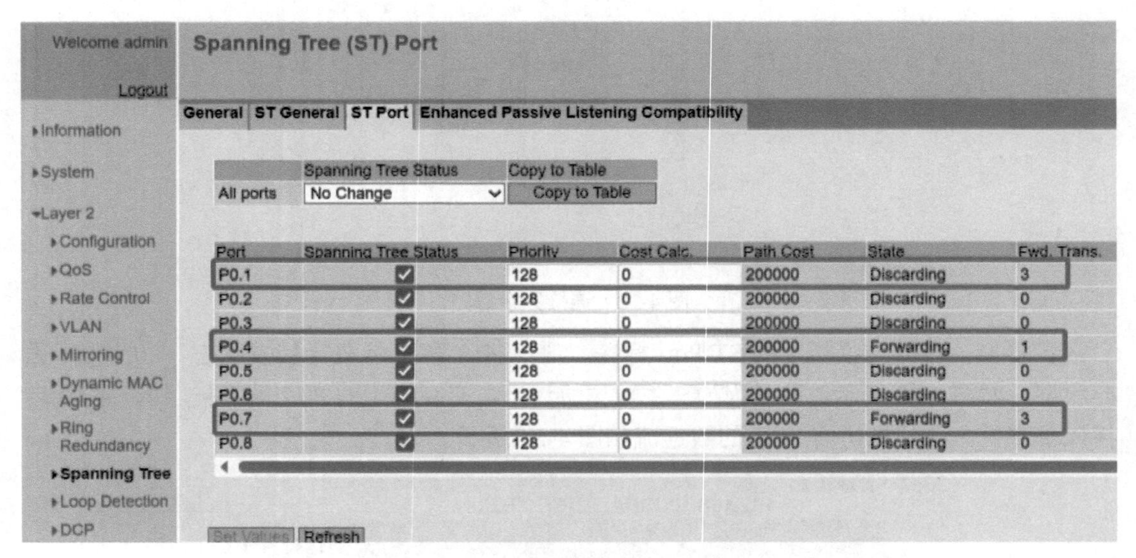

图 4-25　故障时交换机 1 的 ST Port 标签

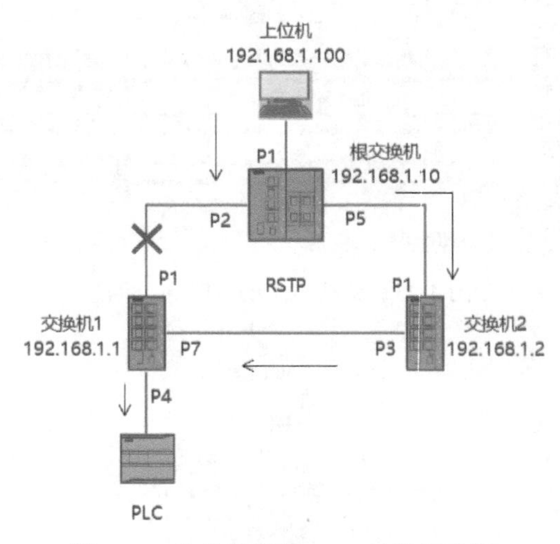

图 4-26　上位机访问 PLC 的数据流图

HRP 单环网配置

4.5.2　HRP 单环网配置

搭建图 4-27 所示网络，配置 HRP 协议，正常工作状态下，上位机可以通过选择“上位机→XM408→XB208_1→S7-1200”监控 S7-1200 的状态，当拔掉 XM408 的 P1.2 端口上的网线，破坏上面的通信路径后，网络通信可以快速地进行重构，从而通过选择“上位机→XM408→XB208_2→XB208_1→S7-1200”继续监控 S7-1200 的状态。

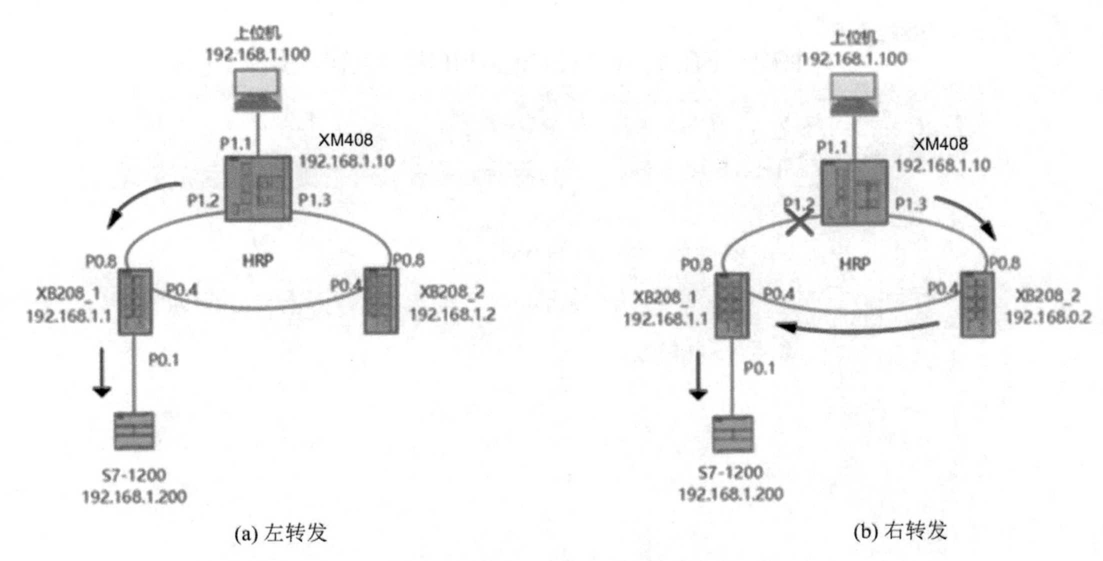

图 4-27　HRP 单环网拓扑结构

具体实验步骤如下：

步骤 1　给 3 台交换机和 PLC 恢复出厂设置。

步骤 2　将上位机的 IP 地址设为 192.168.1.100，使用博途软件将 PLC 的 IP 地址设为 192.168.1.200，XM408 交换机的 IP 地址设为 192.168.1.10，交换机 XB208_1 的地址设为 192.168.1.1，XB208_2 交换机的地址设为 192.168.1.2。

步骤 3　按照图 4-28 进行设备连接。

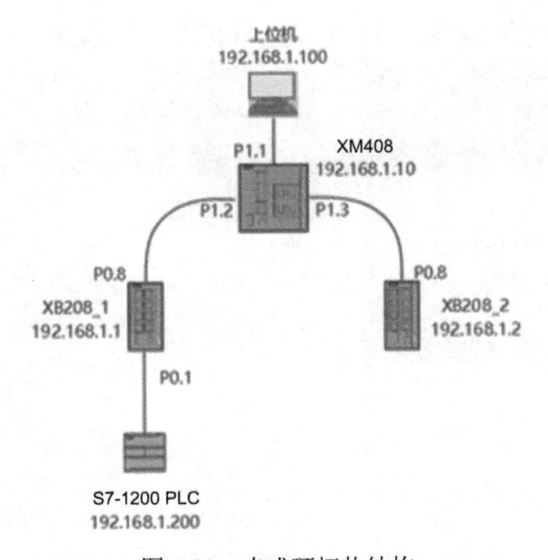

图 4-28　未成环拓扑结构

步骤 4　进入 XM408 交换机环网冗余配置界面，选择“Layer2”→Ring Redundancy，在 Ring 标签的 Ring Redundancy 前面打“√”，开启环状冗余，Ring Redundancy Mode 选择 HRP Manager，根据拓扑，Ring Ports 选择 P1.2 和 P1.3，单击 Set Values 按钮，如图 4-29 所示。

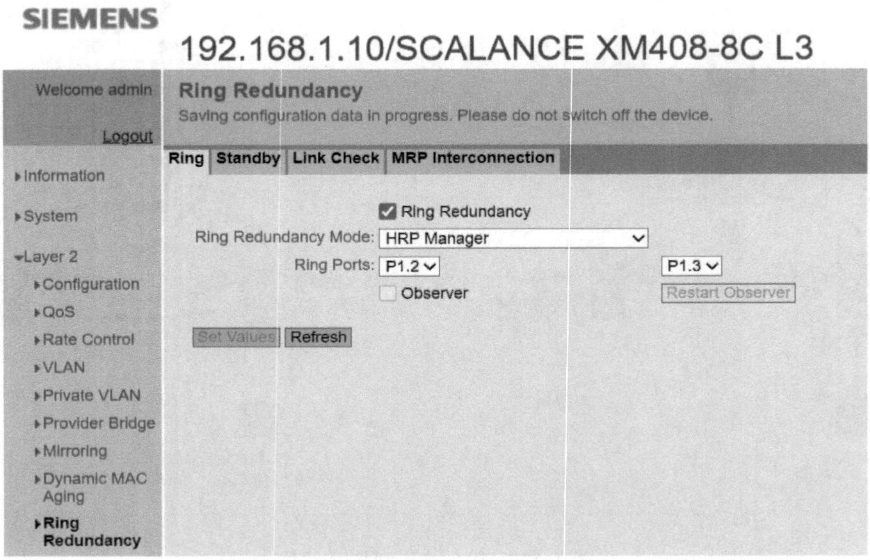

图 4-29　408 交换机环网冗余配置界面

步骤 5　进入 XB208 交换机环网冗余配置界面，选择“Layer2”→Ring Redundancy，在 Ring 标签的 Ring Redundancy 前面打“√”，开启环状冗余，Ring Redundancy Mode 选择 HRP Client，根据拓扑，XB208_1 和 XB208_2 的 Ring Ports 选择 P0.4 和 P0.8，单击 Set Values 按钮，如图 4-30 所示。

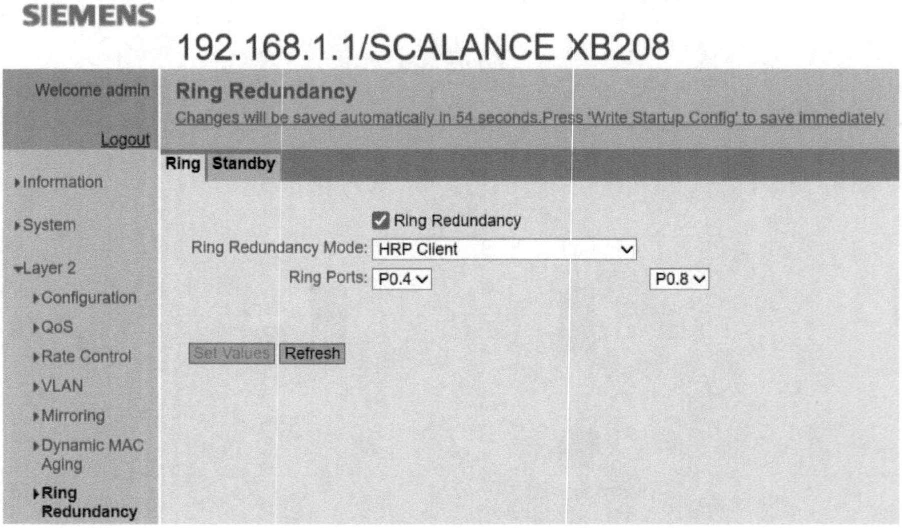

图 4-30　XB208 交换机环网冗余配置界面

步骤 6　连接交换机 XB208_1 和 XB208_2 的 P0.4 端口，组成环形网络，观察 XM408 交换机，RM 指示灯为常亮。

步骤 7　在博途软件中创建项目，创建变量表，如图 4-31 所示。

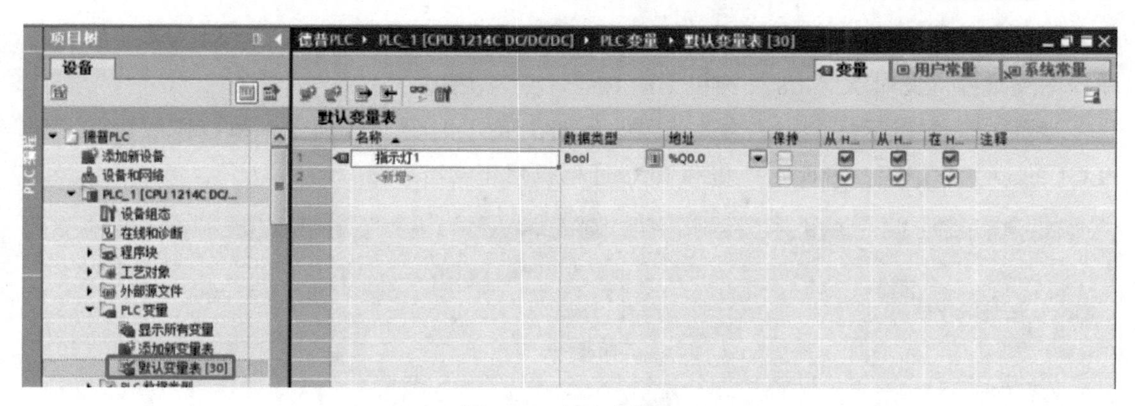

图 4-31　创建变量表

步骤 8　添加新监控表，在监控表中添加指示灯 1 变量，地址为 Q0.0，如图 4-32 所示。

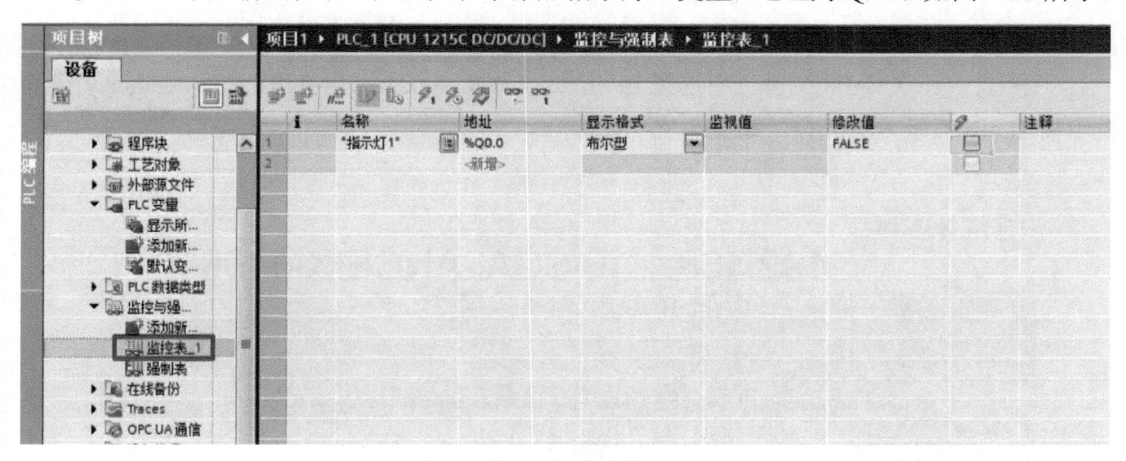

图 4-32　创建监控表

步骤 9　开启监控，并将指示灯 1 的“修改值”改为 1，如图 4-33 所示。执行修改后，发现 PLC S7-1200 的 DQ0.0 亮起，说明上位机和 PLC 通信正常。

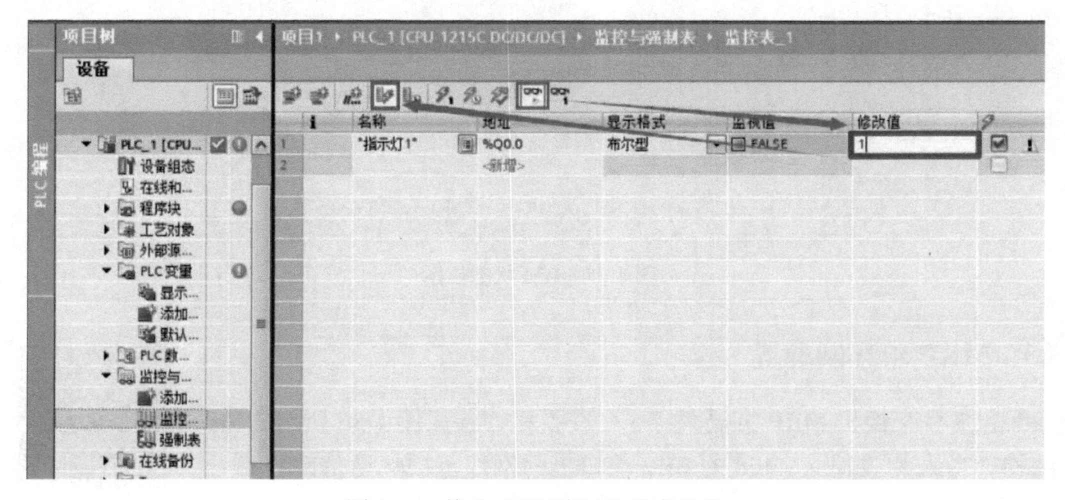

图 4-33　修改“指示灯 1”的变量值

在此步骤模拟 XM408 交换机和 XB208_1 交换机之间线路损坏，将 XB208_1 的 P0.8 端口网线拔掉，此时 XM408 交换机上的 RM 灯变为快闪。

步骤 10　将指示灯 1 的“修改值”改为 FALSE，如图 4-34 所示。执行修改后，发现 PLC1 的 DQ0.0 熄灭，说明上位机和 PLC 通信仍然正常。

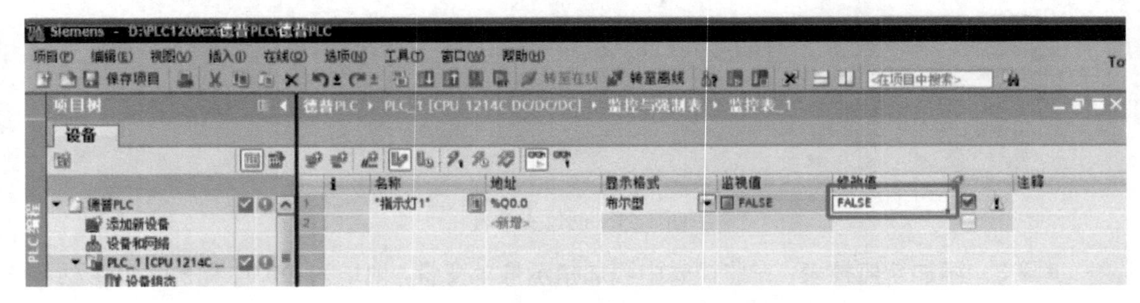

图 4-34　修改“指示灯 1”的变量值

步骤 11　在 XM408 交换机中选择 Information→Redundancy，在 Ring Redundancy 标签的 RM Status 后输入 Active，如图 4-35 所示。

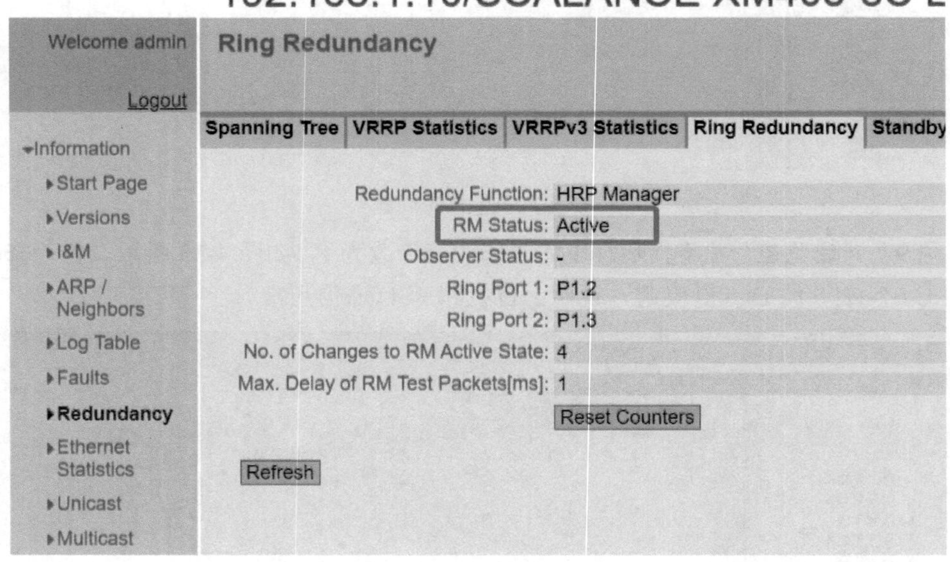

图 4-35　RM 状态显示

4.5.3　MRP 单环网配置

MRP 单环网配置

配置 3 台交换机 MRP 协议，将 3 台交换机连接成图 4-36 所示的拓扑结构。当人为拔掉 XM408 的 P1.2 端口上的网线，破坏通信路径后，观察网络通信如何快速地进行重构。

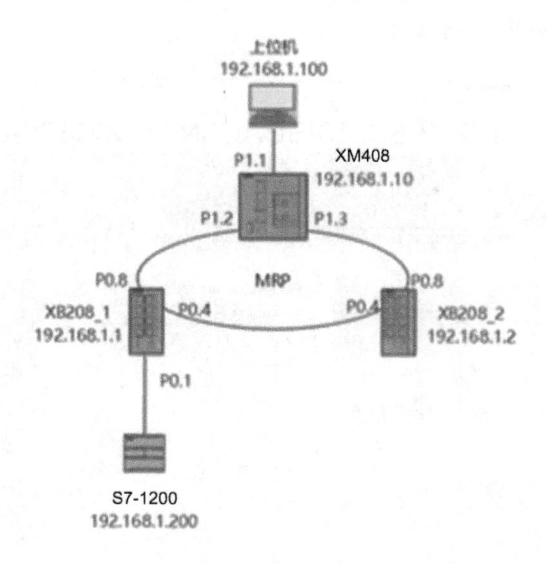

图 4-36　MRP 单环网络拓扑

具体实验步骤如下：

步骤 1　给 3 台交换机和 S7-1200 PLC 恢复出厂设置。

步骤 2　XM 将上位机的 IP 地址设为 192.168.1.100，使用博途软件将 S7-1200 PLC 的 IP 地址设为 192.168.1.200，XM408 交换机的 IP 地址设为 192.168.1.10，交换机 XB208_1 的地址设为 192.168.1.1，XB208_2 交换机的地址设为 192.168.1.2。

步骤 3　按照图 4-37 进行设备连接。

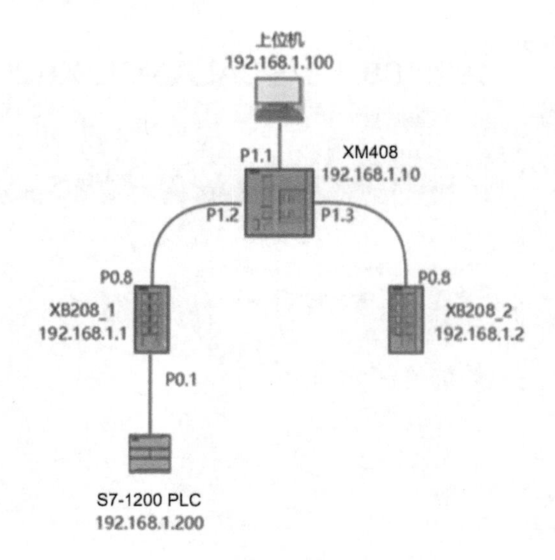

图 4-37　未成环网络拓扑结构

步骤 4　进入 XM408 交换机 MRP 管理器配置界面，选择“Layer2”→Ring Redundancy，在 Ring 标签的 Ring Redundancy 前面打“√”，开启环状冗余，在 Ring Redundancy Mode 右侧的下拉列表中选择 MRP Auto-Manager，根据拓扑，Ring Ports 框选择 P1.2 和 P1.3，

单击 Set Values 按钮，如图 4-38 所示。

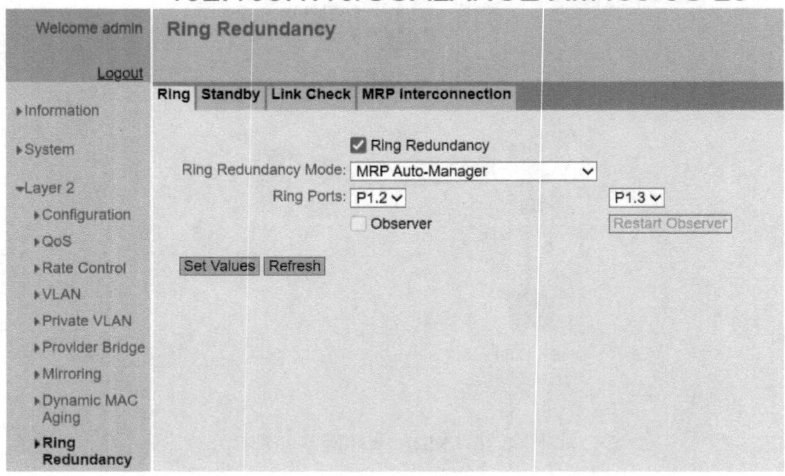

图 4-38　XM408 交换机 MRP 管理器配置界面

步骤 5　进入 XB208 交换机 MRP 客户端配置界面，选择“Layer2”→Ring Redundancy，在 Ring 标签的 Ring Redundancy 前面打“√”，开启环状冗余，在 Ring Redundancy Mode 列表框选择 MRP Client，根据拓扑，XB208_1 和 XB208_2 的 Ring Ports 框选择 P0.4 和 P0.8，单击 Set Values 按钮，如图 4-39 所示。

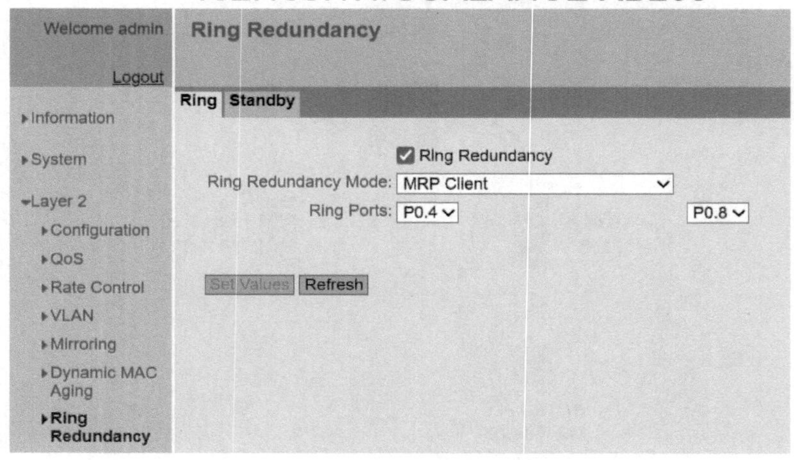

图 4-39　XB208 交换机 MRP 客户端配置界面

步骤 6　连接交换机 XB208_1 和 XB208_2 的 P0.4 端口，组成环状网络，观察 XM408 交换机，RM 指示灯为常亮，P1.2 端口慢闪，说明该端口被阻塞。选择 System→Ports，观察 P1.2 的 Blocked by 字段为 Ring Redundancy，如图 4-40 所示。

SIEMENS

192.168.1.10/SCALANCE XM408-8C L3

Welcome admin　Logout

Ports Overview

Overview　Configuration

Information
System
Configuration
General
Agent IP
DNS
Restart
Load&Save
Events
SMTP Client
DHCPv4
DHCPv6
SNMP
System Time
Auto Logout
Button
Syslog Client
Ports
Fault

Port	Port Name	Port Type	Combo Port Media Type	Status	OperState	Link	Mode	MTU	Negotiation	Flow Ctrl. Type	Flow Ctrl.	MAC Address	Blocked by
P1.1		Switch-Port VLAN Hybrid	auto	enabled	up	up	100M FD	1514	enabled		disabled	d4-f5-27-aa-94-05	-
P1.2		Switch-Port VLAN Hybrid	auto	enabled	up	up	100M FD	1514	enabled		disabled	d4-f5-27-aa-94-06	Ring Redundancy
P1.3		Switch-Port VLAN Hybrid	auto	enabled	up	up	100M FD	1514	enabled		disabled	d4-f5-27-aa-94-07	-
P1.4		Switch-Port VLAN Hybrid	auto	enabled	down	down	1G HD	1514	enabled		disabled	d4-f5-27-aa-94-08	Link down
P1.5		Switch-Port VLAN Hybrid	auto	enabled	down	down	1G HD	1514	enabled		disabled	d4-f5-27-aa-94-09	Link down
P1.6		Switch-Port VLAN Hybrid	auto	enabled	down	down	1G HD	1514	enabled		disabled	d4-f5-27-aa-94-0a	Link down
P1.7		Switch-Port VLAN Hybrid	auto	enabled	down	down	1G HD	1514	enabled		disabled	d4-f5-27-aa-94-0b	Link down
P1.8		Switch-Port VLAN Hybrid	auto	enabled	down	down	1G HD	1514	enabled		disabled	d4-f5-27-aa-94-0c	Link down
P2.1		Switch-Port VLAN Hybrid	-	enabled	not present	down	1G FD	1514	enabled		disabled	d4-f5-27-aa-94-0d	-
P2.2		Switch-Port VLAN Hybrid	-	enabled	not present	down	1G FD	1514	enabled		disabled	d4-f5-27-aa-94-0e	-
P2.3		Switch-Port VLAN Hybrid	-	enabled	not present	down	1G FD	1514	enabled		disabled	d4-f5-27-aa-94-0f	-
P2.4		Switch-Port VLAN Hybrid	-	enabled	not present	down	1G FD	1514	enabled		disabled	d4-f5-27-aa-94-10	-
P2.5		Switch-Port VLAN Hybrid	-	enabled	not present	down	1G FD	1514	enabled		disabled	d4-f5-27-aa-94-11	-
P2.6		Switch-Port VLAN Hybrid	-	enabled	not present	down	1G FD	1514	enabled		disabled	d4-f5-27-aa-94-12	-
P2.7		Switch-Port VLAN Hybrid	-	enabled	not present	down	1G FD	1514	enabled		disabled	d4-f5-27-aa-94-13	-
P2.8		Switch-Port VLAN Hybrid	-	enabled	not present	down	1G FD	1514	enabled		disabled	d4-f5-27-aa-94-14	-
P3.1		Switch-Port VLAN Hybrid	-	enabled	not present	down	1G FD	1514	enabled		disabled	d4-f5-27-aa-94-15	-
P3.2		Switch-Port VLAN Hybrid	-	enabled	not present	down	1G FD	1514	enabled		disabled	d4-f5-27-aa-94-16	-
P3.3		Switch-Port VLAN Hybrid	-	enabled	not present	down	1G FD	1514	enabled		disabled	d4-f5-27-aa-94-17	-
P3.4		Switch-Port VLAN Hybrid	-	enabled	not present	down	1G FD	1514	enabled		disabled	d4-f5-27-aa-94-18	-

图 4-40　XM408 交换机端口界面

上位机和 PLC 之间的数据流如图 4-41 所示，上位机可以通过 XM408 交换机的 P1.3 端口转发数据。

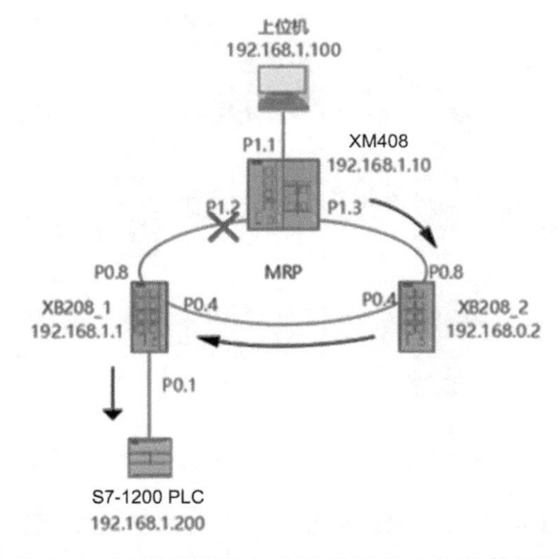

图 4-41　正常链路时上位机和 PLC 之间的数据流

步骤 7　模拟 XM408 交换机和 XB208_2 交换机之间线路损坏，将 XB208_2 的 P0.8 端口网线拔掉，此时 XM408 交换机上的 RM 灯变为快闪，检查上位机和 S7-1200 PLC 之间的连通性，发现两者依然可以通信，如图 4-42 所示。

```
C:\Users\liying>ping 192.168.1.200

正在 Ping 192.168.1.200 具有 32 字节的数据:
来自 192.168.1.200 的回复: 字节=32 时间=4ms TTL=255
来自 192.168.1.200 的回复: 字节=32 时间=3ms TTL=255
来自 192.168.1.200 的回复: 字节=32 时间=2ms TTL=255
来自 192.168.1.200 的回复: 字节=32 时间=3ms TTL=255

192.168.1.200 的 Ping 统计信息:
    数据包: 已发送 = 4, 已接收 = 4, 丢失 = 0 (0% 丢失),
往返行程的估计时间(以毫秒为单位):
    最短 = 2ms, 最长 = 4ms, 平均 = 3ms
```

图 4-42　上位机和 PLC 之间的通信

步骤 8　选择 System→Ports，观察 P1.2 的 Blocked by 字段为“-”，如图 4-43 所示。这说明启用 P1.2 端口，保证网络通信正常。

SIEMENS

192.168.1.10/SCALANCE XM408-8C L3　　01/01/2000

Ports Overview

Overview | Configuration

Port	Port Name	Port Type	Combo Port Media Type	Status	OperState	Link	Mode	MTU	Negotiation	Flow Ctrl. Type	Flow Ctrl.	MAC Address	Blocked by
P1.1		Switch-Port VLAN Hybrid	auto	enabled	up	up	1G FD	1514	enabled		disabled	30-2f-1e-14-1d-05	-
P1.2		Switch-Port VLAN Hybrid	auto	enabled	up	up	100M FD	1514	enabled		disabled	30-2f-1e-14-1d-06	-
P1.3		Switch-Port VLAN Hybrid	auto	enabled	down	down	1G HD	1514	enabled		disabled	30-2f-1e-14-1d-07	Link down
P1.4		Switch-Port VLAN Hybrid	auto	enabled	down	down	1G HD	1514	enabled		disabled	30-2f-1e-14-1d-08	Link down

图 4-43　XM408 交换机端口界面(部分)

上位机和 S7-1200 PLC 之间的数据流如图 4-44 所示。

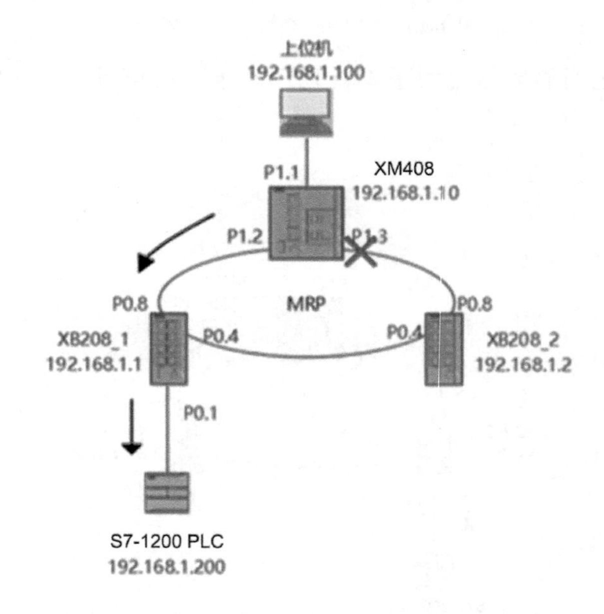

图 4-44　故障链路时上位机和 PLC 之间的数据流

步骤 9　恢复 XM408 交换机和 208_2 交换机之间的线路，发现 XM408 交换机 P1.3 端口变为慢闪，说明 P1.3 端口被堵塞。

4.5.4　双环网间备用冗余配置

双环网间备用冗余配置

双环网间备用冗余网络拓扑结构如图 4-45 所示。分别配置环网 A 和环网 B 的环形冗余；配置环间冗余，将环网 A 中的一台 SCALANCE XM408 配置为 Standby Master，另一台 XM408 配置为 Standby Slave；通过博途软件配置 S7-1200，包括需要监控的变量；依据图 4-45 连接网络结构；完成通信测试：将 Standby Master 对应端口断开，检查 Standby Slave 冗余通信线路是否自动激活，并将 S7-1200 PLC 中的数据通过第一个环网传输到第二个环网，最终传输到上位机。

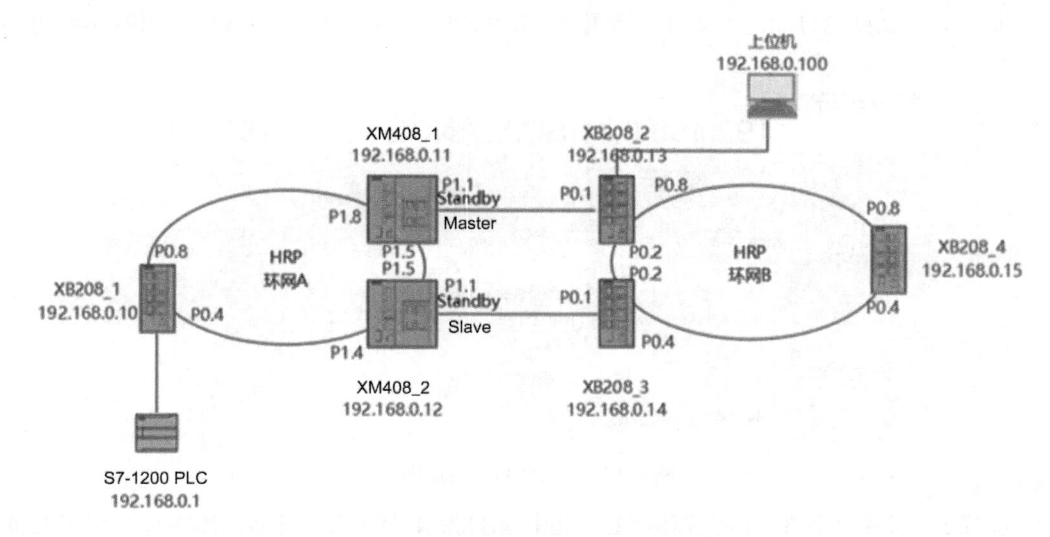

图 4-45　双环网间备用冗余网络拓扑结构

具体实验步骤如下：

步骤 1　给 6 台交换机和 S7-1200 PLC 恢复出厂设置。

步骤 2　对工业网络设备按照表 4-3 进行 IP 地址的配置。

表 4-3　IP 地址分配表

设备名称	IP 地址	设备名称	IP 地址
上位机	192.168.0.100/24	S7-1200	192.168.0.1/24
XB208_1	192.168.0.10/24	XB208_4	192.168.0.15/24
XB208_2	192.168.0.13/24	XM408_1	192.168.0.11/24
XB208_3	192.168.0.14/24	XM408_2	192.168.0.12/24

步骤 3　按照 4.5.2 小节配置环网 A，其中 XB208_1 作为冗余管理器配置，如图 4-46 所示。

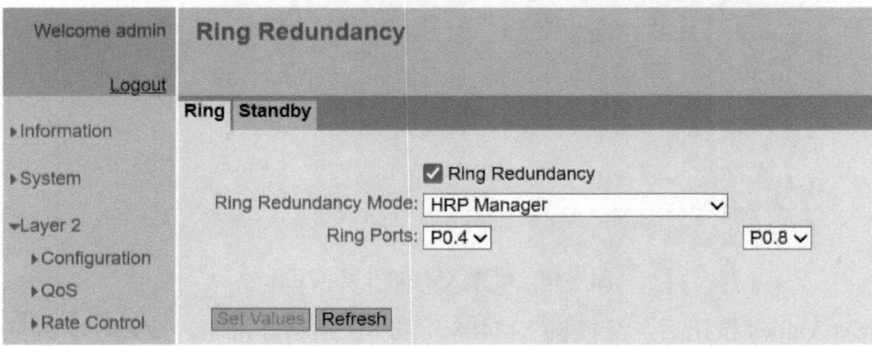

图 4-46　冗余管理器配置

步骤 4　XM408_1 和 XM408_2 配置为 HRP Client，并配置冗余端口，如图 4-47 所示。

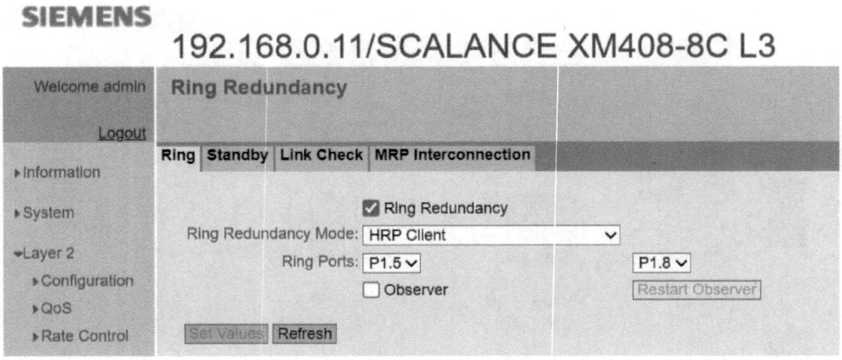

SIEMENS
192.168.0.11/SCALANCE XM408-8C L3
Welcome admin
Logout
Ring Redundancy
Ring | Standby | Link Check | MRP Interconnection
▸Information
▸System
▾Layer 2
▸Configuration
▸QoS
▸Rate Control
Ring Redundancy
Ring Redundancy Mode: HRP Client
Ring Ports: P1.5 P1.8
Observer
Restart Observer
Set Values
Refresh

图 4-47　HRP Client 端口配置

步骤 5　按照步骤 3～4 配置环网 B，其中 XB208_4 为冗余管理器，XB208_2 和 XB208_3 配置为 HRP Client。

步骤 6　配置环间冗余。进入 XM408_1 交换机，选择“Layer2”→Ring Redundancy→Standby 页面。选择“P1.1”中的复选框，使“P1.1”作为环间 Standby 端口。设置 Standby Connection Name 为 HRPSY。选择 Force device to Standby Master 前的复选框，强制该交换机为 Standby Master。选择 Standby 前的复选框，启动 Standby 功能，最后单击 Set Values 按钮。配置界面如图 4-48 所示。

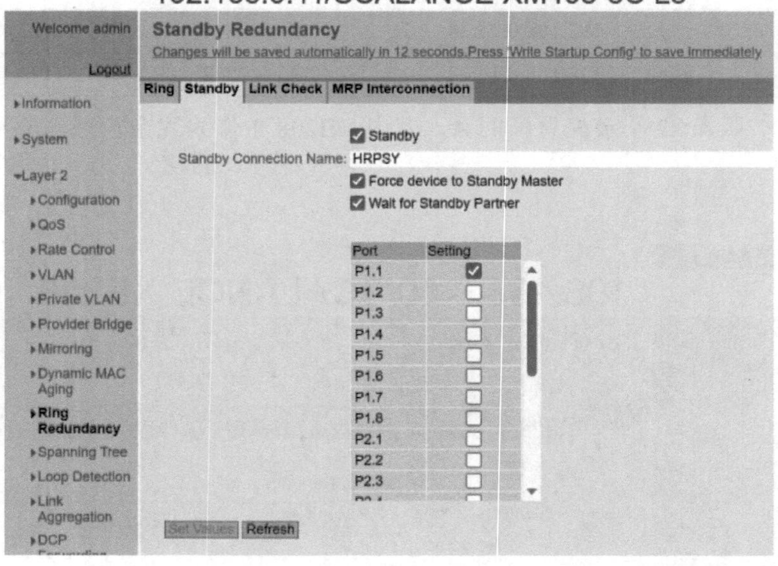

图 4-48　配置 XM408_1 环间冗余

单击 Set Values 按钮后，交换机 XM408_1 的 SB 指示灯常绿，故障灯 F 为红色属于正常现象，因为还没有连接工业以太网线缆。

步骤 7 进入 XM408_2 交换机，选择“Layer2”→Ring Redundancy→Standby 页面。选择“P1.1”后的复选框，使“P1.1”作为环间 Standby 端口。设置 Standby Connection Name 为 HRPSY。选中 Standby 前的复选框，启动 Standby 功能，最后单击 Set Values 按钮。配置界面如图 4-49 所示。

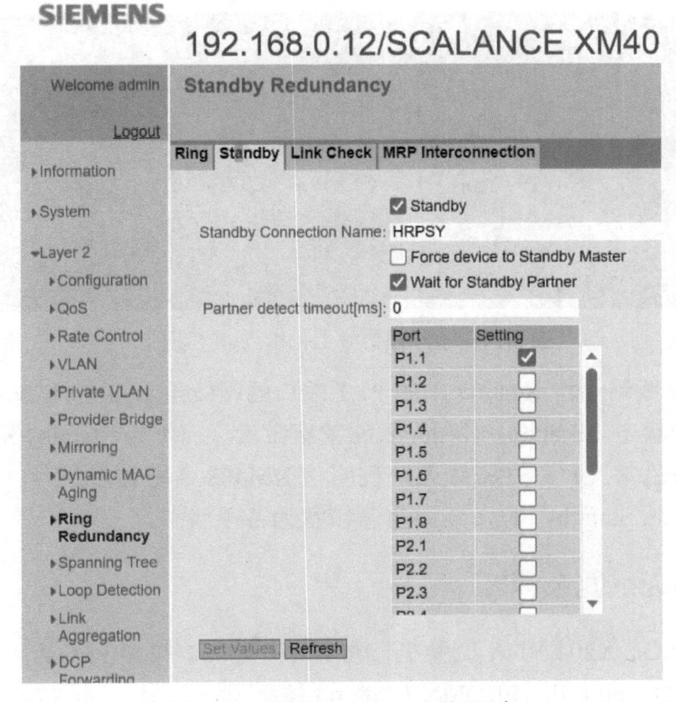

图 4-49 配置 MX408_2 环间冗余

步骤 8 根据拓扑图将两个环网连接，注意连接端口要和交换机配置一致。此时作为 Standby MASTER 的 XM408_1 交换机的 SB 灯闪动，即从其出发连接第二个冗余环的通道 P1.1 通道处于启用状态；而作为 Standby Slave 的 XM408_2 交换机的 SB 灯常绿不闪动，从其出发连接第二个冗余环的通道 P1.1 处于备用状态。

步骤 9 通信测试，从上位机到 PLC 可以正常通信，如图 4-50 所示。

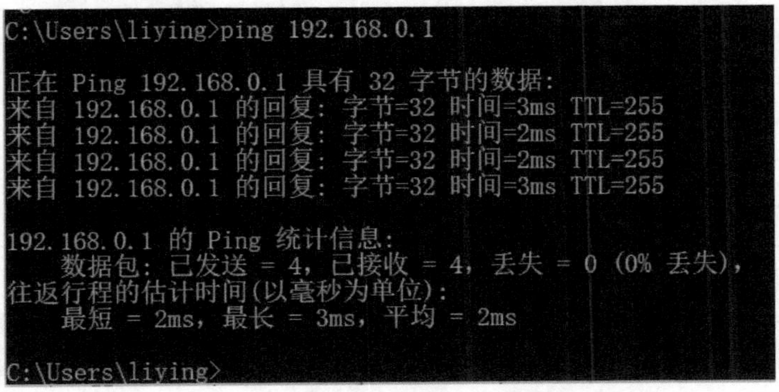

```
C:\Users\liying>ping 192.168.0.1

正在 Ping 192.168.0.1 具有 32 字节的数据:
来自 192.168.0.1 的回复: 字节=32 时间=3ms TTL=255
来自 192.168.0.1 的回复: 字节=32 时间=2ms TTL=255
来自 192.168.0.1 的回复: 字节=32 时间=2ms TTL=255
来自 192.168.0.1 的回复: 字节=32 时间=3ms TTL=255

192.168.0.1 的 Ping 统计信息:
    数据包: 已发送 = 4，已接收 = 4，丢失 = 0 (0% 丢失)，
往返行程的估计时间(以毫秒为单位):
    最短 = 2ms，最长 = 3ms，平均 = 2ms

C:\Users\liying>
```

图 4-50 上位机到 PLC 正常通信

步骤 10　通信故障测试。将 XM408_1 的 P1.1 端口的网线拔掉，模拟环网间通信线路故障或损坏。此时该 XM408_1 的 SB 状态指示灯变为常绿；而作为 Standby Slave 的 XM408_2 的 SB 灯绿色闪动，F 灯变红，该 Standby Slave 的环间冗余连接端口指示灯变常绿，说明此时环间冗余备用线路激活。

步骤 11　通信测试，从上位机到 PLC 仍可以正常通信，如图 4-51 所示。

```
C:\Users\liying>ping 192.168.0.1

正在 Ping 192.168.0.1 具有 32 字节的数据:
来自 192.168.0.1 的回复: 字节=32 时间=3ms TTL=255
来自 192.168.0.1 的回复: 字节=32 时间=2ms TTL=255
来自 192.168.0.1 的回复: 字节=32 时间=2ms TTL=255
来自 192.168.0.1 的回复: 字节=32 时间=1ms TTL=255

192.168.0.1 的 Ping 统计信息:
    数据包: 已发送 = 4, 已接收 = 4, 丢失 = 0 (0% 丢失),
往返行程的估计时间(以毫秒为单位):
    最短 = 1ms, 最长 = 3ms, 平均 = 2ms
```

图 4-51　故障通信时上位机到 PLC 通信

步骤 12　恢复线路。将 XM408_1 的 P1.1 端口的网线重新接上，XM408_1 的 SB 指示灯恢复为绿色闪动状态，Standby Master 线路重新激活，而作为 Standby Slave 的 XM408_2 的 SB 灯恢复为绿色常亮，F 故障灯灭，说明该 XM408_2 检测到网络故障已经恢复，此时 Standby Slave 线路重新恢复为备用状态。

4.5.5　高可靠性无缝冗余配置

高可靠性无缝冗余配置

配置 SCALANCE X204 RNA 交换机，将其中一台 S7-1200 PLC 配置成 PROFINET IO Controller(PROFINET 的 IO 控制器)，另一台 S7-1200 配置成 IO Device(IO 设备)，实现零秒切换通信测试。网络拓扑如图 4-52 所示。

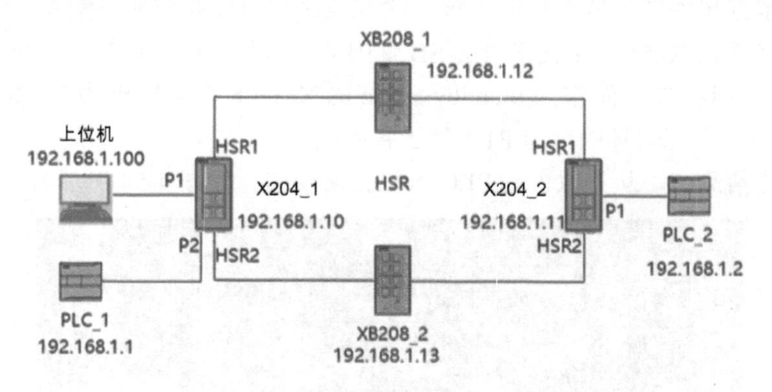

图 4-52　HSR 网络拓扑结构

具体实验步骤如下：

步骤 1　将 4 台交换机和 2 台 PLC 恢复出厂设置。

步骤 2　进行工业网络设备 IP 地址分配，如表 4-4 所示。利用 PIN 软件完成上位机和网络交换机 IP 地址的配置，PLC 的地址可先不配置。

表 4-4　IP 地址分配表

设备名称	IP 地址	设备名称	IP 地址
上位机	192.168.100/24	PLC_2	192.168.1.2/24
XB208_1	192.168.1.12/24	X204_1	192.168.1.10/24
XB208_2	192.168.1.13/24	X204_2	192.168.1.11/24
PLC_1	192.168.1.1/24		

步骤 3　将上位机连接到 X204_1 的 P1 端口，打开浏览器，在地址栏中输入 192.168.1.10，进入 X204_1 的登录界面，输入用户名：admin，密码：admin。登录后进入 X204_1 的网络配置界面。在网络配置界面的左侧列表中，在项目树“X200”下选择 Coupling。在 Coupling Mode 下拉菜单中选择 HSR SAN mode，表示 HSR 环网与标准以太网终端设备或网段连接，单击 Set Values 按钮保存选择，如图 4-53 所示。

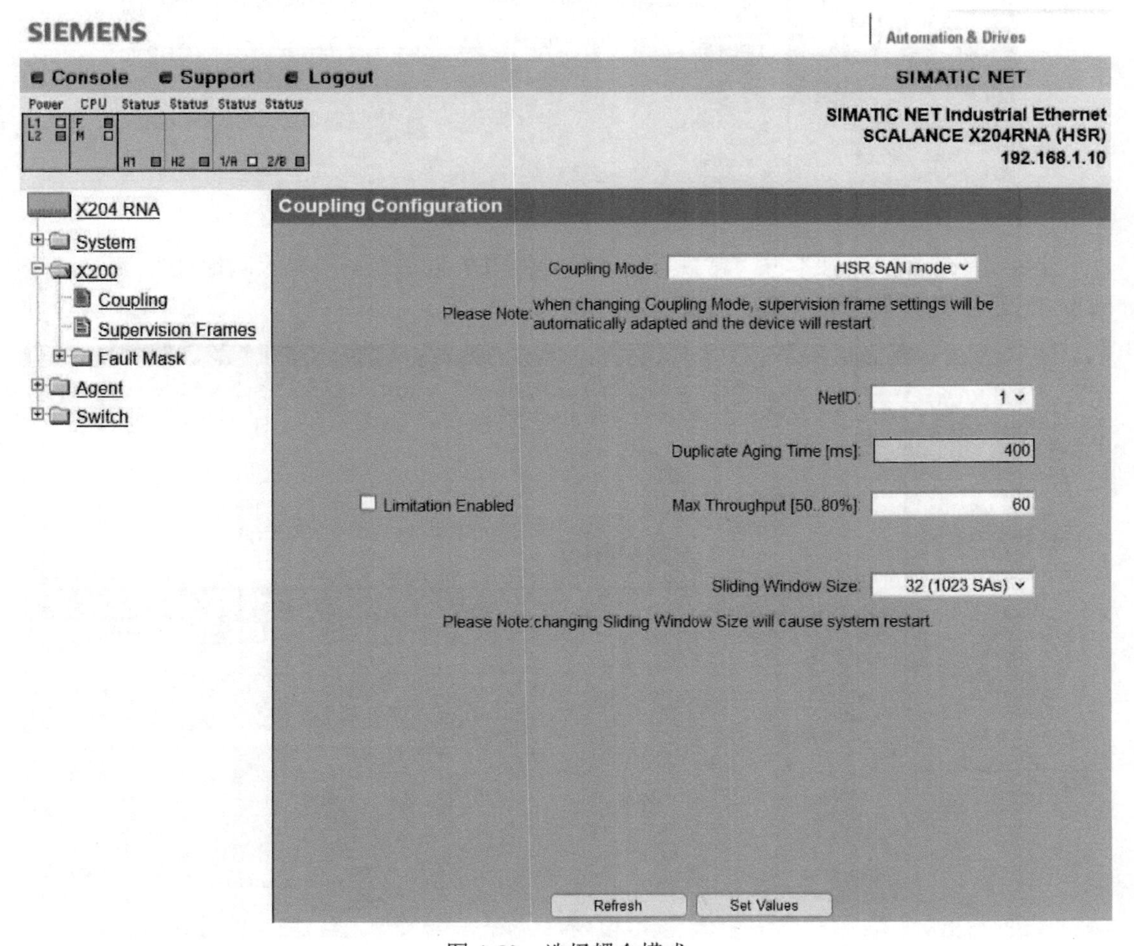

图 4-53　选择耦合模式

步骤 4　将上位机连接到 X204_2 的 P2 端口，打开浏览器，在地址栏中输入 192.168.1.11，进入 X204_2 的配置界面，配置方法与 X204_1 完全相同。

步骤 5　在上位机上打开博途软件，创建新的项目“添加新设备”PLC_1，设备的具体型号及版本应根据实验的实际情况确定，更改设备名称为 IO-Conctroller，操作如图 4-54 所示。

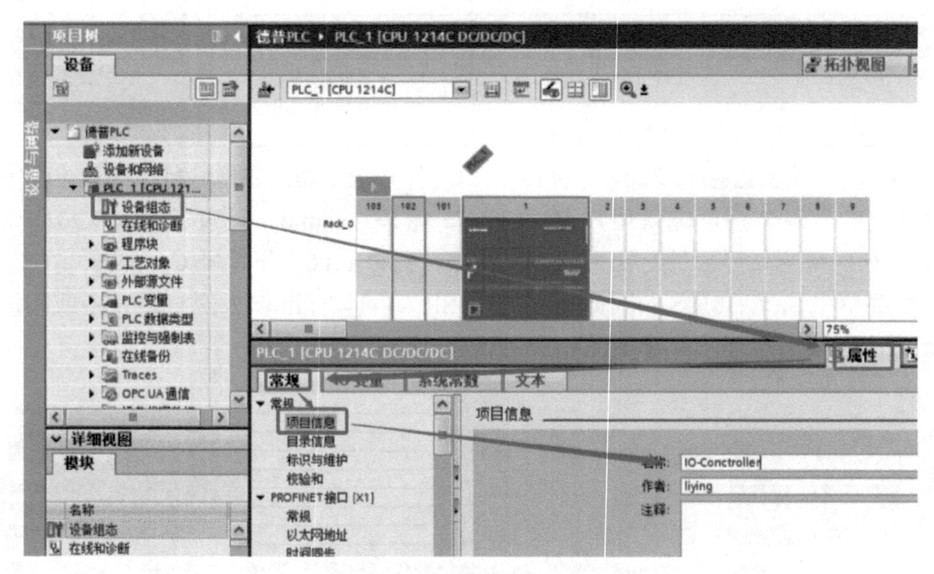

图 4-54　更改设备名称

步骤 6　选择“属性”→“常规”→“PROFINET 接口”→“以太网地址”，添加“子网”，配置 IP 地址和子网掩码，如图 4-55 所示。

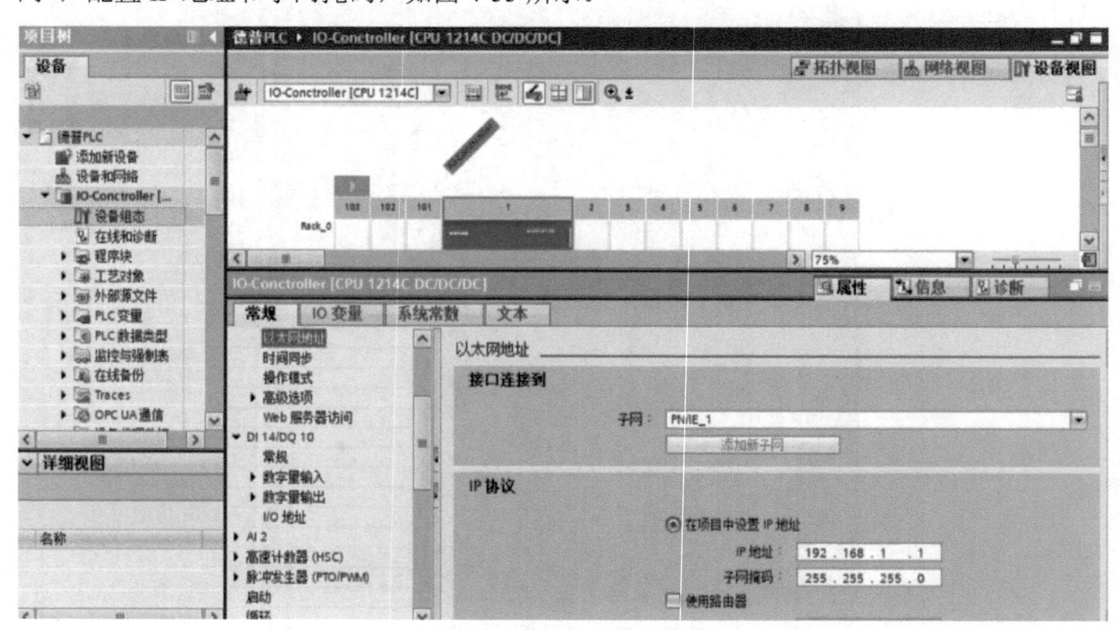

图 4-55　配置 IO-Conctroller 的“子网”、IP 地址和子网掩码

步骤 7　选择“属性”→“常规”→“PROFINET 接口”→“操作模式”，使用默认配置，即将该 PLC 作为 IO 控制器，如图 4-56 所示。

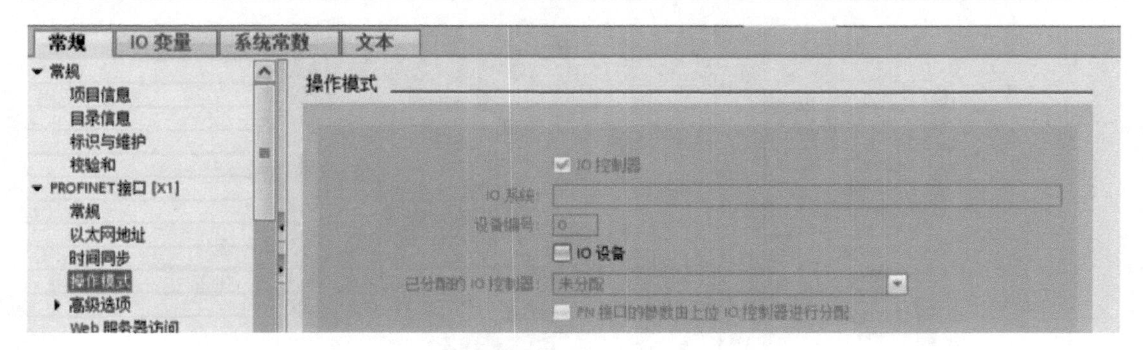

图 4-56　配置 IO 控制器

步骤 8　为 IO 控制器添加数据类型为 Byte 的变量，变量名称分别为“发送区”和“接收区”，地址分别为 %QB2 和 %IB2，如图 4-57 所示。

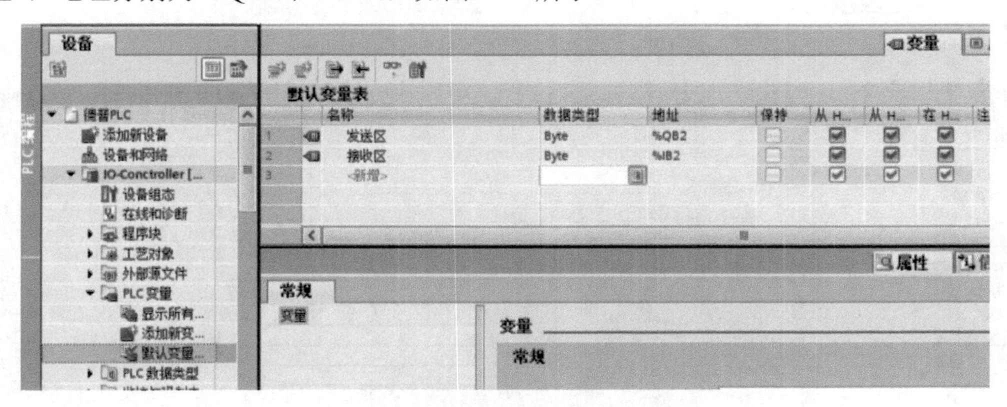

图 4-57　为 IO 控制器添加通信变量

步骤 9　添加监控表。选择“项目树”→“IO-Controller”→“监控与强制表”，双击“添加新监控表”，在新建的“监控表 _1”中，在“名称”列下分别选择发送区和接收区变量，将显示格式分别设置为二进制和字符，如图 4-58 所示。

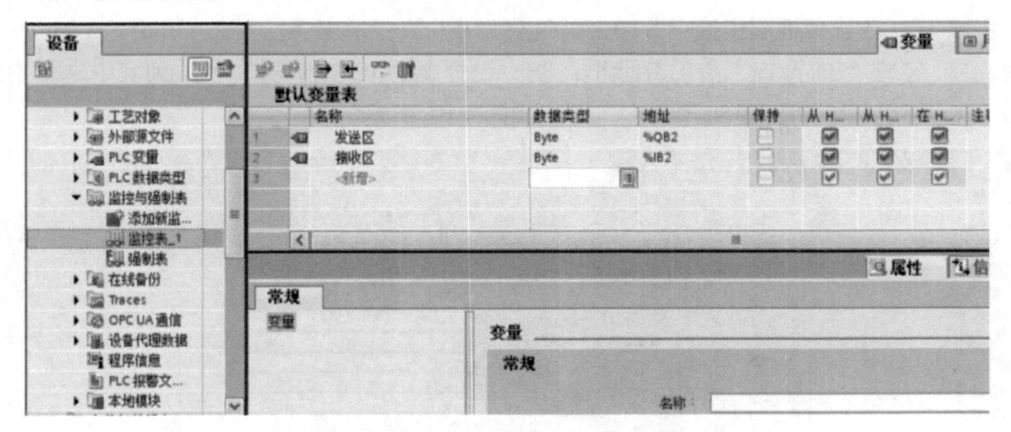

图 4-58　为 IO 控制器添加监控变量

步骤 10　在项目中添加新设备 PLC_2，修改名称为“IO-Device”，如图 4-59 所示。选择子网，配置 IP 地址和子网掩码，操作方法与步骤 5、6 类似，结果如图 4-60 所示。

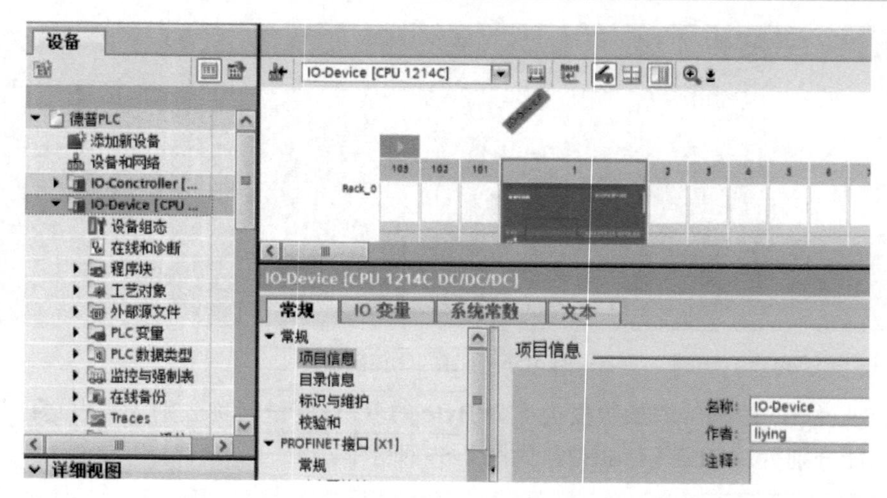

图 4-59　修改 PLC_2 名称为 IO-Device

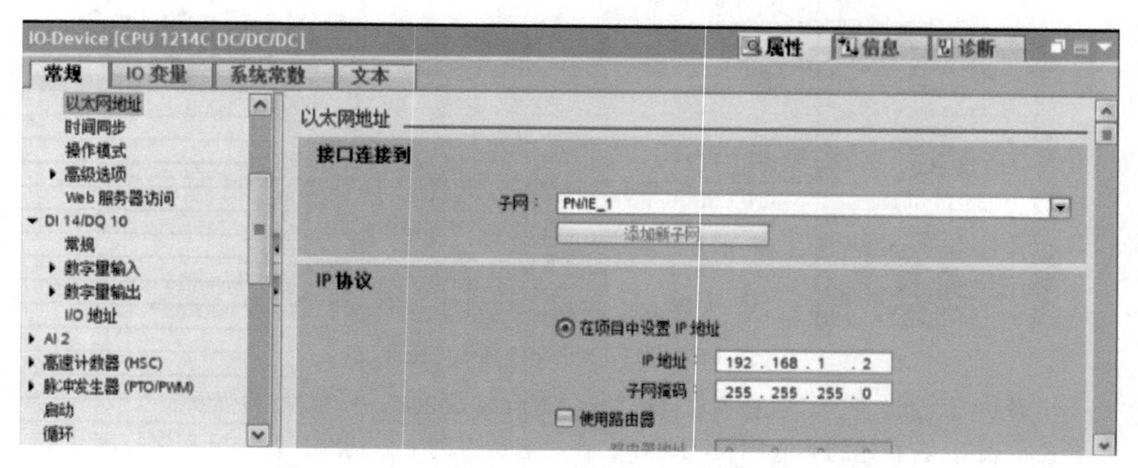

图 4-60　配置 IO-Device 的“子网”、IP 地址和子网掩码

步骤 11　在设备视图中选中 S7-1200，选择“属性”→“常规”→“PROFINET 接口”→“操作模式”，勾选“IO 设备”前的复选框；在“已分配的 IO 控制器”下拉列表中选择 IO 控制器“IO-Controller.PROFINET 接口 _1”，如图 4-61 所示。

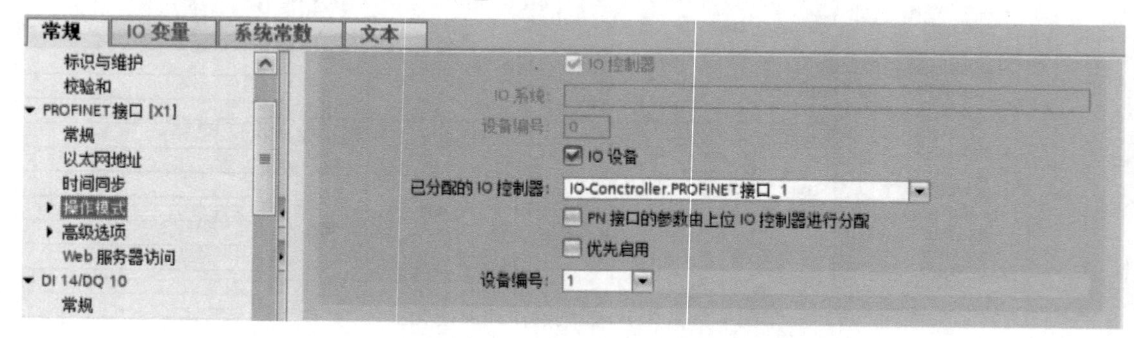

图 4-61　将 IO-Device 设备作为 IO 控制器

步骤 12　为 IO-Device 设备添加数据类型为 Byte 的变量，变量名称分别为“接收区”

和“发送区”，地址分别为 %IB2 和 %QB2，并配置监控表，如图 4-62 所示。

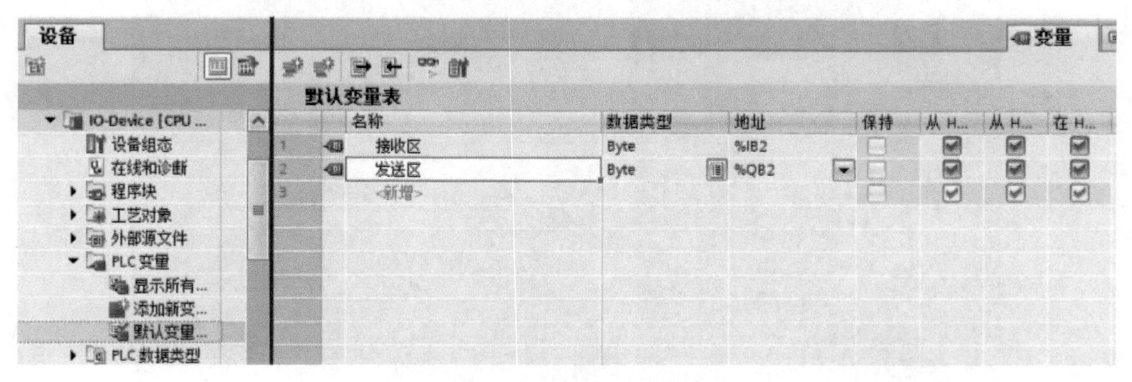

图 4-62　IO 设备添加通信变量

步骤 13　为 IO-Device 设备设置传输区。在设备视图中选中 S7-1200，选择“属性”→“常规”→“PROFINET 接口”→“操作模式”→“智能设备通信”，双击“新增”添加传输区。如图 4-63 所示，增加了两个传输区，第一个传输区表达的是将 IO 控制器中地址为 Q2 的变量的数据传输到智能设备地址为 I2 的变量中，第二个传输区表达的是将智能设备中地址为 Q2 的变量数据传输到 IO 控制器中地址为 I2 的变量中。单击箭头，可改变传输方向。

图 4-63　IO-Device 设备设置传输区

步骤 14　编写 IO-Device 设备程序，如图 4-64 所示。

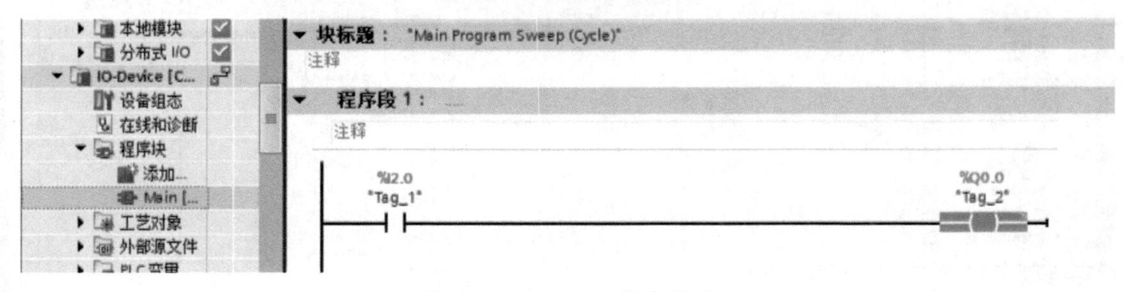

图 4-64　IO-Device 设备程序

将上位机重新连接到 X204_1 的 P1 端口，将 PLC_1 连接在 X204_1 的 P2 端口上，将上位机 IP 地址配置为 192.168.1.100/24，下载组态，如图 4-65 所示。

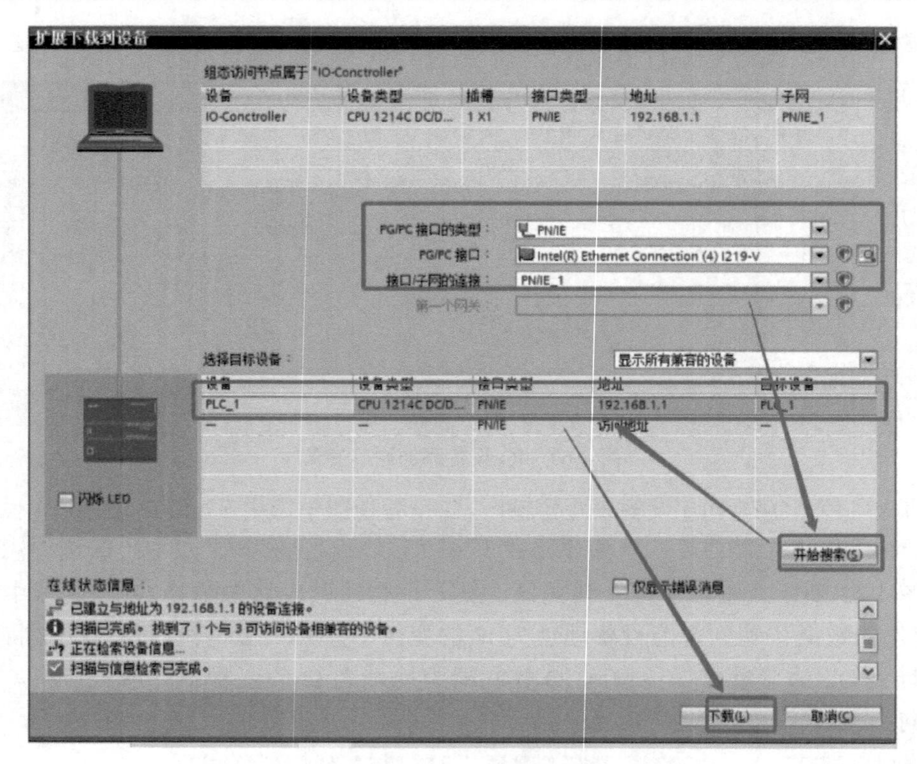

图 4-65　下载 IO-Controller 组态

步骤 15　将上位机连接到 X204_2 的 P2 端口上，将 PLC_2 连接在 X204_1 的 P1 端口上，从上位机下载 PLC_2 的组态和程序。

步骤 16　按照拓扑结构图 4-52 连接好设备。

步骤 17　在 IO 控制器的“监控表 _1”中单击“全部监视”按钮，修改 %QB2 的值为 1，如图 4-66 所示，发现 PLC2 的 Q0.0 灯亮起，说明 Profinet I/O 网络通信正常。

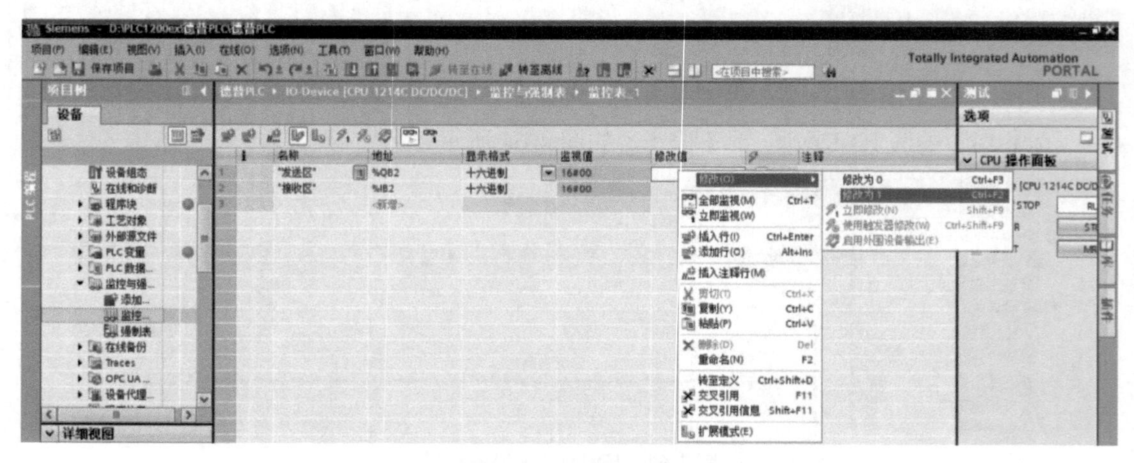

图 4-66　修改 IO 控制器上的变量值

步骤 18　模拟 X204_1 通信线路损坏，如图 4-67 所示，拔掉 XB208_1 上与 X204_1 连接的网线，发现 PLC1 和 PLC2 仍能正常通信，2 个 PLC 的 Error 灯没有闪红灯报错，说明通信无缝切换，系统均未受影响。

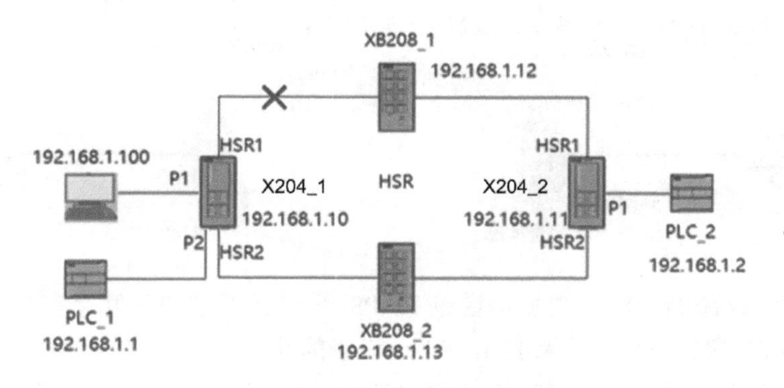

图 4-67　网络故障情况

步骤 19　将两个 X204 交换机换成普通交换机，做环网冗余，发现 PROFINET IO Controller 和 IO Device 之间的通信出现中断，即 IO Controller 和 IO device PLC 的 Error 指示灯报警，整个通信恢复时间 (包括环网重构时间和 IO Controller 与 IO device PLC 之间 PROFINET 通信的恢复时间) 大约为 4 s。可见平行冗余网络在网络线路出现故障时能够做到零秒切换，不需要环网重构时间；而利用普通环网时通信恢复时间约为 4 s。大家可自行搭建网络进行验证。

习　题

1. 单选题 (将答案填写在括号中)

(1) 下图中有关 MRP 冗余协议说法错误的是 (　　)。

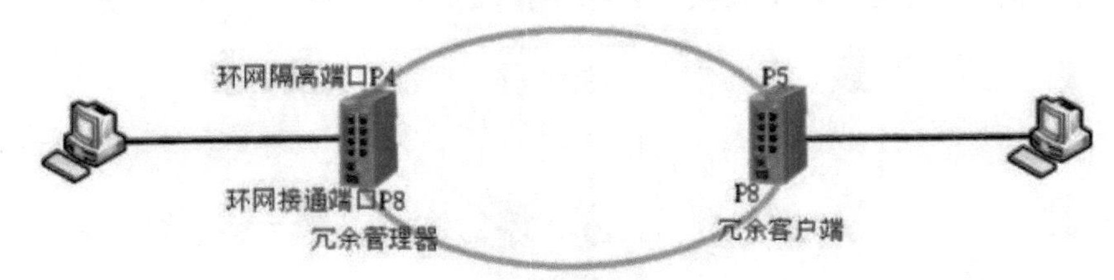

A. 故障恢复后，数据仍通过 P4-P5 传输，对应冗余管理器 P4 端口快闪 (或常亮)，P8 端口慢闪状态

B. 环网连接正常情况下 P8 端口快闪 (或常亮)，P4 端口慢闪状态

C. 使用 MRP 协议的网络中只允许有一台冗余客户端

D. P8-P8 链路断开时，冗余管理器 P4 端口变为接通端，数据由 P4-P5 链路传输，此时 P4 指示灯快闪 (或常亮)

(2) 下列说法正确的是 (　　)。

A. 数据发送端口的指示灯状态为常亮 (或快闪)

B. 配置时需要选择成环端口中哪一个端口为接通端口

C. MRP 协议环网最大设备数量为 50 台，路径切换时间为 0.3 s

D. HRP 协议环网最大设备数量为 50 台，环网切换时间为 0.2 s

(3) 下图中有关 HRP 冗余协议，说法错误的是(　　)。

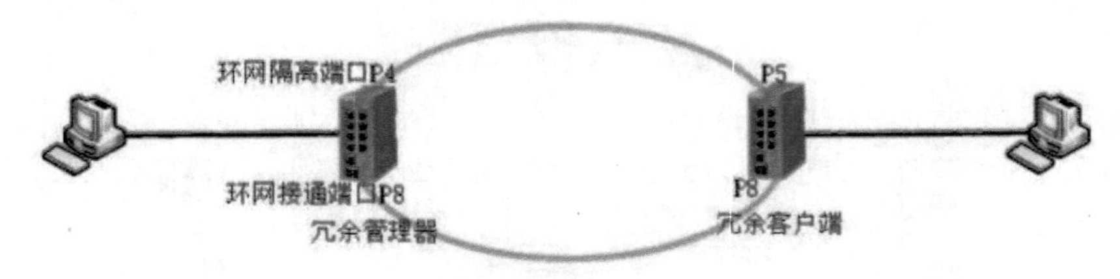

A. 若 P4-P5 链路断开时，数据仍通过 P8-P8(环网接通端口—冗余客户端)传输，冗余管理器 P8 端口快闪(或常亮)，P4 端口慢闪状态

B. 正常情况下，数据通过 P8-P8(环网接通端口—冗余客户端)传输，冗余管理器 P8 端口快闪(或常亮)，P4 端口慢闪状态

C. 若 P8-P8(环网接通端口—冗余客户端)链路断开时，冗余管理器 P4 端口变为接通端，数据由 P4-P5 路径传输，故障恢复后，数据仍通过 P4-P5 传输，冗余管理器 P4 端口快闪(或常亮)，P8 端口慢闪状态

D. 若 P8-P8(环网接通端口—冗余客户端)链路断开时，冗余管理器 P4 端口变为接通端，数据由 P4-P5 路径传输，此时 P4 指示灯快闪(或常亮)

(4) 下列说法正确的是(　　)。

A. 冗余管理器的接通端口最初是由协议随机选取的

B. 环网中可以含有多个冗余管理器

C. 链路连接成环即可正常通信，无需环网协议

D. 环网中有且只有 1 个冗余客户端

(5) 有关环间耦合网络，以下连接可行的拓扑图是(　　)。

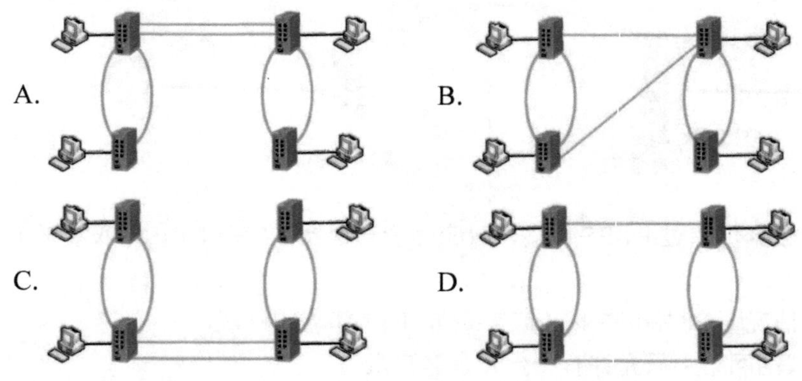

2. 判断题(正确的打 √，错误的打 ×，将答案填写在括号中)

(1) 为了能够使用环间耦合网络 (standby) 功能，必须激活 HRP。(　　)

(2) 如果要组成 HRP 环，环中所有交换机都必须支持此功能。(　　)

(3) 高速冗余协议 (HRP) 的网络重构时间最长为 0.3 s，环网中可具有 50 台交换机。(　　)

(4) 冗余端口属于任意 VLAN。(　　)

(5) 在搭建环间耦合网络时，必须指定主交换机。(　　)

第 5 章　路由技术

以太网交换机工作在数据链路层，在网络内进行数据转发。而工业网络的拓扑结构一般会比较复杂，不同的部门，或者总部和分支可能处在不同的网络中，此时就需要使用工业路由器或第 3 层工业交换机等具有路由功能的设备来连接不同的网络，实现网络之间的数据转发。本章将介绍路由的基础知识、静态路由、动态路由及虚拟路由器冗余协议 (VRRP) 等多种实现网间数据转发的技术，并基于西门子第 3 层工业交换机完成复杂工业网络环境下的路由功能配置。

5.1 路由基础

路由 (routing) 是指分组从源到目的地时，决定端到端路径的网络范围的进程。通俗地讲，路由是指路由设备从一个接口上收到数据包，根据数据包的目的地址进行定向并转发到另一个接口的过程。

5.1.1　路由功能概述

路由设备工作在 OSI 参考模型第 3 层 (网络层)，通过转发数据包来实现网络互连。路由设备通常连接两个或多个由 IP 子网或点到点协议标识的逻辑端口，至少拥有 1 个物理端口。路由设备根据收到数据包中的网络层地址以及路由设备内部维护的路由表决定输出端口以及下一跳地址，并且重写链路层数据包头实现转发数据包。

1. 路由设备的主要功能

路由设备有两个主要功能：一是确定发送数据包的最佳路径；二是将数据包转发到目的地。

路由设备使用路由表来确定用于转发数据包的最佳路径。当路由设备收到数据包时，它会检查数据包的目的地址并使用路由表来查找通向该网络的最佳路径。路由表还包括用于转发每个已知网络的数据包的接口。当找到匹配条目时，路由设备就会将数据包封装到传出接口或送出接口的数据链路帧中，并将数据包转发到其目的地。

2. 网关与下一跳地址

从一个房间走到另一个房间，必然要经过一扇门。同样，从一个网络向另一个网络发送信息，也必须经过一道“关口”，这道关口就是网关。顾名思义，网关(Gateway)就是一个网络连接到另一个网络的“关口”，也就是网络关卡。

如图5-1所示，两台PC处于不同的网络中，要实现通信就要由中间的两个第3层交换机配置路由功能来完成数据包的转发。对于PC1而言，它的网关地址就是所连接的XM408-1交换机的入口地址192.168.1.1；对于PC2而言，它的网关地址就是所连接的XM408-2交换机的入口地址192.168.2.1。

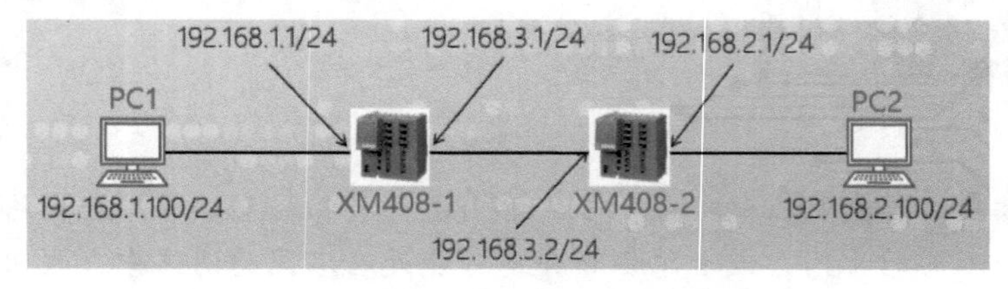

图5-1　使用第3层交换机实现网间通信

下一跳的地址通常指的是当前路由条目到达目标地址需要经过本路由设备能够达到的下一个路由设备的IP。

如图5-1所示，因为图中只有两个路由设备，因此对于XM408-1而言，它的下一跳必然是去往XM408-2的，下一跳地址就是所连接的对端接口的IP地址192.168.3.2；反过来对于XM408-2而言，它的下一跳必然是去往XM408-1的，下一跳地址就是所连接的对端接口的IP地址192.168.3.1。

5.1.2　路由表

所谓路由表，指的是路由器、第3层交换机或者其他互联网网络设备上存储的表，该表中存有到达特定网络终端的路径，在某些情况下，还有一些与这些路径相关的度量。在现代路由设备构造中，路由表不直接参与数据包的传输，而是用于生成一个小型指向表，这个指向表仅仅包含由路由算法选择的数据包传输最佳路径，这个表格通常为了优化硬件存储和查找而被压缩或提前编译。

1. 路由表的信息构成

路由设备的路由表存储下列信息：

(1) 直连路由。这些路由来自于活动的路由接口。当接口配置了IP地址并激活时，路由设备会自动将直连路由添加到路由表中。

(2) 远程路由。这些路由是连接到其他路由设备的远程网络。路由设备可通过两种方式获知远程网络：一是手动方式，使用静态路由将远程网络手动输入到路由表中；二是动态方式，使用动态路由协议(如RIP、OSPF)自动获取远程路由。

2. 度量

要确定最佳路径，就需要对指向相同目标网络的多条路径进行评估，从中选出到达该网络的最优或最短路径。路由协议根据其用来确定网络距离的值或度量来选择最佳路径。度量是用于衡量给定网络距离的量化值。指向网络的路径中，度量最低的路径即为最佳路径。

当路由设备有两个或多个路径通往目的地的成本度量都相等时，路由设备会同时使用多条路径转发数据包，这称为等价负载均衡。

5.2 本地VLAN间路由

工业局域网可以是由少数几台PLC或工控机构成的网络，也可以是数以百计的计算机、工控机、服务器和PLC、分布式IO构成的企业生产网络。虚拟局域网(VLAN)是一种通过将局域网内的设备逻辑而不是物理地划分成一个个局域网从而实现虚拟工作组的技术。

抑制网络上的广播风暴，增加网络的安全性，集中化的管理控制，这些优点使得VLAN技术被广泛应用于工业以太网中。随着应用的升级，网络规划与实施者可根据情况在交换式局域网环境下将用户划分在不同VLAN上。但是VLAN之间的通信是不允许的，这也包括地址解析(ARP)封包。要想通信就需要用路由器桥接这些VLAN。但传统路由器处理数据包速度慢，用交换机速度快但不能解决广播风暴问题，在交换机中采用VLAN技术可以解决广播风暴问题，但又必须放置路由设备来实现VLAN之间的互通，这就形成了一个不可逾越的怪圈。在这种情况下，一种新的路由技术应运而生，这就是第3层交换技术。

5.2.1 第3层交换技术

第3层交换技术也称为IP交换技术、高速路由技术等。第3层交换技术是相对于传统交换概念提出的。众所周知，传统的交换技术是在OSI网络标准模型中的第2层——数据链路层进行操作的，而第3层交换技术是在网络模型中的第3层——网络层实现数据包的高速转发。

简单说，第3层交换技术就是“二层交换＋三层转发”。第3层交换技术的出现，解决了传统路由器低速、复杂所造成的网络瓶颈问题。

本章实训使用的西门子SCALANCE XM408交换机就是采用第3层交换技术的工业交换机，它可以支持以下路由功能：

(1) 本地VLAN间路由：实现本地不同VLAN间的通信。

(2) 静态路由：需要在路由表中手动输入路径。

(3) 动态路由：路由表中的条目会动态变化并持续进行更新。使用以下动态路由协议之一创建条目：OSPFv2和RIPv2。

(4) 路由冗余：通过标准化VRRP(Virtual Router Redundancy Protocol，虚拟路由冗余协议)，可使用冗余路由来提高重要网关的可用性。

5.2.2 使用第3层交换实现VLAN间路由

在第3层工业交换机中，可以为整个VLAN启用第3层功能，并将网络地址分配给一个逻辑接口，即 VLAN 的逻辑接口。第 3 层逻辑接口称为 SVI(Switch Virtual Interface，交换虚拟接口)。每一个 VLAN 对应着一个 SVI 接口，如图 5-2 所示。

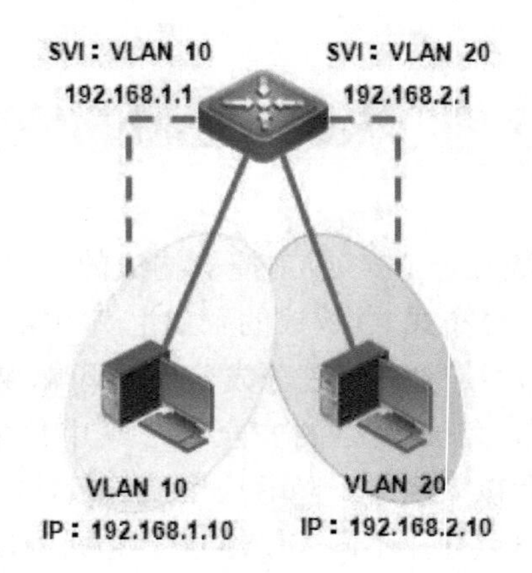

图 5-2　使用第 3 层交换实现 VLAN 间路由

当交换机将很多接口分配给同一个 VLAN，并需要对进出该 VLAN 的数据流进行路由时，配置的第 3 层 SVI 网络地址将是连接到该接口或 VLAN 的所有主机的默认网关，主机将通过这个第 3 层接口与其所属的广播域外部主机通信。

5.3　静 态 路 由

静态路由是在路由设备中设置的固定的路由表。除非网络管理员干预，否则静态路由不会发生变化。路由设备不必为路由表项的生成花费大量资源。由于静态路由不能对网络的改变作出反映，一般用于网络规模不大、拓扑结构固定的网络中。

网络管理员必须了解路由设备的拓扑连接，通过手工方式指定路由路径，而且在网络拓扑发生变动时，也需要网管手工修改路由路径。静态路由的优点是简单、高效、可靠。在所有的路由中，静态路由优先级最高。当动态路由与静态路由发生冲突时，以静态路由为准。

5.3.1　静态路由概述

静态路由是由网络管理员手动配置通往特定网络的路由。不同于动态路由协议，静态路由不会自动更新，并且必须在网络拓扑发生变化时手动重新配置。

静态路由相对于动态路由有以下优势：

(1) 静态路由不通过网络通告，从而能够提高安全性。

(2) 静态路由比动态路由协议使用更少的带宽，且不需要使用 CPU 周期计算和交换路由信息。

(3) 静态路由用来发送数据的路径已知。

但静态路由也有以下缺点：

(1) 初始配置和维护耗费时间。

(2) 配置容易出错，尤其对于大型网络。

(3) 需要管理员维护变化的路由信息。

(4) 不能随着网络的增长而扩展，维护会越来越麻烦。

(5) 需要完全了解整个网络的情况才能进行操作。

5.3.2 默认路由

默认路由是匹配所有数据包的路由，在数据包与路由表中的任何其他更有针对性的路由不匹配时使用。默认路由可以动态获取，也可以静态配置。默认静态路由仅是0.0.0.0/0作为目标IPv4地址的静态路由。配置默认静态路由将创建最后选用网关。

出现以下情况时，便会用到默认静态路由：

(1) 路由表中没有其他路由与数据包的目标IP地址匹配。也就是说，路由表中不存在更为精确的匹配。在公司网络中，连接到ISP网络的边缘路由设备上往往会配置默认静态路由。

(2) 如果一台路由设备仅有另外一台路由设备与之相连，在这种情况下，该路由设备被称为末节路由设备，通常会配置默认静态路由。

5.4 动态路由

动态路由是与静态路由相对的一个概念，指路由设备能够根据相互之间交换的特定路由信息自动地建立自己的路由表，并且能够根据链路和节点的变化适时地进行自动调整。当网络中节点或节点间的链路发生故障或存在其他新的可用路由时，动态路由可以自行选择最佳的可用路由并继续转发报文。

5.4.1 动态路由概述

动态路由是网络中的路由设备之间相互通信，传递路由信息，利用收到的信息更新路由表的过程。

1. 动态路由的特点

与静态路由相比，动态路由具有如下特点：

(1) 无须管理员手工维护，减轻了管理员的工作负担；

(2) 会占用一定网络带宽、CPU及内存资源；

(3) 在路由设备上运行路由协议，使路由设备可以自动根据网络拓扑结构的变化调整路由条目；

(4) 适合网络规模大、拓扑复杂的网络。

2. 动态路由协议的用途

路由协议是用于路由设备之间交换路由信息的协议。路由协议由一组处理进程、算法和消息的要素组成，用于交换路由信息，并将其选择的最佳路径添加到路由表中。

动态路由协议的用途包括：

(1) 发现远程网络，选择通往目标网络的最佳路径；

(2) 维护最新路由信息，当前路径无法使用时找出新的最佳路径。

3. 动态路由协议的分类

动态路由协议按照其应用范围通常分为两大类：内部网关协议和外部网关协议，如图 5-3 所示。

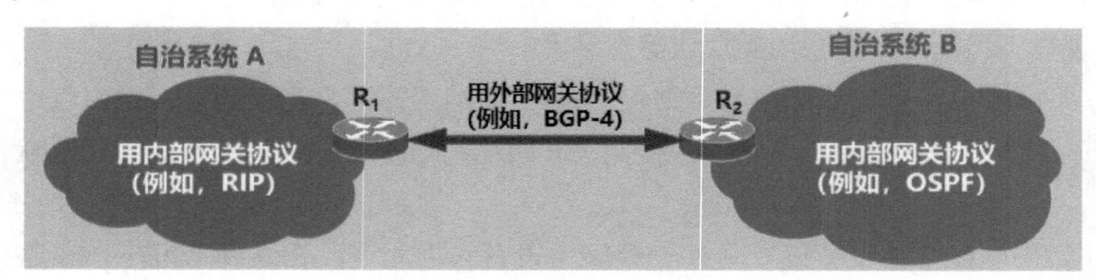

图 5-3 自治系统的内部网关协议和外部网关协议

(1) 内部网关协议 (Interior Gateway Protocol，IGP)。IGP 是指在一个自治系统内部使用的路由选择协议，常用的有 RIP 和 OSPF 协议。

(2) 外部网关协议 (External Gateway Protocol，EGP)。EGP 是指在不同自治系统之间进行路由选择时使用的协议，使用最多的是 BGP-4 协议。

自治系统 (Autonomous System，AS) 是指在单一技术管理下的许多网络、IP 地址以及路由设备，在每一个 AS 内部采用单一的、一致的路由选择策略，使用相同的路由选择协议和共同的度量。整个互联网被划分为许多较小的自治系统，方便采用分层次的路由选择协议。

5.4.2 RIP 动态路由协议

路由信息协议 (Routing Information Protocol，RIP) 是应用较早、使用较普遍的内部网关协议，作为一种分布式的、基于距离向量的路由选择协议，也是互联网的标准协议，它最大的优点是配置简单。

1. RIP 协议的度量

RIP 协议定义路由设备到直连网络的距离为 1，到非直连网络的距离等于所经过的路由设备数加 1。RIP 协议中的“距离”也称为“跳数”(hop count)，每经过一个路由设备跳数就加 1，如图 5-4 所示。

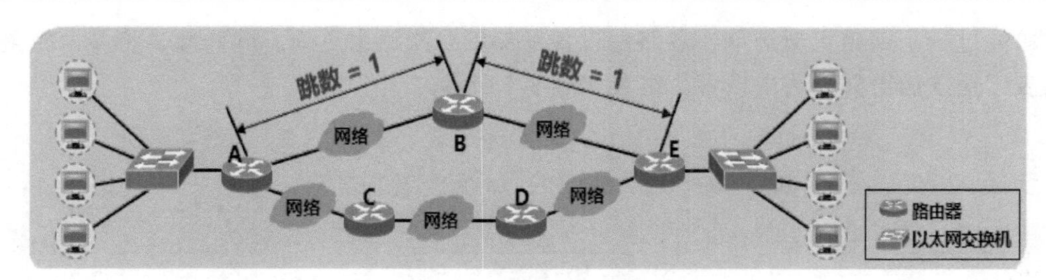

图 5-4 RIP 协议的度量

RIP 使用单个路由选择标准（跳数）来度量源网络到目标网络之间的距离。跳数最小即为最佳路由，跳数相同则为等代价路由。如图 5-4 所示，路由 A-B-E 的距离为 2，路由 A-C-D-E 的距离为 3，因此 A-B-E 为最佳路由。

由于 RIP 协议最多支持的跳数为 15，跳数 16 表示不可达，因此对伸缩性有一定的限制，不适用于大型网络。

2. RIP 路由更新过程

RIP 路由更新是通过 UDP 报文来和相邻路由设备交换路由选择信息，每 30 s 周期性发送一次，当网络拓扑发生变化时也发送消息。路由设备之间交换的路由信息是路由设备中的完整路由表，因而随着网络规模的扩大开销也会增加。

如图 5-5 所示，当路由设备在完成配置后的协议初始化阶段，各自的路由表中只有直连链路的相关路由信息。

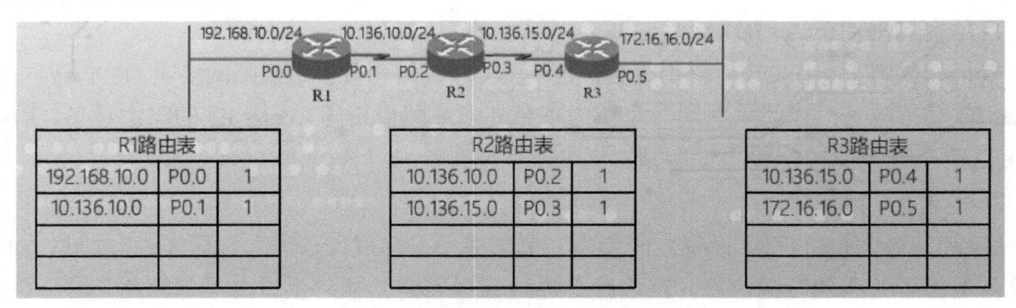

R1路由表		
192.168.10.0	P0.0	1
10.136.10.0	P0.1	1

R2路由表		
10.136.10.0	P0.2	1
10.136.15.0	P0.3	1

R3路由表		
10.136.15.0	P0.4	1
172.16.16.0	P0.5	1

图 5-5 RIP 路由初始化阶段的路由表

经过一段时间，到达路由更新周期后，三台路由设备之间开始执行第一次完整的路由表更新，结果如图 5-6 所示。

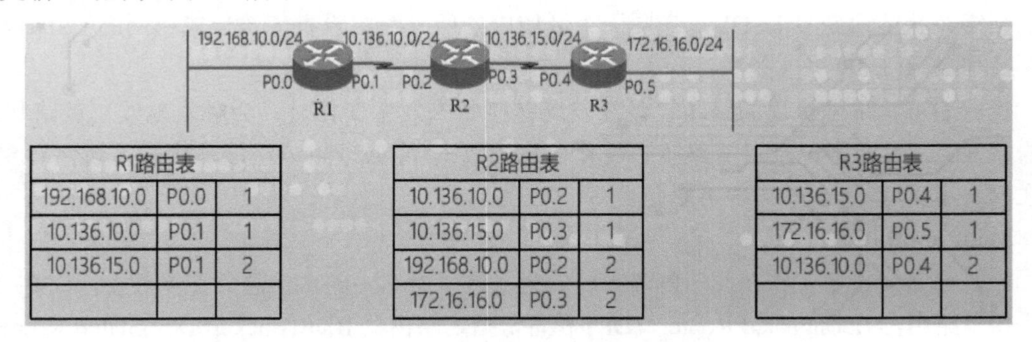

R1路由表		
192.168.10.0	P0.0	1
10.136.10.0	P0.1	1
10.136.15.0	P0.1	2

R2路由表		
10.136.10.0	P0.2	1
10.136.15.0	P0.3	1
192.168.10.0	P0.2	2
172.16.16.0	P0.3	2

R3路由表		
10.136.15.0	P0.4	1
172.16.16.0	P0.5	1
10.136.10.0	P0.4	2

图 5-6 RIP 第一次路由更新后的路由表

再经过一个路由更新周期，各路由设备发起第二次路由更新。同样地，将各自完整的路由表广播发送给邻居路由设备，结果如图 5-7 所示。

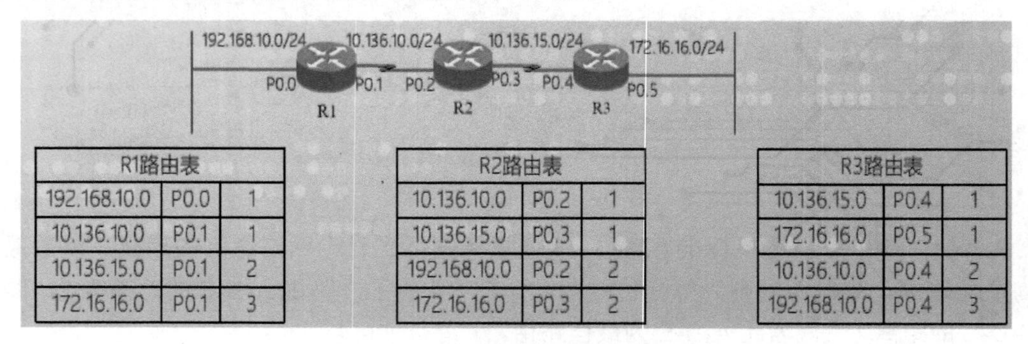

R1路由表		
192.168.10.0	P0.0	1
10.136.10.0	P0.1	1
10.136.15.0	P0.1	2
172.16.16.0	P0.1	3

R2路由表		
10.136.10.0	P0.2	1
10.136.15.0	P0.3	1
192.168.10.0	P0.2	2
172.16.16.0	P0.3	2

R3路由表		
10.136.15.0	P0.4	1
172.16.16.0	P0.5	1
10.136.10.0	P0.4	2
192.168.10.0	P0.4	3

图 5-7　RIP 第二次路由更新后的路由表

5.4.3　OSPF 动态路由协议

OSPF(Open Shortest Path First，开放最短路径优先）是一个基于链路状态的内部网关协议。在 IP 网络上，OSPF 通过收集和传递自治系统的链路状态来动态地发现并传播路由信息，使用 IP 组播的方式发送和接收报文。OSPF 是一种相对复杂的路由协议，适用于大型复杂的网络。

1. OSPF 协议术语

1) 路由器 ID(Router ID)

Router ID 用于标识 OSPF 路由设备，连续的 OSPF 路由设备组成的网络叫 OSPF 域，域内 Router ID 必须唯一，也就是在同一个域内不允许出现两台相同 Router ID 的路由设备。Router ID 可以手动设置，也可以自动生成。

2) 邻居表

运行 OSPF 协议的路由设备之间会建立邻居关系、形成邻居表。邻居表中存放与当前路由设备是邻居关系的设备信息，路由设备通过邻居表向其他路由设备学习网络拓扑。OSPF 使用 Hello 报文来动态发现邻居并维护邻居关系。

3) 链路状态数据库 (LSDB)

当路由设备建立了邻居表以后，运行 OSPF 路由协议的路由设备会互相通告自己所知道的网络拓扑从而建立 LSDB，在同一个区域内的所有路由设备应该形成相同的 LSDB。

4) LSA 和 LSU

运行 OSPF 路由协议的路由设备在发现链路状态发生变化时，会触发地发出链路状态通告 (LSA)。该通告记录了链路状态变化信息的数据，它必须封装在链路状态更新包 (LSU) 中在网络上传递。一个 LSU 可以包含多个 LSA。

5) DR 和 BDR

当几台路由设备工作在同一网段上时，为了减少网络中路由信息的交换数量，OSPF 定义了指定路由器 (Designated Router，DR) 和备份指定路由器 BDR(Backup Designated Router，

BDR)。DR 和 BDR 负责收集网络中的链路状态通告，并且将它们集中发送给其他的路由设备。

6) 区域

OSPF 路由协议会把大规模的网络划分成为小的区域，这样可以有效地减少路由选择协议对路由设备的 CPU 和内存的占用。

2. OSPF 协议工作过程

1) 建立邻接关系

在发送任何 LSA 通告前，OSPF 路由设备都必须首先发现它们的邻居路由表并建立邻接关系。邻居建立关联关系的最终目的是形成邻居之间的邻接关系，以相互传送路由选择信息。

两个路由设备相互发送 Hello 数据包，路由设备根据收到的 Hello 数据包了解附近有哪些 OSPF 路由设备，同时会检查 Hello 数据包的内容。在点对点网络中，当两个路由都收到来自对方的 Hello 数据包之后，就可直接建立连接 (邻接)。如果可以访问网络中的多个邻居路由设备，则需根据 Hello 数据包的信息来选择 DR 和 BDR。最高优先级的路由设备被选成 DR；如果优先级相同则最高 Router ID 的路由设备被选成 DR。选取完成后，路由设备只需与指定路由设备 DR 建立连接 (邻接)。

2) 数据库同步

邻居路由设备首先决定由哪个路由设备启动信息交换。在点对点网络中，Router ID 较大的路由设备将成为主路由设备，开始和对端从路由设备相互交换链路状态信息。在多路访问网络中，DR 与 BDR 相互交换链路状态信息，并同时与本网络内的其他路由设备交换链路状态信息。

链路状态信息包含 OSPF 网络拓扑内的详细链路信息，信息交换完成后，路由器之间将建立完全邻接关系，同时每个路由器都会拥有自己独立的、完整的链路状态数据库 (LSDB)。在同一个区域内的所有路由器应该形成相同的 LSDB。

3) 路由选择

当一台路由器拥有完整独立的链路状态数据库后，OSPF 路由器依据链路状态数据库的内容，独立地使用 SPF 最短路径优先算法计算出到每一个目的网络的最优路径，即 cost 值最小的路径，并将其添加到路由表中。

4) 路由维护

当链路发生故障时，直连路由器将使用组播地址 224.0.0.6 向 DR 发送 LSU 链路状态更新信息；DR 收到后将使用组播地址 224.0.0.5 立即通知 OSPF 域内的其他路由器；其他路由器收到来自 DR 的 LSU 后将立即更新自己的路由表。

3. 多区域 OSPF

OSPF 可以将自治系统 AS 分成多个不同的区域，其中区域 0 是主干区域，所有其他区域都必须连接到该区域，如图 5-8 所示。

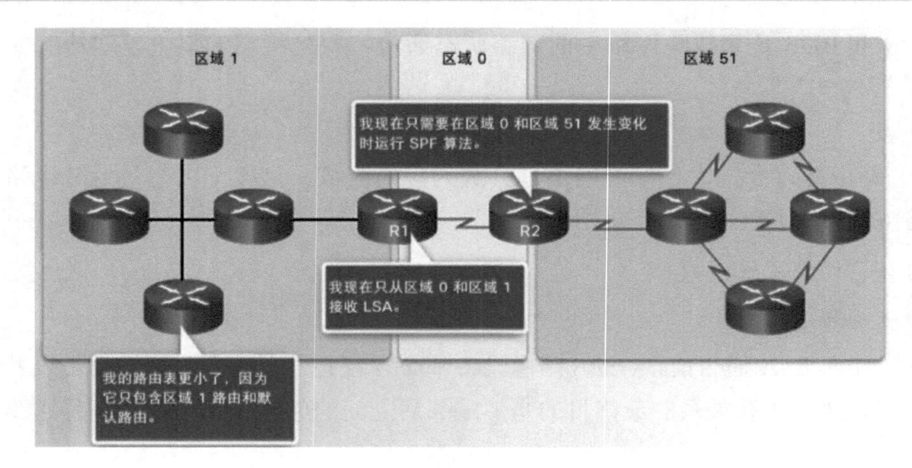

图 5-8　多区域 OSPF

实施多区域 OSPF 的主要优点是：

(1) 路由表减小。一个区域内部的路由表条目减少，同时可以汇总区域之间的网络地址。

(2) 链路状态更新开销减少。LSU 更新信息只需在区域内部传递。

(3) SPF 重计算次数减少。只有本区域内发生拓扑变化时才会启动 SPF 重计算最佳路由。

4. OSPF 协议的特点

OSPF 协议具有如下特点：

(1) 支持多。支持各种规模的网络，最多可支持百台路由器。

(2) 快速收敛。如果网络的拓扑结构发生变化，OSPF 立即发送更新报文，使这一变化在自治系统中同步。

(3) 无自环。由于 OSPF 通过收集到的链路状态用 SPF 最短路径树算法计算路由，故从算法本身保证了不会生成自环路由。

(4) 路由分级。OSPF 使用 4 类不同的路由，按优先顺序来说分别是：区域内路由、区域间路由、第一类外部路由、第二类外部路由。

5.5　虚拟路由冗余

在工业生产中，冗余是非常重要的事情。它能够避免一旦一个设备出现故障后影响整个生产的进行。同样网络通信中也需要冗余，比如第 2 层通信的冗余，使用的是环网冗余技术：MRP 或 HRP 协议；那么第 3 层通信的冗余呢？在第 3 层路由的环境中，如何让设备的网关也可以冗余，并且一旦一个提供网关的设备出现问题，可以自动切换到另一台设备进行路由转发？我们可以通过 VRRP 技术来实现这样的应用。

5.5.1　VRRP 概述

虚拟路由冗余协议 (Virtual Router Redundancy Protocol，VRRP) 是由 IETF 提出的解决

局域网中配置静态网关出现单点失效现象的路由协议，1998年已推出正式的RFC 2338协议标准。VRRP广泛应用在边缘网络中，它的设计目标是避免特定情况下IP数据流量失败而引起的混乱，保证即使在实际第一跳路由器使用失败的情形下仍能够维护路由器间的连通性。

VRRP是一种选择协议，它可以把一个虚拟路由器的责任动态分配到VRRP组中的某一台路由器上。控制虚拟路由器IP地址的VRRP路由器称为主路由器，它负责转发数据包到这些虚拟IP地址。一旦主路由器不可用，这种选择过程就提供了动态的故障转移机制，这就允许虚拟路由器的IP地址可以作为终端主机的默认第一跳路由器。

VRRP是一种路由容错协议，也可以叫作备份路由协议。一个局域网络内的所有主机都设置缺省路由，当网内主机发出的目的地址不在本网段时，报文将被通过缺省路由发往外部路由器，从而实现主机与外部网络的通信。当缺省路由器down掉(即端口关闭)了之后，内部主机将无法与外部通信，如果路由器设置了VRRP，那么这时虚拟路由将启用备份路由器，从而实现全网通信。

5.5.2 VRRP中路由器的角色

在VRRP协议中，有两组重要的概念：VRRP路由器和虚拟路由器；主路由器和备份路由器。

1. VRRP路由器和虚拟路由器

VRRP路由器是指运行VRRP的路由器，是物理实体；虚拟路由器是按VRRP协议创建的路由器，只是一个逻辑概念。网段中的多个VRRP路由器以逻辑组的形式组合在一起协同工作，共同构成一台虚拟路由器(Virtual Router，VR)。该组使用虚拟ID进行定义，组中路由器的虚拟ID必须相同，且该虚拟ID不能再用于其他组。虚拟路由器对外表现为一个具有唯一固定的IP地址和MAC地址的逻辑路由器。

2. 主路由器和备份路由器

处于同一个VRRP组中的路由器具有两种互斥的角色：主路由器和备份路由器。一个VRRP组中有且只有一台处于主控角色的路由器，可以有一个或者多个处于备份角色的路由器。VRRP协议从路由器组中选出一台作为主路由器，负责ARP解析和转发IP数据包，组中的其他路由器作为备份的角色并处于待命状态，当某种原因主路由器发生故障时，其中的一台备份路由器能在极短的延时后升级为主控路由器。由于此切换非常迅速而且不用改变IP地址和MAC地址，故对终端使用者系统是透明的。

5.5.3 VRRP工作原理

VRRP工作流程如图5-9所示。物理路由器R1和R2为内部主机访问外网提供了2条路径，从而避免出现单点故障。当在路由器R1和R2上配置启动了VRRP协议后，将会形成一个逻辑的 VRRP 组，共同构成一台虚拟路由器，其 IP 地址可设置为 10.1.1.1，同时系统会自动生成一个虚拟 MAC 地址。

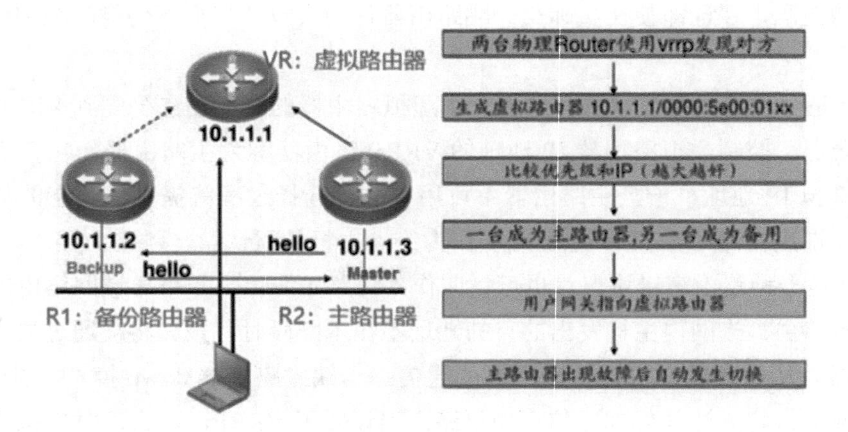

图 5-9 VRRP 工作原理

组中的两台物理路由器通过比较优先级和 IP 地址来确定主路由器，具有更高优先级的路由器将成为主路由器。在优先级相同的情况下，具有更大 IP 地址的路由器将成为主路由器，其它 VRRP 路由器成为备份路由器。本例中在未设置优先级的情况下，R2 具有更大 IP 地址因此成为主路由器 (Master)，R1 则成为备份路由器 (Backup)。主路由器 R2 以指定的时间间隔将 Hello 数据包广播发送给备份路由器。主路由器通过 Hello 数据包指示自己仍处于运行状态。

内部主机的网关地址应设置为虚拟路由器的 IP 地址：10.1.1.1，而实际上负责转发数据包的是主路由器 R2。

如图 5-10 所示，如果主路由器 R2 出现故障，则备份路由器 R1 将自动切换为主路由器，担当起 Master 角色。此时虽然负责转发的路由器发生了变化，但虚拟路由器的 MAC 地址和 IP 地址是保持不变的。这就意味着不需要更新任何路由表或 ARP 表，也不需要修改内部主机的网关地址，从而可以将设备故障的影响减至最低。

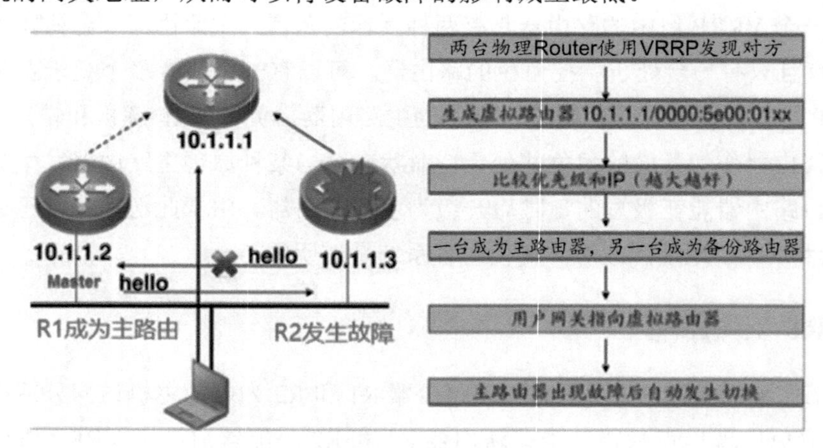

图 5-10 主路由器发生故障时的自动切换

5.6 实 训

本章实训的主要内容是利用西门子 SCALANCE XM408 第 3 层工业交换机实现复杂工业网络环境下的路由功能配置。具体包括配置本地 VLAN 间路由、静态路由、动态路由及 VRRP 虚拟路由冗余共 4 个实训项目。

实训目的

(1) 掌握在 SCALANCE XM408 上配置本地 VLAN 间路由的方法；

(2) 了解静态路由的特点，掌握在 SCALANCE XM408 上配置静态路由的方法；

(3) 理解 OSPF 路由协议的工作过程，掌握在 SCALANCE XM408 上配置 OSPF 协议的方法；

(4) 理解 VRRP 协议的工作过程，掌握在 SCALANCE XM408 上配置 VRRP 协议的方法。

实训准备

(1) 复习本章内容；

(2) 熟悉本地 VLAN 间路由的配置方法；

(3) 熟悉静态路由的基本概念及配置方法；

(4) 熟悉 OSPF 动态路由的基本概念及配置方法；

(5) 熟悉 VRRP 协议的基本概念及配置方法。

实训设备

(1) 1 台电脑：已安装博途和 PRONETA 软件；

(2) 1 台 SIMATIC S7-1200 PLC；

(3) 1 台 SIMATIC KTP700 HMI 面板；

(4) 2 台 SCALANCE XB208 第 2 层工业交换机；

(5) 2 台 SCALANCE XM408 第 3 层工业交换机；

(6) 网线若干。

本地 VLAN 间路由配置

5.6.1 本地 VLAN 间路由配置

按图 5-11 所示部署设备并连接构建网络拓扑，然后在两台 SCALANCE XB208 第 2 层交换机上完成 VLAN 基础配置，将 PLC 加入 VLAN10 中、将 HMI 加入 VLAN20 中，通过在第 3 层交换机 SCALANCE XM408 上配置路由功能，最终实现 PLC 和 HMI 两个不同 VLAN 设备间的通信。

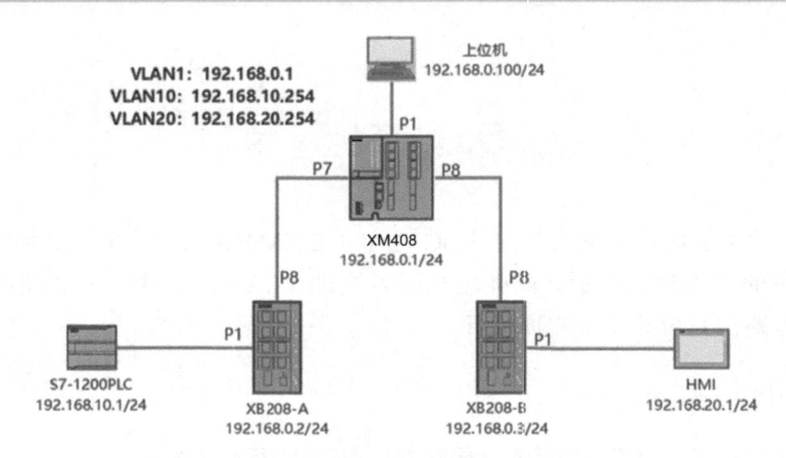

图 5-11　VLAN 间路由实验拓扑

1. VLAN 及 IP 规划

本实验所有设备的 VLAN 及 IP 地址规划如表 5-1 所示。

表 5-1　VLAN 及 IP 地址规划

设 备	端 口	VLAN	IP 地址	网 关
上位机		VLAN1	192.168.0.100	192.168.0.1
XM408	VLAN1（管理地址）		192.168.0.1	
	VLAN10		192.168.10.254	
	VLAN20		192.168.20.254	
	P1	VLAN1		
	P7	VLAN1(M) VLAN10(M)		
	P8	VLAN1(M) VLAN20(M)		
XB208-A	VLAN 1（管理地址）		192.168.0.2	192.168.0.1
	P1	VLAN10		
	P8	VLAN1(M) VLAN10(M)		
XB208-B	VLAN 1（管理地址）		192.168.0.3	192.168.0.1
	P1	VLAN20		
	P8	VLAN1(M) VLAN20(M)		
PLC		VLAN10	192.168.10.1	192.168.10.254
HMI		VLAN20	192.168.20.1	192.168.20.254

2. 第 2 层交换机 XB208-A 配置

步骤 1　使用 PRONETA 软件给交换机配置 IP 地址为 192.168.0.2，网关设置为 192.168.0.1。

步骤 2　通过浏览器访问交换机，在登录界面中输入用户名和密码，进入交换机管理和配置界面。

步骤 3　选择“Layer2”→VLAN，在 General 标签下创建 VLAN10；在 Port Based VLAN 标签下将 P0.1 端口加入 VLAN10 中，如图 5-12 所示。

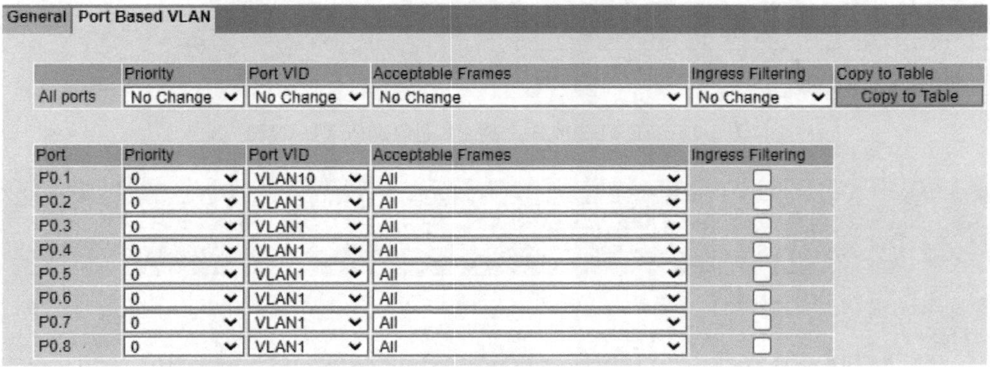

General | Port Based VLAN

	Priority	Port VID	Acceptable Frames	Ingress Filtering	Copy to Table
All ports	No Change	No Change	No Change	No Change	Copy to Table

Port	Priority	Port VID	Acceptable Frames	Ingress Filtering
P0.1	0	VLAN10	All	☐
P0.2	0	VLAN1	All	☐
P0.3	0	VLAN1	All	☐
P0.4	0	VLAN1	All	☐
P0.5	0	VLAN1	All	☐
P0.6	0	VLAN1	All	☐
P0.7	0	VLAN1	All	☐
P0.8	0	VLAN1	All	☐

图 5-12　在 XB208-A 上将 P1 端口加入 VLAN10

步骤 4　在 General 标签页面下将 P8 端口设置为 VLAN1 和 VLAN10 的端口，标记为 M，P1 端口设置为 VLAN10 的端口，标记为 U，结果如图 5-13 所示。

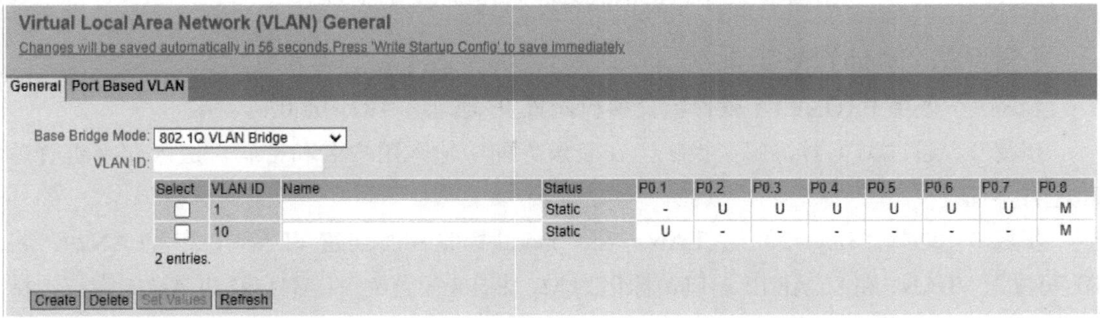

Virtual Local Area Network (VLAN) General

Changes will be saved automatically in 56 seconds.Press 'Write Startup Config' to save immediately.

General | Port Based VLAN

Base Bridge Mode: 802.1Q VLAN Bridge

VLAN ID:

Select	VLAN ID	Name	Status	P0.1	P0.2	P0.3	P0.4	P0.5	P0.6	P0.7	P0.8
☐	1		Static	-	U	U	U	U	U	U	M
☐	10		Static	U	-	-	-	-	-	-	M

2 entries.

Create | Delete | Set Values | Refresh

图 5-13　在 XB208-A 上将 P8 端口设置为 M 标记

3. 第 2 层交换机 XB208-B 配置

步骤 1　使用 PRONETA 软件给交换机配置 IP 地址为 192.168.0.3，网关设置为 192.168.0.1。

步骤 2　通过浏览器访问交换机，在登录界面中输入用户名和密码，进入交换机管理和配置界面。

步骤 3　选择“Layer2”→VLAN，在 General 标签界面创建 VLAN20；在 Port Based VLAN 标签下将 P0.1 端口加入 VLAN20 中，如图 5-14 所示。

步骤 4　在 General 标签界面将 P8 端口设置为 VLAN1 和 VLAN20 的端口，标记为 M，P1 端口设置为 VLAN20 的端口，标记为 U，结果如图 5-15 所示。

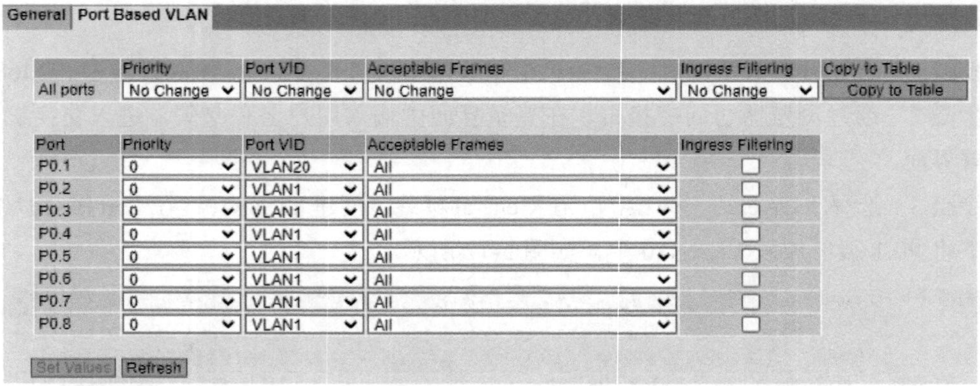

General | Port Based VLAN

	Priority	Port VID	Acceptable Frames	Ingress Filtering	Copy to Table
All ports	No Change	No Change	No Change	No Change	Copy to Table

Port	Priority	Port VID	Acceptable Frames	Ingress Filtering
P0.1	0	VLAN20	All	☐
P0.2	0	VLAN1	All	☐
P0.3	0	VLAN1	All	☐
P0.4	0	VLAN1	All	☐
P0.5	0	VLAN1	All	☐
P0.6	0	VLAN1	All	☐
P0.7	0	VLAN1	All	☐
P0.8	0	VLAN1	All	☐

Set Values | Refresh

图 5-14　在 XB208-B 上将 P1 端口加入 VLAN20

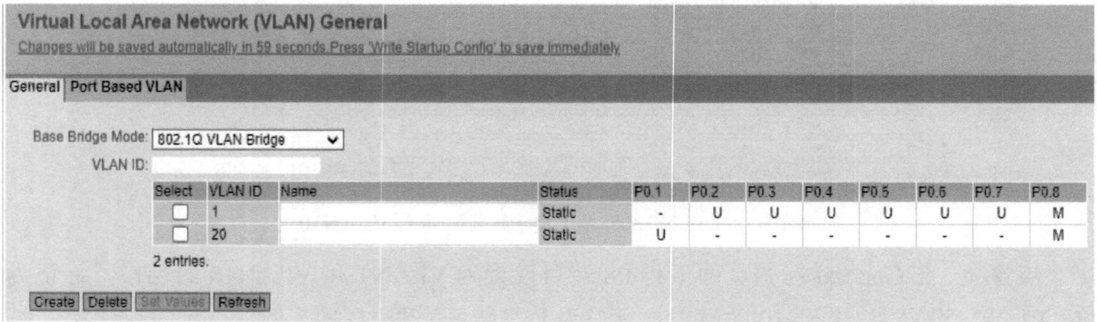

Virtual Local Area Network (VLAN) General

Changes will be saved automatically in 59 seconds.Press 'Write Startup Config' to save immediately

General | Port Based VLAN

Base Bridge Mode: 802.1Q VLAN Bridge

VLAN ID:

Select	VLAN ID	Name	Status	P0.1	P0.2	P0.3	P0.4	P0.5	P0.6	P0.7	P0.8
☐	1		Static	-	U	U	U	U	U	U	M
☐	20		Static	U	-	-	-	-	-	-	M

2 entries.

Create | Delete | Set Values | Refresh

图 5-15　在 XB208-B 上将 P8 端口设置为 M 标记

4. 第 3 层交换机 XM408 配置

步骤 1　使用 PRONETA 软件给交换机配置 IP 地址为 192.168.0.1。

步骤 2　通过浏览器访问交换机，在登录界面中输入用户名和密码，进入交换机管理和配置界面。

步骤 3　选择“Layer2”→VLAN，在 General 标签界面创建 VLAN10 和 VLAN20，将 P7 配置为 VLAN1 和 VLAN10 端口，标记为 M；将 P8 配置为 VLAN1 和 VLAN20 端口，标记为 M，结果如图 5-16 所示。

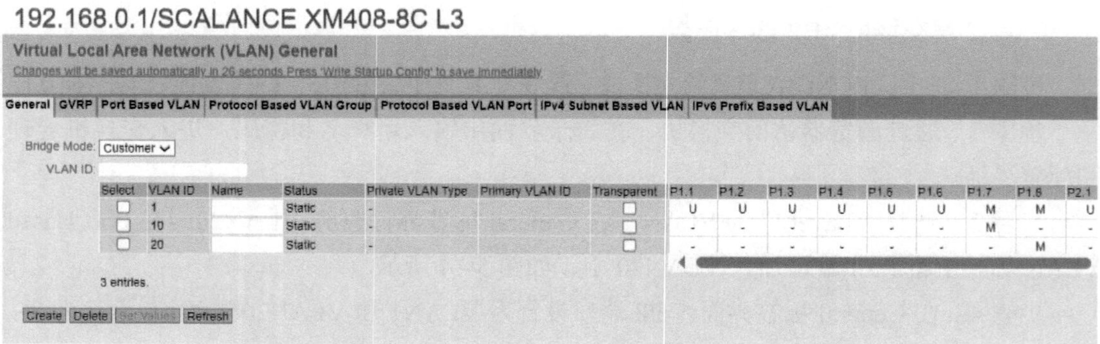

192.168.0.1/SCALANCE XM408-8C L3

Virtual Local Area Network (VLAN) General

Changes will be saved automatically in 26 seconds.Press 'Write Startup Config' to save immediately

General | GVRP | Port Based VLAN | Protocol Based VLAN Group | Protocol Based VLAN Port | IPv4 Subnet Based VLAN | IPv6 Prefix Based VLAN

Bridge Mode: Customer

VLAN ID:

Select	VLAN ID	Name	Status	Private VLAN Type	Primary VLAN ID	Transparent	P1.1	P1.2	P1.3	P1.4	P1.5	P1.6	P1.7	P1.8	P2.1
☐	1		Static	-		☐	U	U	U	U	U	U	M	M	U
☐	10		Static	-		☐	-	-	-	-	-	-	M	-	-
☐	20		Static	-		☐	-	-	-	-	-	-	-	M	-

3 entries.

Create | Delete | Set Values | Refresh

图 5-16　在 XM408 上创建 VLAN 并设置 M 标记

步骤4 启用路由功能。在项目树选择“Layer 3”→Configuration，勾选Routing项前的复选框，并单击Set Values按钮，如图5-17所示。

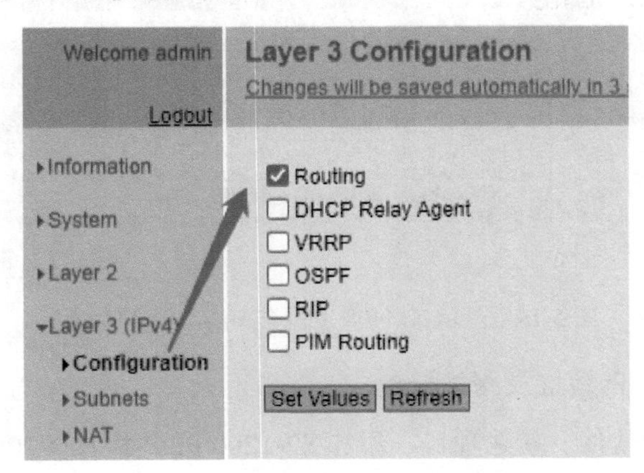

图5-17 在XM408上启动路由功能

步骤5 为每一个VLAN创建VLAN接口。在项目树选择“Layer 3”→Subnets，在Overview标签的Interface下拉列表中选择VLAN10，然后单击Create按钮添加VLAN10接口；在Interface下拉列表中选择VLAN20，然后单击Create按钮添加VLAN20接口。

步骤6 为每一个VLAN接口配置IP地址。选中表格中Interface的VLAN10，进入Configuration标签界面，在此页面下输入IP Address为192.168.10.254，输入Subnet Mask为255.255.255.0，最后单击Set Values按钮。用同样的方法为VLAN20配置子网地址为192.168.20.254，如图5-18所示。

（编者注：图中vlan应大写，后面图vlan、plc、hmi也应大写，这是软件造成的。）

(a) VLAN10

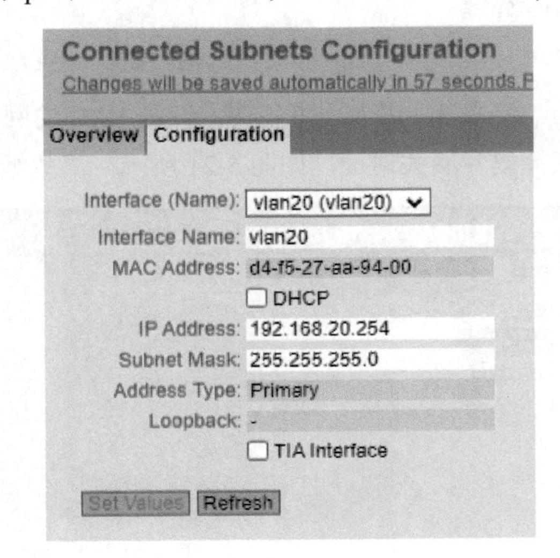

(b) VLAN20

图5-18 在XM408上为VLAN10和VLAN20设置子网地址

为两个VLAN子网配置IP地址后，在Overview标签界面会显示当前设备上的所有路由接口信息，如图5-19所示。

Connected Subnets Overview

Saving configuration data in progress. Please do not switch off the device.

Overview Configuration

Interface: VLAN1

Loopback

Select	Interface	TIA Interface	Interface Name	MAC Address	IP Address	Subnet Mask	Address Type	IP Assgn. Method	Address Collision Detection Status	Loopback
	Out-Band	-	eth0	d4-f5-27-aa-94-3d	0.0.0.0	0.0.0.0	Primary	Static	Not supported	-
	vlan1	yes	vlan1	d4-f5-27-aa-94-00	192.168.0.1	255.255.255.0	Primary	Static	Active	-
☐	vlan10	-	vlan10	d4-f5-27-aa-94-00	192.168.10.254	255.255.255.0	Primary	Static	Active	-
☐	vlan20	-	vlan20	d4-f5-27-aa-94-00	192.168.20.254	255.255.255.0	Primary	Static	Active	-

4 entries.

图 5-19　显示 XM408 上所有 VLAN 接口信息

5. PLC 和 HMI 的 IP 地址及网关配置

步骤 1　启动博途软件→新建项目，添加 S7-1200 PLC 和 KTP700 HMI 设备。

步骤 2　进入网络视图，双击 PLC 的网络接口，在属性界面为 PLC 配置 IP 地址、子网掩码和网关地址，如图 5-20 所示。下载组态到 PLC 中。

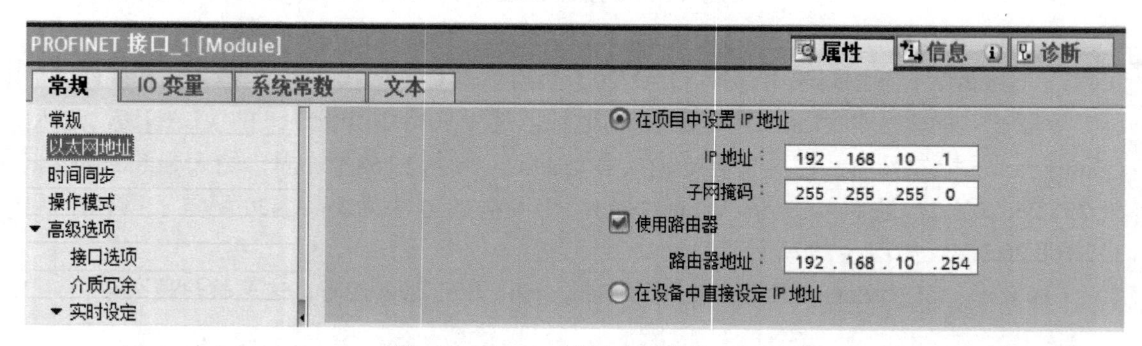

图 5-20　为 PLC 设置 IP 地址和网关

步骤 3　进入网络视图，双击 HMI 的网络接口，在属性界面为 HMI 配置 IP 地址、子网掩码和网关地址，如图 5-21 所示。下载组态到 HMI 中。

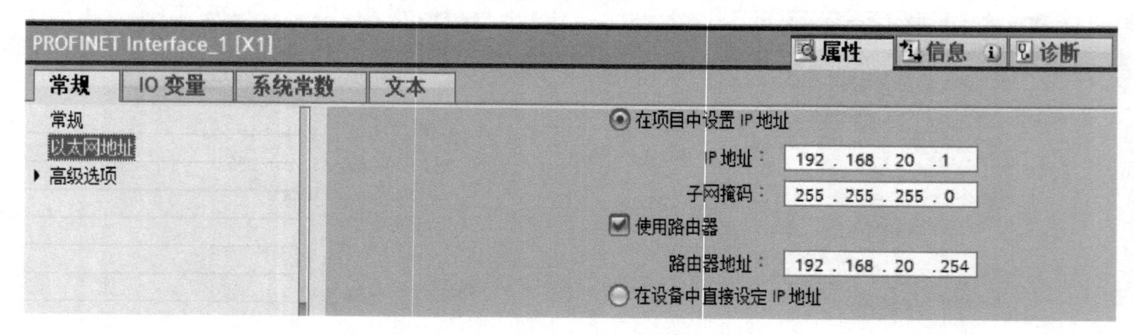

图 5-21　为 HMI 设置 IP 地址和网关

6. 通信测试

步骤 1　使用 ping 命令测试上位机和 PLC 之间的连通性，结果如图 5-22 所示。

步骤 2　使用 ping 命令测试上位机和 HMI 之间的连通性，结果如图 5-23 所示。

```
C:\Users\fengj>ping 192.168.10.1

正在 Ping 192.168.10.1 具有 32 字节的数据:
来自 192.168.10.1 的回复: 字节=32 时间=2ms TTL=254
来自 192.168.10.1 的回复: 字节=32 时间=2ms TTL=254
来自 192.168.10.1 的回复: 字节=32 时间=2ms TTL=254
来自 192.168.10.1 的回复: 字节=32 时间=2ms TTL=254

192.168.10.1 的 Ping 统计信息:
    数据包: 已发送 = 4, 已接收 = 4, 丢失 = 0 (0% 丢失),
往返行程的估计时间(以毫秒为单位):
    最短 = 2ms, 最长 = 2ms, 平均 = 2ms

C:\Users\fengj>
```

图 5-22　使用 ping 命令测试上位机和 PLC 之间的连通性

```
C:\Users\fengj>ping 192.168.20.1

正在 Ping 192.168.20.1 具有 32 字节的数据:
来自 192.168.20.1 的回复: 字节=32 时间<1ms TTL=127
来自 192.168.20.1 的回复: 字节=32 时间<1ms TTL=127
来自 192.168.20.1 的回复: 字节=32 时间<1ms TTL=127
来自 192.168.20.1 的回复: 字节=32 时间<1ms TTL=127

192.168.20.1 的 Ping 统计信息:
    数据包: 已发送 = 4, 已接收 = 4, 丢失 = 0 (0% 丢失),
往返行程的估计时间(以毫秒为单位):
    最短 = 0ms, 最长 = 0ms, 平均 = 0ms

C:\Users\fengj>
```

图 5-23　使用 ping 命令测试上位机和 HMI 之间的连通性

测试结果表明，VLAN1、VLAN10、VLAN20 的设备之间都能 PING 通，说明第 3 层交换机 VLAN 间路由配置成功。

静态路由配置

5.6.2　静态路由配置

利用工业以太网线缆，按照图 5-24 所示的网络逻辑拓扑图将 2 台 SCALANCE XM408 第 3 层交换机、1 台 S7-1200 PLC 和上位机连接起来。第 1 个 SCALANCE XM408 的 P4 端口与 S7-1200 PLC 的以太网端口相连、P5 端口与第 2 个 SCALANCE XM408 的 P1 端口相连，第 2 个 SCALANCE XM408 的 P8 端口与上位机相连。为每一台设备配置所属网络的 IP 地址，通过在 2 台 SCALANCE XM408 上配置静态路由实现 PLC 和上位机之间的通信。

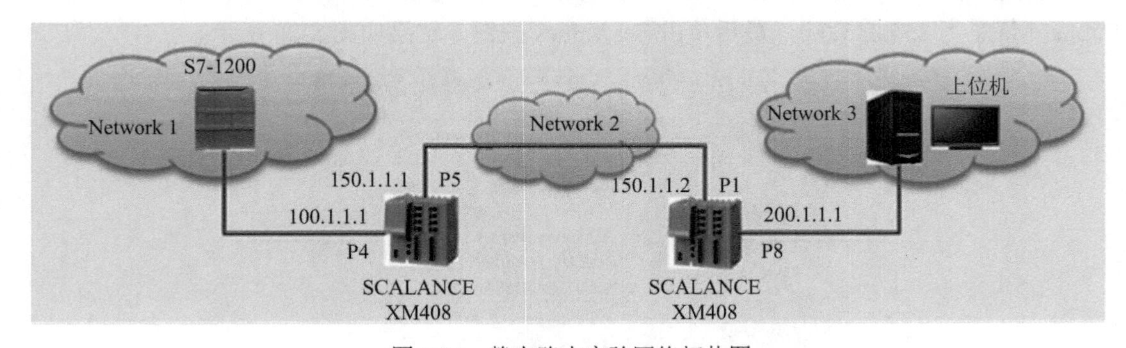

图 5-24　静态路由实验网络拓扑图

1. VLAN 及 IP 地址规划

(1) 通过 PRONETA 设置第 1 个 SCALANCE XM408 的 IP 地址，为 192.168.0.11；

(2) 通过 PRONETA 设置第 2 个 SCALANCE XM408 的 IP 地址，为 192.168.0.12；

(3) Network 1 的 IP 网段为 100.1.0.0/16，网关 IP 地址为 100.1.1.1，属于 VLAN100；

(4) Network 2 的 IP 网段为 150.1.0.0/16，连接第 1 个 SCALANCE XM408 的网关 IP 地址为 150.1.1.1，连接第 2 个 SCALANCE XM408 的网关 IP 地址为 150.1.1.2，属于 VLAN150；

(5) Network 3 的 IP 网段为 200.1.1.0/24，网关 IP 地址为 200.1.1.1，属于 VLAN200。

2. 第 1 个 SCALANCE XM408 交换机配置

步骤 1　使用 PRONETA 软件给交换机配置 IP 地址为 192.168.0.11。

步骤 2　通过浏览器访问交换机，在登录界面中输入用户名和密码，进入交换机管理和配置界面。

步骤 3　创建 VLAN。在项目树“Layer 2”下选中 VLAN。按照组态要求给对应的端口添加 VLAN100 和 VLAN150，结果如图 5-25 所示。

General | GVRP | Port Based VLAN | Protocol Based VLAN Group | Protocol Based VLAN Port | Ipv4 Subnet Based VLAN

VLAN ID:

Select	VLAN ID	Name	Status	P1.1	P1.2	P1.3	P1.4	P1.5	P1.6	P1.7	P1.8
☐	1		Static	U	U	U	-	-	-	U	U
☐	100		Static	-	-	-	U	-	-	-	-
☐	150		Static	-	-	-	-	U	-	-	-

3 entries.

Create | Delete | Set Values | Refresh

图 5-25　为对应的端口添加 VLAN100 和 VLAN150

步骤 4　启用路由功能。在项目树选择“Layer 3”→Configuration，勾选 Routing 项前的复选框，并单击 Set Values 按钮保存配置。

步骤 5　分配 IP 给对应的 VLAN。

在项目树选择“Layer 3”→Subnets，在 Overview 标签的 Interface 下拉列表中选择 VLAN100，然后单击 Create 按钮，将添加 VLAN100 接口。进入 Configuration 标签页面，选中表格中 interface 下的 VLAN100，在此页面下输入 IP Address 为 100.1.1.1，输入 Subnet Mask 为 255.255.0.0，最后单击 Set Values 按钮，结果如图 5-26 所示。

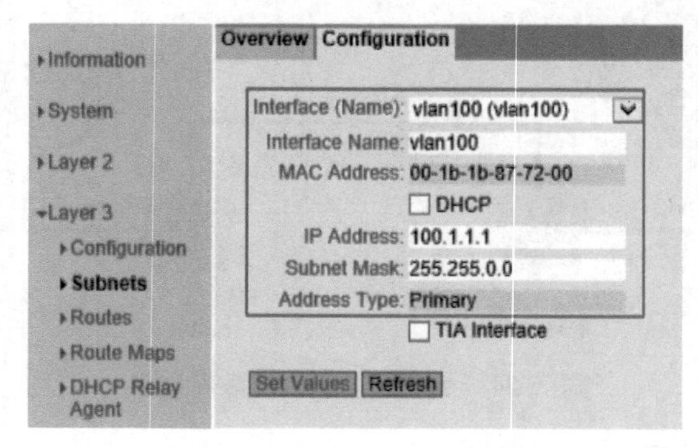

图 5-26　为 VLAN100 分配 IP 地址

同理为 VLAN150 分配接口 IP 为 150.1.1.1。为 VLAN100 和 VLAN150 分配完 IP 后的

结果如图 5-27 所示。

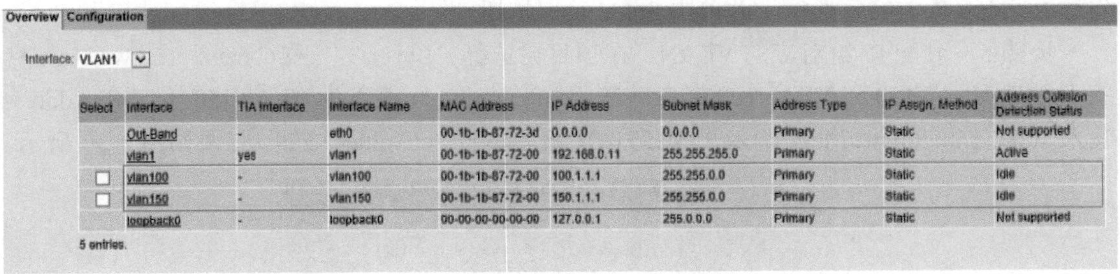

Overview | Configuration

Interface: VLAN1

Select	Interface	TIA Interface	Interface Name	MAC Address	IP Address	Subnet Mask	Address Type	IP Assgn. Method	Address Collision Detection Status
	Out-Band	-	eth0	00-1b-1b-87-72-3d	0.0.0.0	0.0.0.0	Primary	Static	Not supported
	vlan1	yes	vlan1	00-1b-1b-87-72-00	192.168.0.11	255.255.255.0	Primary	Static	Active
☐	vlan100	-	vlan100	00-1b-1b-87-72-00	100.1.1.1	255.255.0.0	Primary	Static	Idle
☐	vlan150	-	vlan150	00-1b-1b-87-72-00	150.1.1.1	255.255.0.0	Primary	Static	Idle
	loopback0	-	loopback0	00-00-00-00-00-00	127.0.0.1	255.0.0.0	Primary	Static	Not supported

5 entries.

图 5-27　为 VLAN100 和 VLAN150 分配 IP 后的结果

步骤 6　添加静态路由。在项目树选择“Layer 3”→Static Routes，在 Destination Network 输入 200.1.1.0，在 Subnet Mask 输入 255.255.255.0，在 Gateway 输入 150.1.1.2，然后单击 Create 按钮，如图 5-28 所示。

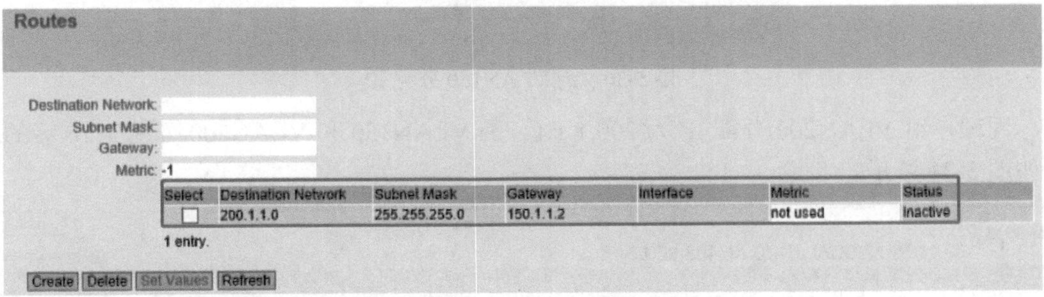

Routes

Destination Network:
Subnet Mask:
Gateway:
Metric: -1

Select	Destination Network	Subnet Mask	Gateway	Interface	Metric	Status
☐	200.1.1.0	255.255.255.0	150.1.1.2		not used	Inactive

1 entry.

Create | Delete | Set Values | Refresh

图 5-28　添加到 200.1.0.0 网段的静态路由

该条路由表示从 100.1.0.0 网段到达 200.1.1.0 网段要经过 150.1.1.2 网关，网关地址就是所连接的对端第 3 层交换机的入接口地址。

3. 第 2 个 SCALANCE XM408 交换机配置

步骤 1　使用 PRONETA 软件给交换机配置 IP 地址为 192.168.0.12。

步骤 2　通过浏览器访问交换机，在登录界面中输入用户名和密码，进入交换机管理和配置界面。

步骤 3　创建 VLAN150 和 VLAN200，按照组态要求给对应的端口添加 VLAN，结果如图 5-29 所示。

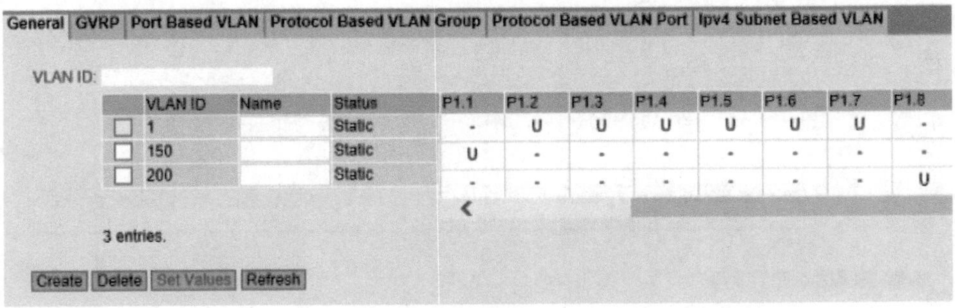

General | GVRP | Port Based VLAN | Protocol Based VLAN Group | Protocol Based VLAN Port | Ipv4 Subnet Based VLAN

VLAN ID:

Select	VLAN ID	Name	Status	P1.1	P1.2	P1.3	P1.4	P1.5	P1.6	P1.7	P1.8
☐	1		Static	-	U	U	U	U	U	U	-
☐	150		Static	U	-	-	-	-	-	-	-
☐	200		Static	-	-	-	-	-	-	-	U

3 entries.

Create | Delete | Set Values | Refresh

图 5-29　为对应的端口添加 VLAN150 和 VLAN200

步骤 4 和第 1 个交换机一样需要启用路由功能。在项目树选择"Layer 3"→Configuration，勾选 Routing 项前的复选框，并单击 Set Values 按钮。

步骤 5 分配 IP 给对应的 VLAN。在项目树选择"Layer 3"→Subnets，在 Overview 标签下创建 VLAN150 和 VLAN200 接口。在 Configuration 标签下为 VLAN150 接口 IP Address 输入 150.1.1.2，Subnet Mask 输入 255.255.0.0，最后单击 Set Values 按钮，结果如图 5-30 所示。

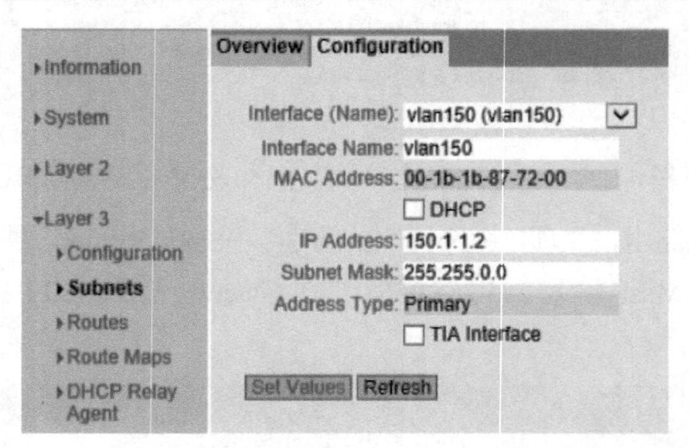

图 5-30 为 VLAN150 分配 IP

同理，给 VLAN200 分配 IP 为 200.1.1.1。为 VLAN150 和 VLAN200 分配完 IP 后的结果如图 5-31 所示。

SIEMENS
192.168.0.12/SCALANCE XM408-8C L3
English Go
01/01/2000 00:24:51
Welcome admin
Logout
Connected Subnets Overview
Information
System
Layer 2
Layer 3 (IPv4)
Configuration
Subnets
NAT
Static Routes
Route Maps
DHCP Relay Agent
Overview Configuration
Interface: VLAN1
Loopback

Select	Interface	TIA Interface	Status	Interface Name	MAC Address	IP Address	Subnet Mask	Address Type	IP Assgn. Method	Address Collision Detection Status	Loopback
	Out-Band	-	enabled	eth0	38-4b-24-be-81-3d	0.0.0.0	0.0.0.0	Primary	Static	Not supported	-
	vlan1	yes	enabled	vlan1	38-4b-24-be-81-00	192.168.0.12	255.255.255.0	Primary	Static	Active	-
☐	vlan150	-	enabled	vlan150	38-4b-24-be-81-00	150.1.1.2	255.255.0.0	Primary	Static	Idle	-
☐	vlan200	-	enabled	vlan200	38-4b-24-be-81-00	200.1.1.1	255.255.0.0	Primary	Static	Idle	-

4 entries.

图 5-31 为 VLAN150 和 VLAN200 分配 IP 后的结果

步骤 6 添加静态路由。在目录树选择"Layer 3"→Static Routes，在 Destination Network 中输入 100.1.0.0，Subnet Mask 中输入 255.255.0.0，Gateway 中输入 150.1.1.1，然后单击 Create 按钮，如图 5-32 所示。

Routes
Destination Network:
Subnet Mask:
Gateway:
Metric: -1

Select	Destination Network	Subnet Mask	Gateway	Interface	Metric	Status
☐	100.1.0.0	255.255.0.0	150.1.1.1		not used	inactive

1 entry.

Create Delete Set Values Refresh

图 5-32 添加到 100.1.0.0 网段的静态路由

该路由表示从 200.1.1.0 网段到达 100.1.0.0 网段要经过 150.1.1.1 网关，网关地址就是所连接的对端第 3 层交换机的接口地址。

从上述步骤可以看出，静态路由是需要双向配置的。既要配置从 network1 到 network3 的静态路由，又要反向配置从 network3 到 network1 的静态路由。

4. 为上位机和 S7-1200 PLC 配置 IP 地址和网关

步骤 1　将上位机的 IP 地址配置为 200.1.1.3，网关设置为 200.1.1.1，该地址是所连接的第 3 层交换机的接口地址。当要实现网间通信时必须设置网关。

步骤 2　在博途环境下将 S7-1200 PLC 的 IP 地址配置为 100.1.0.41，网关设置为 100.1.1.1，该地址是所连接的第 3 层交换机的接口地址。当要实现网间通信时必须设置网关。

5. 通信测试

步骤 1　使用 ping 命令测试上位机和 PLC 之间的连通性。在上位机的“命令提示符”下输入命令“ping 100.1.0.41”，结果如图 5-33 所示。测试结果表明：由处于 VLAN200 中的上位机发出的报文，能够通过路由转发到处于 VLAN100 中的 S7-1200 PLC 中。

```
C:\Users\zuzuzi>ping 100.1.0.41

正在 Ping 100.1.0.41 具有 32 字节的数据:
来自 100.1.0.41 的回复: 字节=32 时间=11ms TTL=253
来自 100.1.0.41 的回复: 字节=32 时间=14ms TTL=253
来自 100.1.0.41 的回复: 字节=32 时间=2ms TTL=253
来自 100.1.0.41 的回复: 字节=32 时间=3ms TTL=253

100.1.0.41 的 Ping 统计信息:
    数据包: 已发送 = 4, 已接收 = 4, 丢失 = 0 (0% 丢失),
往返行程的估计时间(以毫秒为单位):
    最短 = 2ms, 最长 = 14ms, 平均 = 7ms
```

图 5-33　使用 ping 命令测试静态路由配置结果

步骤 2　使用 tracert 命令查看从上位机到 PLC 的报文转发路径。为了进一步验证与查看设置的静态路由所起的作用，在“命令提示符”环境中输入路由命令“tracert 100.1.0.41”，结果如图 5-34 所示。

```
C:\Users\zuzuzi>tracert 100.1.0.41

通过最多 30 个跃点跟踪到 100.1.0.41 的路由

  1     3 ms     2 ms     2 ms  200.1.1.1
  2     2 ms     2 ms     2 ms  150.1.1.1
  3    15 ms     2 ms     2 ms  100.1.0.41

跟踪完成。
```

图 5-34　使用 tracert 命令测试静态路由配置结果

由图 5-34 可以看出，报文首先到达第 2 个第 3 层交换机中的 200.1.1.1 网关，然后第 2 个第 3 层交换机查看静态路由表，发现要访问的 IP 地址处于 100.1.0.0 网络，因此把报文转发到第一个第3层交换机中的150.1.1.1网关。然后通过第一个SCALANCE XM408的内部路由把报文转发到100.1.1.1网关，进而到达VLAN100中目标主机，即IP地址为100.1.0.41的S7-1200 PLC。

OSPF动态路由

5.6.3 OSPF动态路由配置

OSPF动态路由的实验拓扑如图5-35所示，网络拓扑区域划分为：Network1在Area1中；Network2在Area0中；Network3在Area2中。Network1中的上位机与交换机SCALANCEXM408(A)的P1端口连接；Network2分别与SCALANCEXM408(A)和SCALANCEXM408(B)的P8端口连接(此实验通过交换机SCALANCEXB208构成Network2)；Network3中的S7-1200(B)与交换机SCALANCEXM408(B)的P1端口连接。

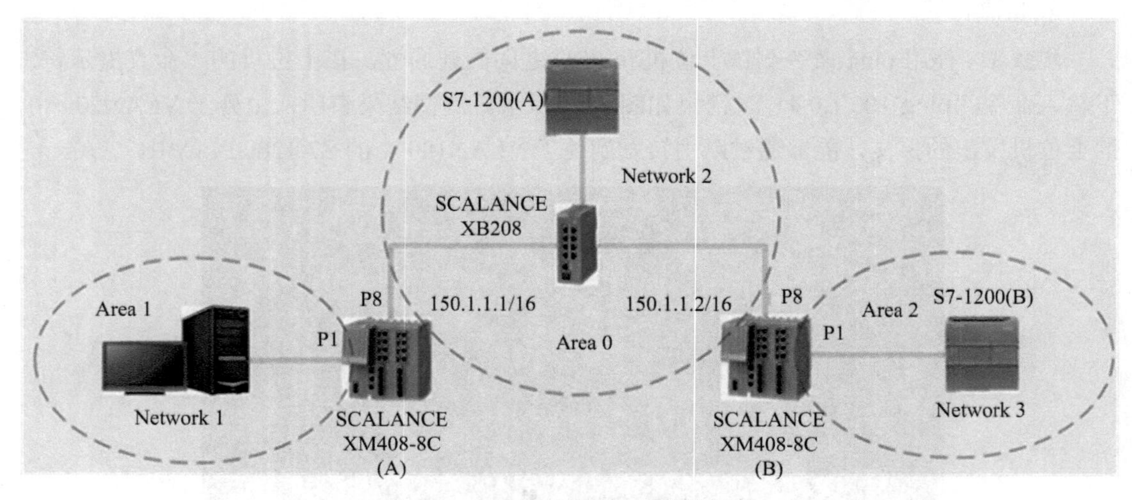

图5-35 OSPF动态路由的实验拓扑

在本实验中SCALANCE XB208第2层交换机只用于设备互连，不需要附加任何配置。通过在2台SCALANCE XM408上配置多区域OSPF动态路由实现三个网络中的PLC和上位机之间的通信。

1. VLAN及IP地址规划

(1) SCALANCE XM408-8C(A)的IP地址为192.168.0.11/24；

(2) SCALANCE XM408-8C(B)的IP地址为192.168.0.12/24；

(3) Network1的IP网段为100.1.0.0/16，网关IP地址为100.1.1.1/16，属于VLAN100。上位机IP地址100.1.1.10/16。

(4) Network2的IP网段为150.1.0.0/16，连接SCALANCE XM408-8C(A)的网关IP地址为150.1.1.1/16，连接SCALANCE XM408-8C(B)的网关IP地址为150.1.1.2/16，属于VLAN150。

(5) Network3的IP网段为200.1.1.0/24，网关IP地址为200.1.1.1/24，属于VLAN200。S7 1200(B)的IP地址为200.1.1.20/24。

本实验OSPF网络的总体规划如表5-2所示。

表 5-2 OSPF 网络总体规划

设 备	IP 地 址	连接端口	OSPF 区域号
上位机	VLAN100：100.1.1.10/16	P1	1
SCALANCE XM408-8C(A)	管理 IP：192.168.0.11/24		
	VLAN100：100.1.1.1/16	P1	1
	VLAN150：150.1.1.1/16	P8	0
SCALANCE XM408-8C(B)	管理 IP：192.168.0.12/24		
	VLAN150：150.1.1.2/16	P8	0
	VLAN200：200.1.1.1/24	P1	2
S7-1200(B)	VLAN200：200.1.1.20/24	P1	2

2. 交换机 SCALANCE XM408-8C(A) 的配置

步骤 1 使用 PRONETA 软件给交换机配置 IP 地址为 192.168.0.11。

步骤 2 通过浏览器访问交换机，在登录界面中输入用户名和密码，进入交换机管理和配置界面。

步骤 3 创建 VLAN。在项目树“Layer 2”下选择 VLAN。按照组态要求给 VLAN100 和 VLAN150 对应的端口添加，结果如图 5-36 所示。

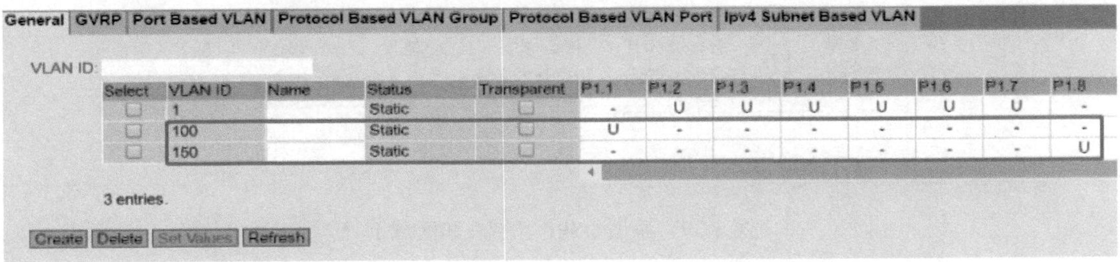

General | GVRP | Port Based VLAN | Protocol Based VLAN Group | Protocol Based VLAN Port | Ipv4 Subnet Based VLAN

VLAN ID:

Select	VLAN ID	Name	Status	Transparent	P1.1	P1.2	P1.3	P1.4	P1.5	P1.6	P1.7	P1.8
☐	1		Static	☐	-	U	U	U	U	U	U	-
☐	100		Static	☐	U	-	-	-	-	-	-	-
☐	150		Static	☐	-	-	-	-	-	-	-	U

3 entries.

Create | Delete | Set Values | Refresh

图 5-36 在 SCALANCE XM408-8C(A) 上添加 VLAN100 和 VLAN150

步骤 4 创建 VLAN 接口。给 VLAN100 和 VLAN150 分别增加 100.1.1.1/16 和 150.1.1.1/16 的接口地址，配置结果如图 5-37 所示。

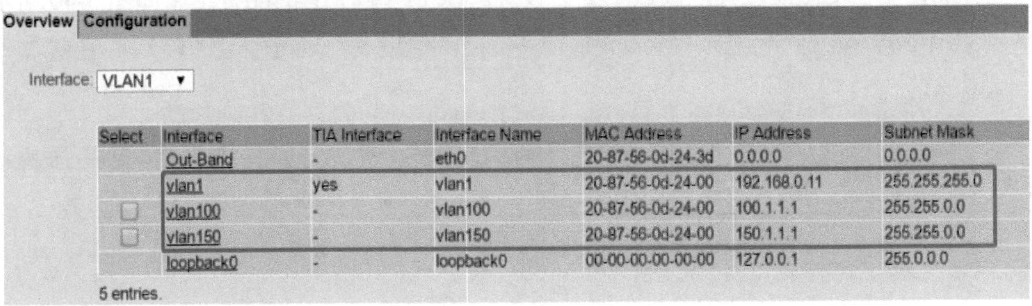

Overview | Configuration

Interface: VLAN1

Select	Interface	TIA Interface	Interface Name	MAC Address	IP Address	Subnet Mask
	Out-Band	-	eth0	20-87-56-0d-24-3d	0.0.0.0	0.0.0.0
	vlan1	yes	vlan1	20-87-56-0d-24-00	192.168.0.11	255.255.255.0
☐	vlan100	-	vlan100	20-87-56-0d-24-00	100.1.1.1	255.255.0.0
☐	vlan150	-	vlan150	20-87-56-0d-24-00	150.1.1.1	255.255.0.0
	loopback0	-	loopback0	00-00-00-00-00-00	127.0.0.1	255.0.0.0

5 entries.

图 5-37 在 SCALANCE XM408-8C(A) 上为 VLAN100 和 VLAN150 分配接口 IP

步骤 5 启动 OSPF。在项目树“Layer 3”下选择“OSPFv2”,在 Configuration 标签下，勾选“OSPFv2”项前的复选框，输入 Router ID 为当前交换机的 IP 地址 192.168.0.11，如

图 5-38 所示。单击 Set Values 按钮，保存设置结果。

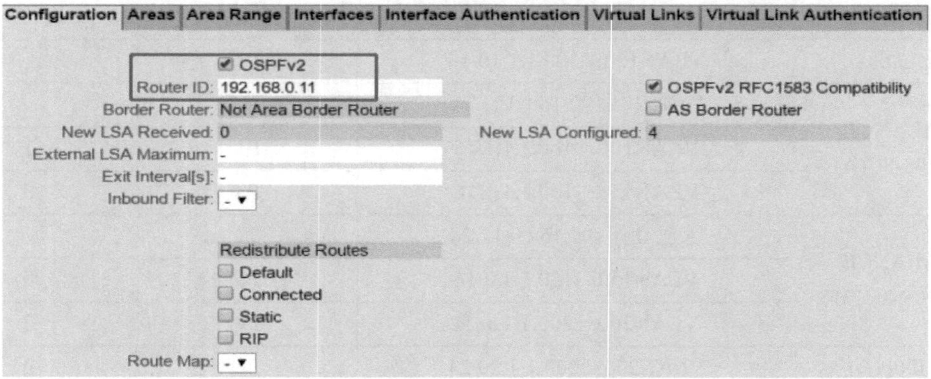

图 5-38 在 SCALANCE XM408-8C(A) 上启动 OSPFv2 并输入 Router ID

步骤 6 添加 OSPF 区域。在 Areas 标签下，根据 OSPF 动态路由网络拓扑添加交换机 SCALANCE XM408-8C(A) 相连接的两个区域 Area0 和 Area1。Area0 是 backbone 骨干区域，其 Area ID 为 0.0.0.0。Area1 是 Norma 常规区域，其 Area ID 设置为 0.0.0.1，单击 Create，配置结果如图 5-39 所示。

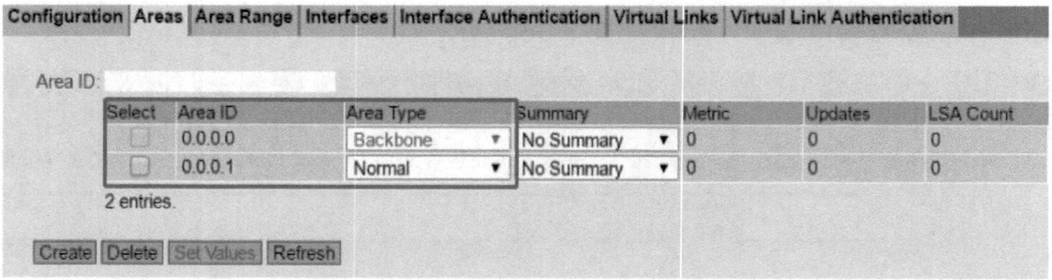

图 5-39 添加 OSPF 区域 0 和区域 1

步骤 7 添加 OSPF 路由接口。在 Interfaces 标签下，添加 OSPF 路由接口，IP 子网与相应的 Area ID 相对应。在 IP Address 下拉列表中选择 100.1.1.1，在 Area ID 下拉列表中选择 0.0.0.1，单击 Create；在 IP Address 下拉列表中选择 150.1.1.1，在 Area ID 下拉列表中选择 0.0.0.0，单击 Create，其他参数不必去设置。OSPF 接口 IP 的配置结果如图 5-40 所示。

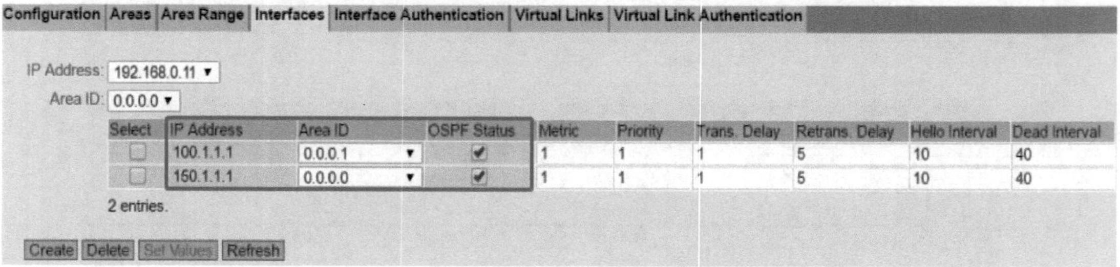

图 5-40 添加 OSPF 区域 0 和区域 1 接口 IP

3. 交换机 SCALANCE XM408-8C(B) 的配置

步骤 1 使用 PRONETA 软件给交换机配置 IP 地址为 192.168.0.12。

步骤 2　通过浏览器访问交换机，在登录界面中输入用户名和密码，进入交换机管理和配置界面。

步骤 3　创建 VLAN，在项目树“Layer 2”下选择 VLAN。按照组态要求给 VLAN150 和 VLAN200 对应的端口添加，如图 5-41 所示。

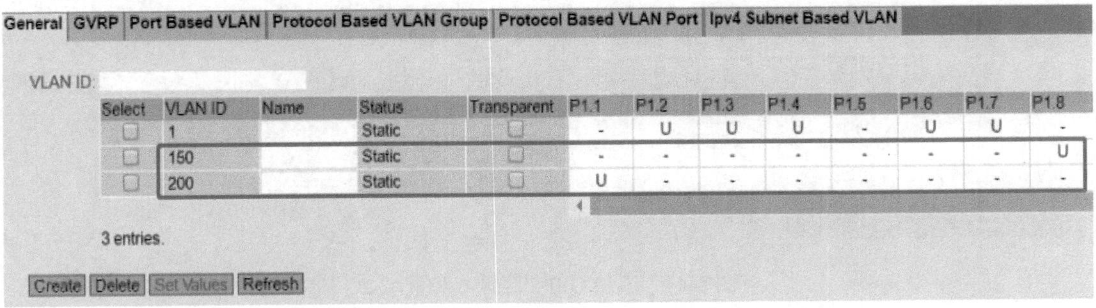

General | GVRP | Port Based VLAN | Protocol Based VLAN Group | Protocol Based VLAN Port | Ipv4 Subnet Based VLAN

VLAN ID:

Select	VLAN ID	Name	Status	Transparent	P1.1	P1.2	P1.3	P1.4	P1.5	P1.6	P1.7	P1.8
☐	1		Static	☐	-	U	U	U	-	U	U	-
☐	150		Static	☐	-	-	-	-	-	-	-	U
☐	200		Static	☐	U	-	-	-	-	-	-	-

3 entries.

Create　Delete　Set Values　Refresh

图 5-41　在 SCALANCE XM408-8C(B) 上添加 VLAN150 和 VLAN200

步骤 4　创建 VLAN 接口。给 VLAN200 和 VLAN150 分别增加 200.1.1.1/24 和 150.1.1.2/16 的接口地址，配置结果如图 5-42 所示。

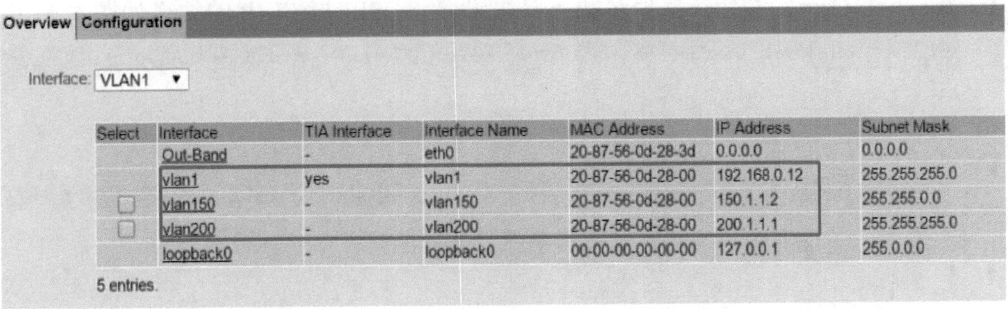

Overview | Configuration

Interface: VLAN1

Select	Interface	TIA Interface	Interface Name	MAC Address	IP Address	Subnet Mask
	Out-Band	-	eth0	20-87-56-0d-28-3d	0.0.0.0	0.0.0.0
	vlan1	yes	vlan1	20-87-56-0d-28-00	192.168.0.12	255.255.255.0
☐	vlan150	-	vlan150	20-87-56-0d-28-00	150.1.1.2	255.255.0.0
☐	vlan200	-	vlan200	20-87-56-0d-28-00	200.1.1.1	255.255.255.0
	loopback0	-	loopback0	00-00-00-00-00-00	127.0.0.1	255.0.0.0

5 entries.

图 5-42　在 SCALANCE XM408-8C(B) 上为 VLAN150 和 VLAN200 分配接口 IP

步骤 5　启动 OSPF，在 Router ID 输入 192.168.0.12，如图 5-43 所示。单击 Set Values 按钮，保存设置。

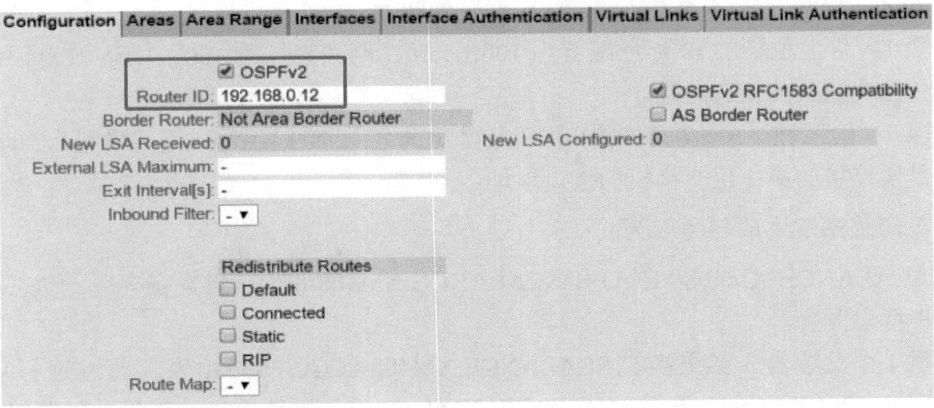

Configuration | Areas | Area Range | Interfaces | Interface Authentication | Virtual Links | Virtual Link Authentication

☑ OSPFv2
Router ID: 192.168.0.12
Border Router: Not Area Border Router
New LSA Received: 0
External LSA Maximum: -
Exit Interval[s]: -
Inbound Filter: -
☑ OSPFv2 RFC1583 Compatibility
☐ AS Border Router
New LSA Configured: 0
Redistribute Routes
☐ Default
☐ Connected
☐ Static
☐ RIP
Route Map: -

图 5-43　在 SCALANCE XM408-8C(B) 上启动 OSPFv2 并输入 Router ID

步骤 6　添加 OSPF 区域。在 Areas 标签下，添加两个区域，分别为骨干区和非骨干区。Backbone 区域为 Area0，Area ID 是 0.0.0.0；Normal 区域为 Area2，Area ID 是 0.0.0.2，如图 5-44 所示。

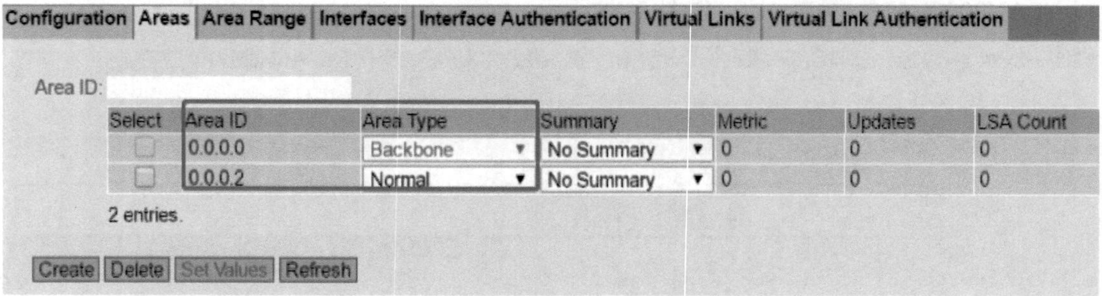

Configuration | Areas | Area Range | Interfaces | Interface Authentication | Virtual Links | Virtual Link Authentication

Area ID:

Select	Area ID	Area Type	Summary	Metric	Updates	LSA Count
	0.0.0.0	Backbone	No Summary	0	0	0
	0.0.0.2	Normal	No Summary	0	0	0

2 entries.

Create　Delete　Set Values　Refresh

图 5-44　添加 OSPF 区域 0 和区域 2

步骤 7　添加 OSPF 路由接口。在 Interfaces 标签下，添加 OSPF 路由接口，IP 子网与相应的 Area ID 相对应。在 IP Address 下拉列表中选择 200.1.1.1，在 Area ID 下拉列表中选择 0.0.0.2，单击 Create；在 IP Address 下拉列表中选择 150.1.1.2，在 Area ID 下拉列表中选择 0.0.0.0，单击 Create 按钮，其他参数不必去设置。OSPF 接口 IP 的结果如图 5-45 所示。

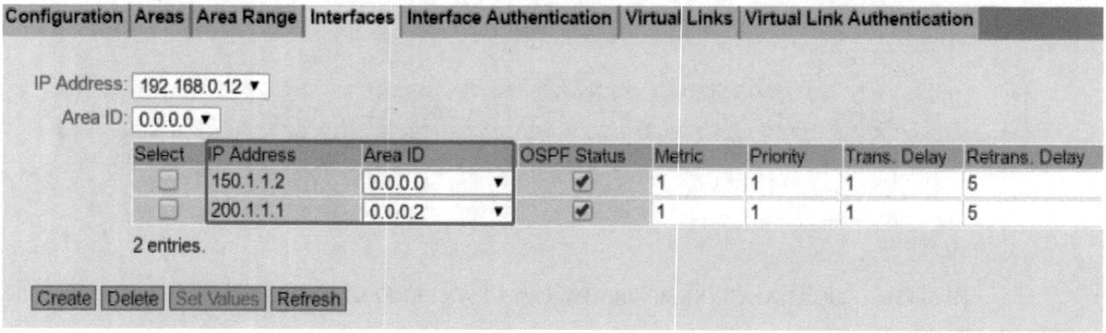

Configuration | Areas | Area Range | Interfaces | Interface Authentication | Virtual Links | Virtual Link Authentication

IP Address: 192.168.0.12

Area ID: 0.0.0.0

Select	IP Address	Area ID	OSPF Status	Metric	Priority	Trans. Delay	Retrans. Delay
	150.1.1.2	0.0.0.0	✔	1	1	1	5
	200.1.1.1	0.0.0.2	✔	1	1	1	5

2 entries.

Create　Delete　Set Values　Refresh

图 5-45　为区域 0 和区域 2 设置 OSPF 接口 IP

4. 为上位机和 S7-1200 PLC 配置 IP 地址和网关

步骤 1　将上位机的 IP 地址配置为 100.1.1.10，网关设置为 100.1.1.1。该地址是所连接的第 3 层交换机的接口地址。

步骤 2　给区域 2 中 S7-1200(B) PLC 配置 IP 地址为 200.1.1.20，网关设置为 200.1.1.1，该地址是所连接的第 3 层交换机的接口地址。

5. 动态路由表生成与通信测试

在 SCALANCE XM408-8C(A) 和 SCALANCE XM408-8C(B) 设置完毕后，动态路由协议 OSPF 将会生效。

步骤 1　查看第 3 层交换机 SCALANCE XM408-8C(A) 的路由表。通过选择项目树 Information→IPv4 Routing，查看 SCALANCE XM408-8C(A) 的路由表，如图 5-46 所示。由此可见，OSPF 增加的 OSPF 路由路径，从 100.1.0.0 子网到达 200.1.1.0 子网要经过 150.1.1.2 的

网关，该路径是由 OSPF 动态生成的。

Routing Table | OSPFv2 Interfaces | OSPFv2 Neighbors | OSPFv2 Virtual Neighbors | OSPFv2 LSDB | RIPv2 Statistics

Destination Network	Subnet Mask	Gateway	Interface	Metric	Routing Protocol
100.1.0.0	255.255.0.0	0.0.0.0	vlan100	0	connected
150.1.0.0	255.255.0.0	0.0.0.0	vlan150	0	connected
192.168.0.0	255.255.255.0	0.0.0.0	vlan1	0	connected
200.1.1.0	255.255.255.0	150.1.1.2	vlan150	2	OSPF

4 entries.

Refresh

图 5-46　查看 SCALANCE XM408-8C(A) 的路由表

步骤 2　查看第 3 层交换机 SCALANCE XM408-8C(B) 的路由表。通过选择项目树 Information→IPv4 Routing，查看 SCALANCE XM408-8C(B) 的路由表，如图 5-47 所示。由此可见 OSPF 增加的 OSPF 路由路径，从 200.1.1.0 子网到达 100.1.0.0 子网要经过 150.1.1.1 的网关，该路径是由 OSPF 动态生成的。

Routing Table | OSPFv2 Interfaces | OSPFv2 Neighbors | OSPFv2 Virtual Neighbors | OSPFv2 LSDB | RIPv2 Statistics

Destination Network	Subnet Mask	Gateway	Interface	Metric	Routing Protocol
100.1.0.0	255.255.0.0	150.1.1.1	vlan150	2	OSPF
150.1.0.0	255.255.0.0	0.0.0.0	vlan150	0	connected
192.168.0.0	255.255.255.0	0.0.0.0	vlan1	0	connected
192.168.10.0	255.255.255.0	0.0.0.0	vlan150	0	connected
192.168.100.0	255.255.255.0	0.0.0.0	vlan200	0	connected
200.1.1.0	255.255.255.0	0.0.0.0	vlan200	0	connected

6 entries.

Refresh

图 5-47　查看 SCALANCE XM408-8C(B) 的路由表

步骤 3　使用 ping 命令测试上位机和 S7-1200(B) PLC 之间的连通性，结果如图 5-48 所示。此时上位机和 S7-1200(B) PLC 可以相互 ping 通。

```
C:\Users\zuzuzi>ping 200.1.1.20

正在 Ping 200.1.1.20 具有 32 字节的数据:
来自 200.1.1.20 的回复: 字节=32 时间=1ms TTL=126
来自 200.1.1.20 的回复: 字节=32 时间=1ms TTL=126
来自 200.1.1.20 的回复: 字节=32 时间=1ms TTL=126
来自 200.1.1.20 的回复: 字节=32 时间=1ms TTL=126

200.1.1.20 的 Ping 统计信息:
    数据包: 已发送 = 4，已接收 = 4，丢失 = 0 (0% 丢失)，
往返行程的估计时间(以毫秒为单位):
    最短 = 1ms，最长 = 1ms，平均 = 1ms
```

图 5-48　使用 ping 命令测试 OSPF 路由结果

步骤 4　使用 tracert 命令查看从上位机到 S7-1200(B) PLC 的报文转发路径，利用 tracert 命令可以跟踪数据跳转，结果如图 5-49 所示。

```
C:\Users\zuzuzi>tracert 200.1.1.20

通过最多 30 个跃点跟踪
到 ZDPDLENOVO [200.1.1.20] 的路由:

  1     2 ms     2 ms     2 ms  100.1.1.1
  2     2 ms     2 ms     2 ms  150.1.1.2
  3     1 ms     1 ms     1 ms  ZDPDLENOVO [200.1.1.20]

跟踪完成。
```

图 5-49　使用 tracert 命令测试 OSPF 路由结果

步骤 5　在博途环境下监控变量。在博途软件项目树中，找到“CPU 1214C”并在其树状结构的子项中找到“PLC 变量”，在“PLC 变量”的子项中，双击打开“默认变量表”。在“默认变量表”中添加需要监视的 2 个 DI 变量，单击“全部监视”按钮。变量监视界面如图 5-50 所示。显示 tag_1 与 tag_2 对应变量值为 FALSE，与实际开关状态一致。

默认变量表

	名称	数据类型	地址	保持	在 H...	可从 ...	监视值
1	tag_1	Bool	%I0.0	☐	☑	☑	FALSE
2	tag_2	Bool	%I0.1	☐	☑	☑	FALSE
3	<添加>			☐	☑	☑	

图 5-50　在博途中创建并监视变量

现在修改 S7-1200(B) 的 DI 输入，即在 IO 操作面板上将与 S7-1200(B) 的两路 DI 输入对应的开关打开，此时博途变量监视界面中 tag_1 与 tag_2 对应变量值为 TRUE，如图 5-51 所示。

默认变量表

	名称	数据类型	地址	保持	在 H...	可从 ...	监视值
1	tag_1	Bool	%I0.0	☐	☑	☑	TRUE
2	tag_2	Bool	%I0.1	☐	☑	☑	TRUE
3	<添加>			☐	☑	☑	

图 5-51　通过 IO 操作面板控制变量值的改变

5.6.4　VRRP 虚拟路由冗余配置

VRRP 虚拟路由冗余配置

VRRP 虚拟路由冗余实验拓扑如图 5-52 所示，使用两台 SCALANCE XM408 第 3 层交换机构建冗余拓扑，通过配置 VRRP 协议形成虚拟路由器，让两台第 3 层交换机分别承担起主、备路由器的角色，保证两端 PC 间的可靠数据通信。二层交换机 XB208-A 和 XB208-B 仅用于网络连接，不需要做任何附加配置。

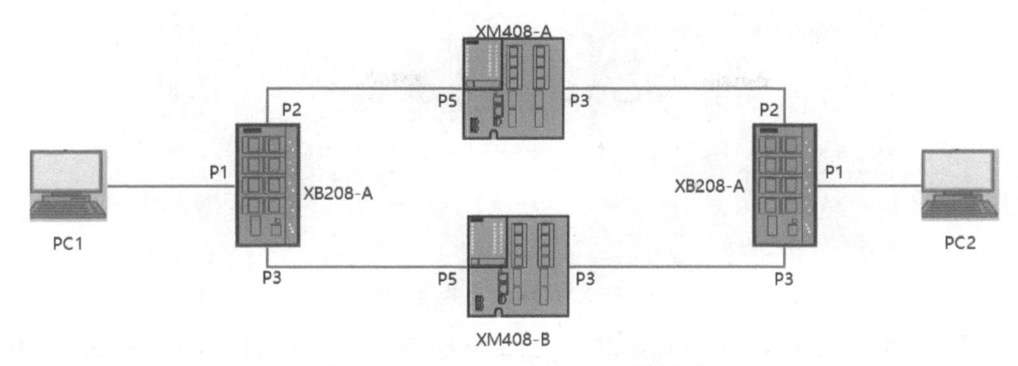

图 5-52　VRRP 虚拟路由冗余实验拓扑

1. VLAN 及 IP 地址规划

(1) 交换机 XM408-A 和 B 分配 VLAN：VLAN10(P3、P4)、VLAN20(P5、P6)；

(2) 交换机 XM408-A 的 VLAN1 接口 IP 地址是 192.168.0.61/24；

(3) 交换机 XM408-A 的 VLAN10 接口 IP 地址是 192.168.10.252/24；

(4) 交换机 XM408-A 的 VLAN20 接口 IP 地址是 192.168.20.252/24；

(5) 交换机 XM408-B 的 VLAN1 接口 IP 地址是 192.168.0.62/24；

(6) 交换机 XM408-B 的 VLAN10 接口 IP 地址是 192.168.10.253/24；

(7) 交换机 XM408-B 的 VLAN20 接口 IP 地址是 192.168.20.253/24；

(8) PC1 属于 VLAN20，其 IP 地址是 192.168.20.88/24，网关是 192.168.20.254；

(9) PC2 属于 VLAN10，其 IP 地址是 192.168.10.99/24，网关是 192.168.10.254。

2. VRRP 配置规划

在交换机 XM408-A 和 XM408-B 上针对配置 VRRP 协议，对每一个 VLAN 配置 VRRP 组来实现主机的网关冗余。具体配置参数如表 5-3 所示。

表 5-3　VRRP 配置参数

交换机	VLAN	VRRP 组号 (VRID)	优先级	虚拟路由器 IP
XM408- A	VLAN10	1	150	192.168.10.254
XM408- A	VLAN20	2	100	192.168.20.254
XM408- B	VLAN10	1	100	192.168.10.254
XM408- B	VLAN20	2	150	192.168.20.254

3. 交换机 XM408-A 配置

步骤 1　使用 PRONETA 软件给交换机配置 IP 地址为 192.168.0.61。

步骤 2　通过浏览器访问交换机，在登录界面中输入用户名和密码，进入交换机管理和配置界面。

步骤 3　禁用 STP 协议：XM408 交换机默认开启 Spanning Tree 协议，在项目树中选择 Layer2→Spanning Tree Protocol，如图 5-53 所示。去掉 Spanning Tree 复选框的勾选，并单击 Set Values 按钮使设置生效。

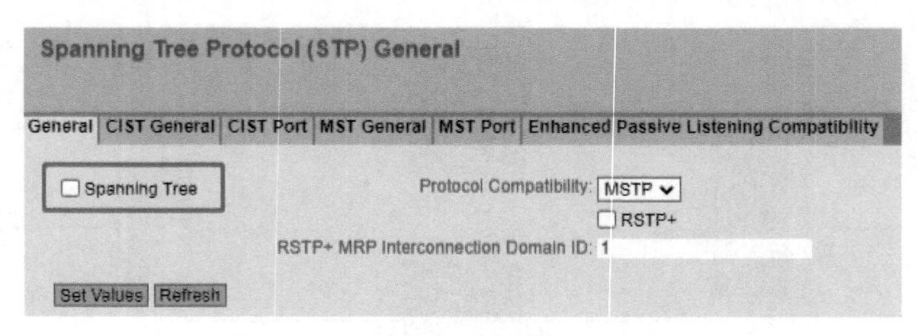

图 5-53　在 XM408-A 上禁用 STP 协议

步骤 4　添加 VLAN10 和 VLAN20，把 P3 和 P4 端口添加到 VLAN10，把 P5 和 P6 端口添加到 VLAN20，结果如图 5-54 所示。

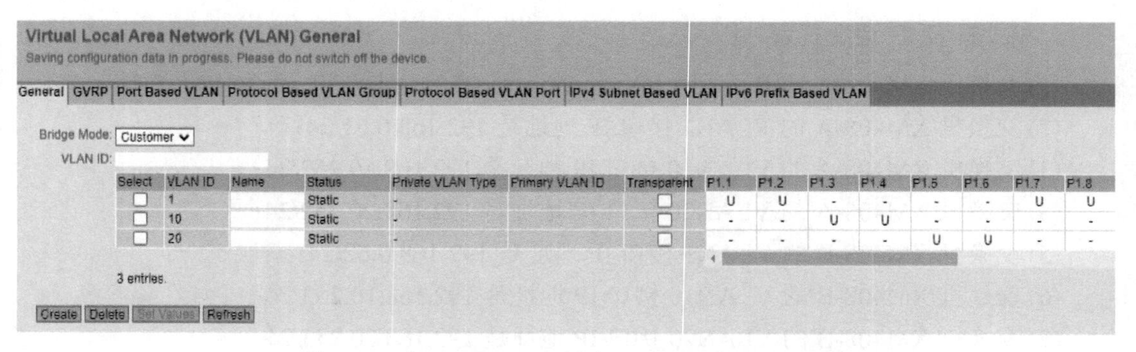

Select	VLAN ID	Name	Status	Private VLAN Type	Primary VLAN ID	Transparent	P1.1	P1.2	P1.3	P1.4	P1.5	P1.6	P1.7	P1.8
	1		Static	-			U	U	-	-	-	-	U	U
	10		Static	-			-	-	U	U	-	-	-	-
	20		Static	-			-	-	-	-	U	U	-	-

图 5-54　在 XM408-A 上创建 VLAN10 和 VLAN20

步骤 5　启用路由和 VRRP 功能。在项目树选择“Layer 3”→Configuration，勾选 Routing 和 VRRP 项前的复选框，并单击 Set Values 按钮，如图 5-55 所示。

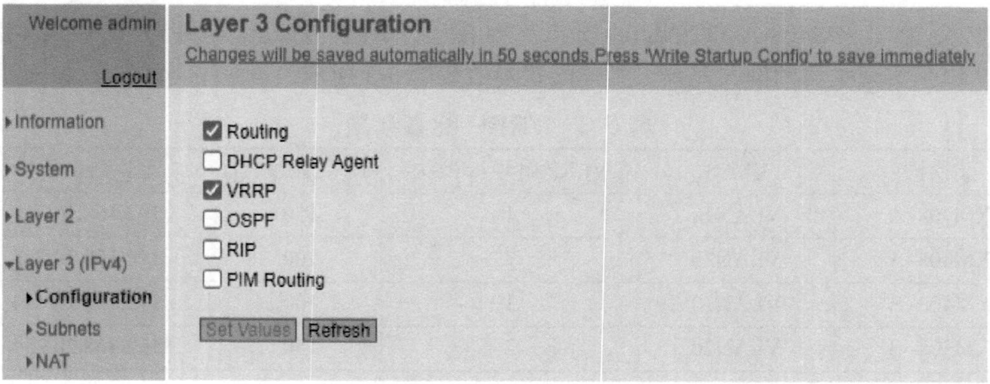

图 5-55　在 XM408-A 上启用路由和 VRRP 功能

步骤 6　为 VLAN10 和 VLAN20 分配子网地址，配置界面如图 5-56 所示。VLAN10 的子网地址为 192.168.10.252；VLAN20 的子网地址为 192.168.20.252。

步骤 7　为 VLAN10 和 VLAN20 创建两个 VRRP 虚拟路由器组。在项目树选择“Layer3”→VRRP，在 Router 标签下选择 VRRP 复选框，选择 Reply to pings on virtual interfaces 复选框，使得虚拟 IP 地址也会对 ping 请求做出响应，单击 Set Values 按钮保存设置。

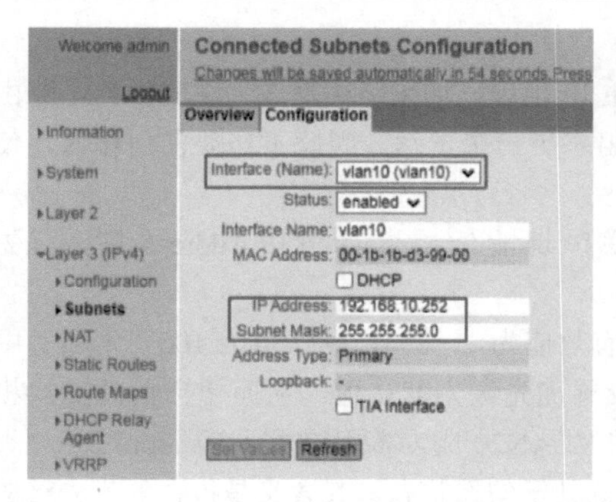

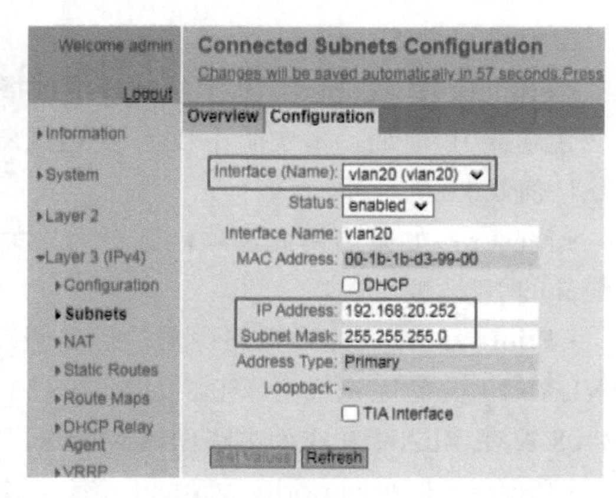

图 5-56　在 XM408-A 上为 VLAN10 和 VLAN20 分配子网地址

步骤 8　在 Interface 下拉列表中选择 VLAN10，VRID 输入 1，单击 Create 按钮完成创建；在 Interface 下拉列表中选择 VLAN20，VRID 输入 2，单击 Create 完成创建，结果如图 5-57 所示，并单击 Set Values 按钮保存设置。

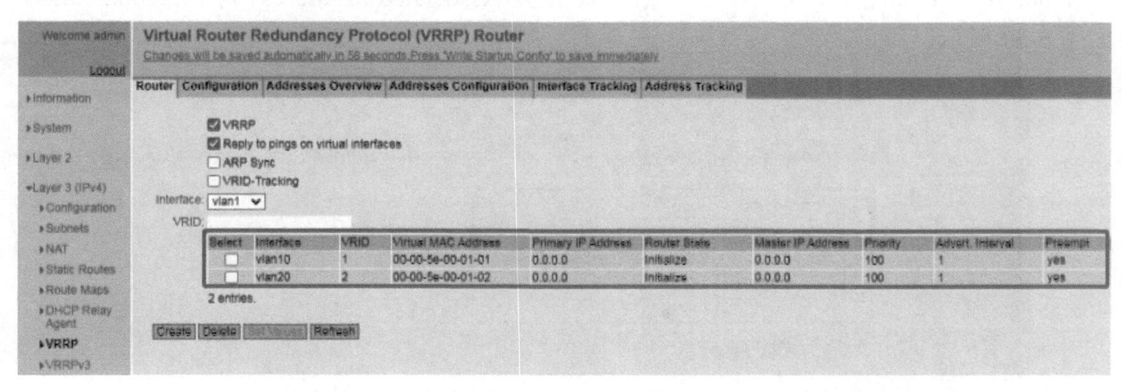

图 5-57　在 XM408-A 上创建 VLAN10 和 VLAN20 两个 VRRP 虚拟路由器组

步骤 9　在 Configuration 标签下组态虚拟路由器。在该界面中可以对 VLAN10 和 VLAN20 两个虚拟路由器进一步设置参数，结果如图 5-58 所示。

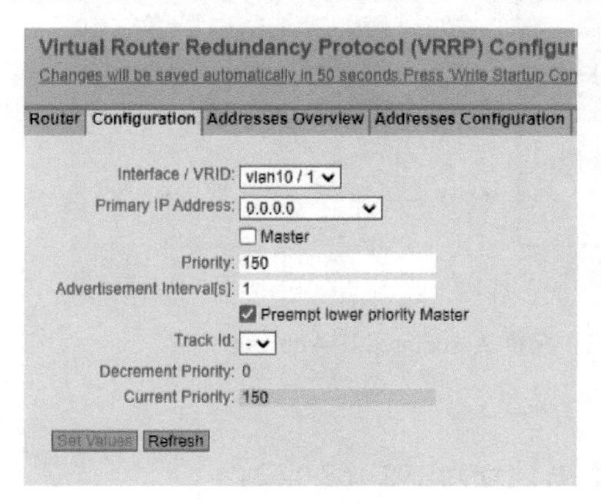

(a) VLAN10

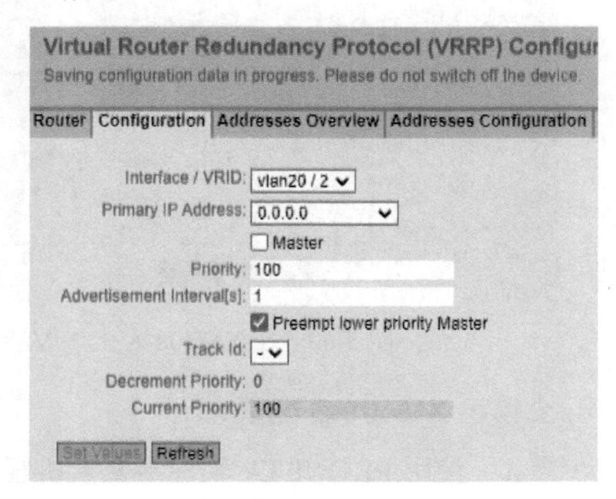

(b) VLAN20

图 5-58　在 XM408-A 上 VLAN10 和 VLAN20 虚拟路由器组态

参数设置如下：

• Primary IP Address：从下拉列表中选择主 IP 地址。如果路由器成为主路由器，路由器会使用此 IP 地址。本实验中仅为该 VLAN 组态了一个子网，因此不需要任何输入，使用默认值 0.0.0.0 即可。

• Master：如果启用此选项，则会为“关联 IP 地址”(Associated IP Address) 输入优先级最高的 IP 地址。

• Priority：输入此虚拟路由器的优先级。有效值为 1～254，默认值为 100。本实验中为 VLAN10 设置优先级为 150，为 VLAN20 设置优先级为默认值。从而使当前的交换机 XB408-A 在 VLAN10 成为主路由器 Master，在 VLAN20 成为备用路由器 Backup。

• Preempt lower priority Master：该选项默认处于勾选状态，其含义是抢占低优先级的主站，意味着当有更高优先级的设备加入网络时，它将成为新的主路由器。

步骤 10　为 VLAN10 和 VLAN20 设置关联的 IP 地址。关联 IP 地址就是 VRRP 的虚拟网关地址。在 Addresses Configuration 标签下为 VLAN10 配置 Associated IP Address 为 192.168.10.254，如图 5-59 所示；为 VLAN20 配置 Associated IP Address 为 192.168.20.254，如图 5-60 所示。

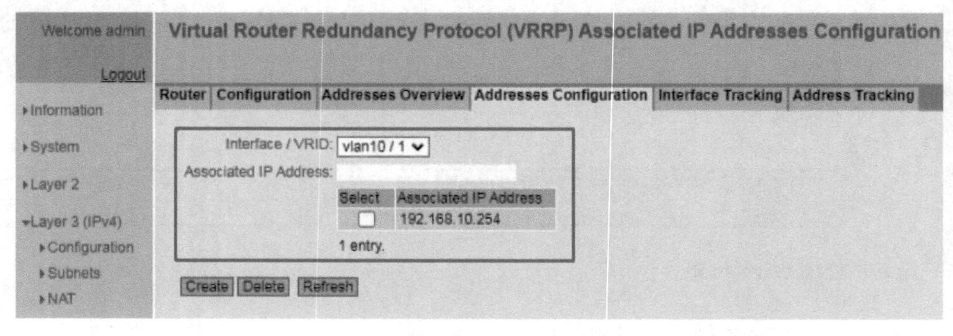

图 5-59　在 XM408-A 上为 VLAN10 配置 Associated IP Address

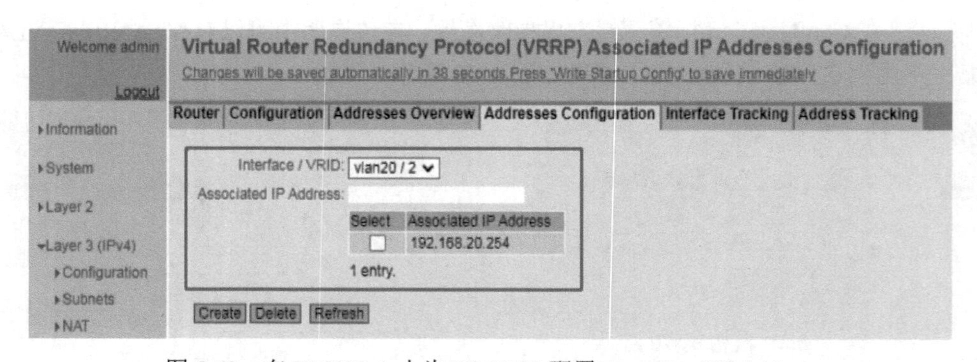

图 5-60　在 XM408-A 上为 VLAN20 配置 Associated IP Address

4. 交换机 XM408-B 配置

步骤 1　使用 PRONETA 软件给交换机配置 IP 地址为 192.168.0.62。

步骤 2　通过浏览器访问交换机，在登录界面中输入用户名和密码，进入交换机管理和配置界面。

步骤 3　禁用 STP 协议：与 XM408-A 交换机配置完全一致。

步骤 4　添加 VLAN10 和 VLAN20，把 P3 和 P4 端口添加到 VLAN10，把 P5 和 P6 端口添加到 VLAN20，结果如图 5-61 所示。

Virtual Local Area Network (VLAN) Port Assignment

Changes will be saved automatically in 42 seconds.Press 'Write Startup Config' to save immediately

General | Port Assignment | GVRP | Port Based VLAN | Protocol Based VLAN Group | Protocol Based VLAN Port | IPv4 Subnet Based VLAN | IPv6 Prefix Based VLAN

VLAN ID	Name	P1.1	P1.2	P1.3	P1.4	P1.5	P1.6	P1.7	P1.8	P2.1	P2.2	P2.3	P2.4	P2.5
1		U	U	-	-	-	-	U	U	U	U	U	U	U
10		-	-	U	U	-	-	-	-	-	-	-	-	-
20		-	-	-	-	U	U	-	-	-	-	-	-	-

3 entries.

Set Values | Refresh

图 5-61　在 XM408-B 上创建 VLAN10 和 VLAN20

步骤 5　启用路由和 VRRP 功能：与 XM408-A 配置完全一致，如图 5-55 所示。

步骤 6　为 VLAN10 和 VLAN20 分配子网地址，配置界面如图 5-62 所示。VLAN10 的子网地址为 192.168.10.253；VLAN20 的子网地址为 192.168.20.253。

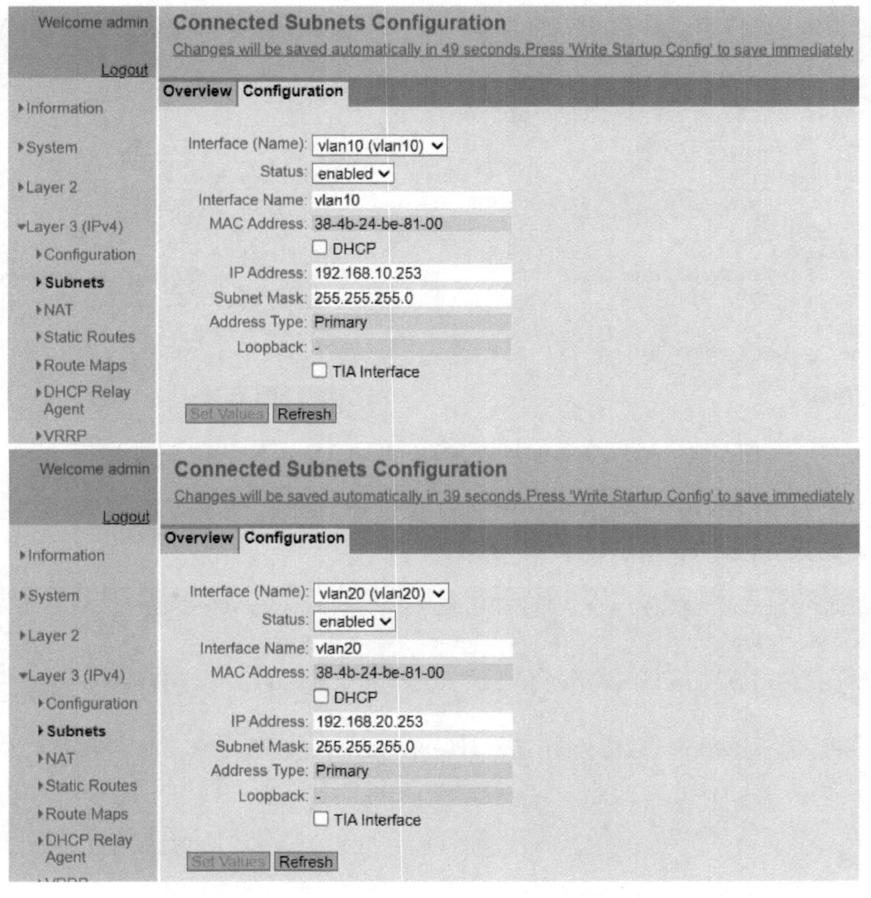

图 5-62　在 XM408-B 上为 VLAN10 和 VLAN20 分配子网地址

步骤 7　为 VLAN10 和 VLAN20 创建两个 VRRP 虚拟路由器组，结果如图 5-63 所示。

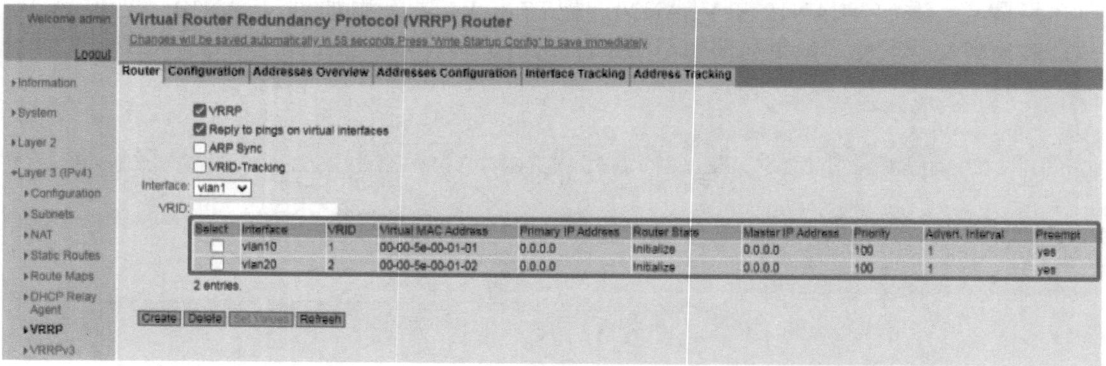

图 5-63　在 XM408-B 上创建 VLAN10 和 VLAN20 两个 VRRP 虚拟路由器组

步骤 8　在 Configuration 标签下组态虚拟路由器。为 VLAN20 设置优先级为 150，为 VLAN10 设置优先级为默认值。从而使当前的交换机 XB408-B 在 VLAN20 成为主路由器 Master，在 VLAN10 成为备用路由器 Backup。其他选项使用默认设置，结果如图 5-64 所示。

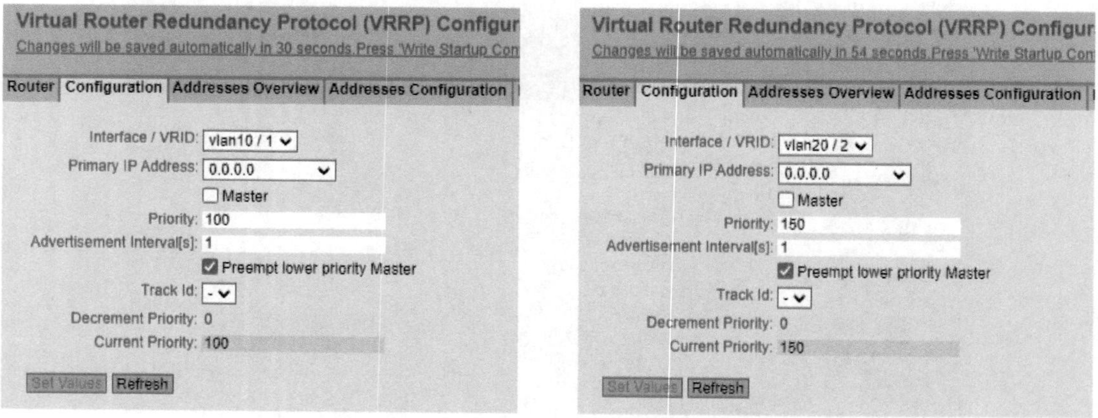

图 5-64　在 XM408-B 上 VLAN10 和 VLAN20 虚拟路由器组态

步骤 9　为 VLAN10 和 VLAN20 设置关联的 IP 地址，配置方法与 XM408-A 交换机完全一致，结果如图 5-65 所示。

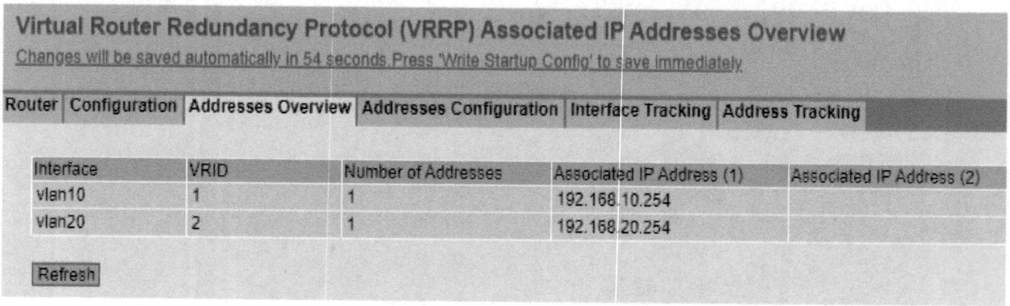

图 5-65　在 XM408-B 上为 VLAN10 和 VLAN20 设置关联的 IP 地址

5. 为PC1和PC2设置IP地址和网关

PC1属于VLAN20，因此其网关为VLAN20虚拟路由器的IP地址192.168.20.254；PC2属于VLAN10，因此其网关为VLAN10虚拟路由器的IP地址192.168.10.254，结果如图5-66所示。

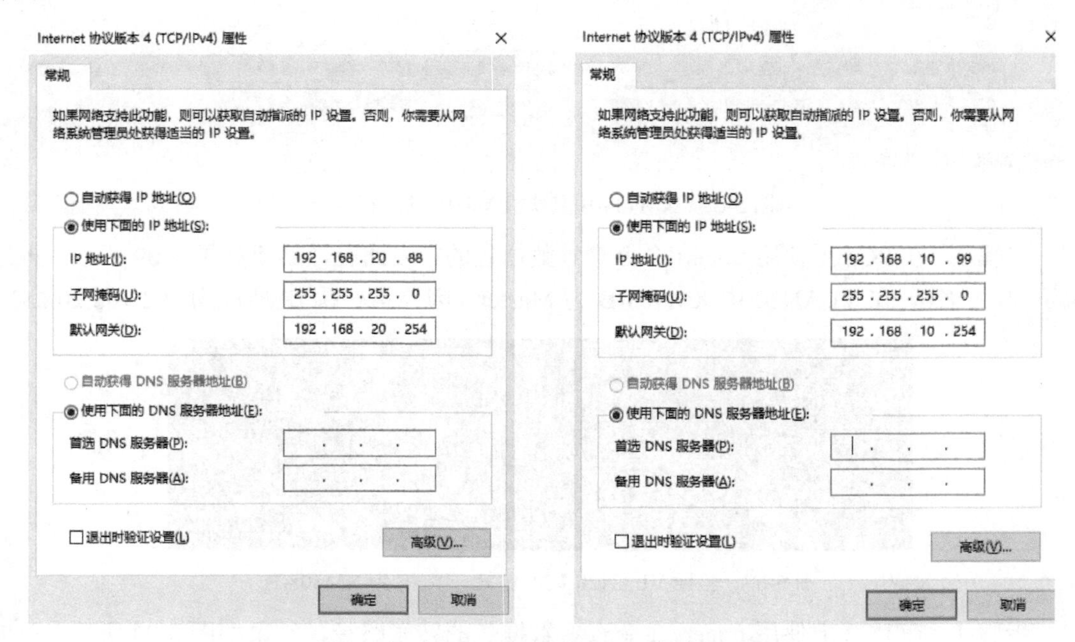

图5-66　为PC1和PC2配置IP地址和网关

6. 结果检查与VRRP结果测试

步骤1　在XM408-A交换机上查看VRRP的运行状态。选择“Layer 3”→VRRP，单击Router标签，结果如图5-67所示。XM408-A交换机VRRP的两个接口：VLAN10为Master；VLAN20为Backup。

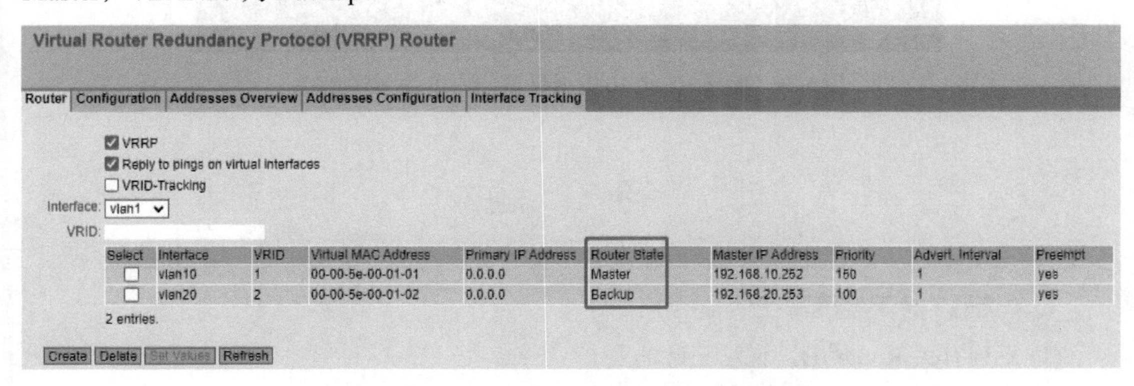

图5-67　XM408-A交换机VRRP的运行结果

步骤2　在XM408-B交换机上查看VRRP的运行状态。选择“Layer 3”→VRRP，单击Router标签，结果如图5-68所示。XM408-B交换机VRRP的两个接口：VLAN10为Backup；VLAN20为Master。

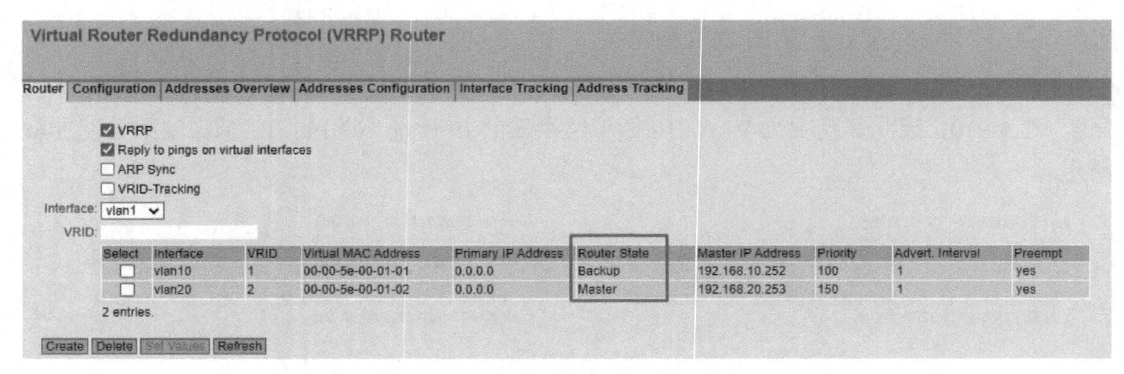

图 5-68　XM408-B 交换机 VRRP 的运行结果

步骤 3　在 PC1 上使用 tracert 命令查看数据包的转发路径，结果如图 5-69 所示。PC1 属于 VLAN20，在 VLAN20 中 XM408-B 为 Master，因此第一跳 IP 地址为 192.168.20.253。

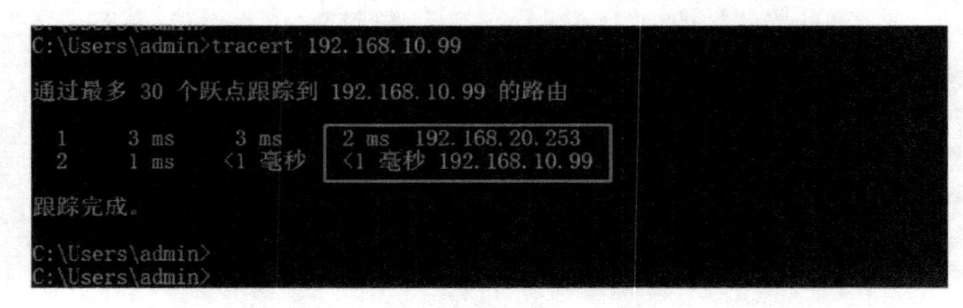

图 5-69　验证 VLAN20 数据包第一跳 IP 为 XM408-B

步骤 4　在 PC2 上使用 tracert 命令查看数据包的转发路径，结果如图 5-70 所示。PC2 属于 VLAN10，在 VLAN10 中 XM408-A 为 Master，因此第一跳 IP 地址为 192.168.10.252。

图 5-70　验证 VLAN10 数据包第一跳 IP 为 XM408-A

习　题

1. 单选题（将答案填写在括号中）

(1) 下列有关 Route ID，说法正确的是（　　）。

A. Router ID 必须是路由器的 IP 地址

B. Router ID 用于标识 OSPF 路由器，是一个 16 位的数值

C. Router ID 只能手动设置

D. 域内 Router ID 必须唯一

(2) 对第 3 层网络交换机描述不正确的是 (　　)。

A. VLAN 之间通信需要经过第 3 层路由

B. 只工作在数据链路层

C. 能隔离冲突域

D. 通过 VLAN 设置能隔离广播域

(3) 在 RIP 协议中，将路由跳数 (　　) 定为不可达。

A. 15　　B. 16

C. 128　　D. 255

(4) 下列网络拓扑图中，说法正确的是 (　　)。

PC3
192.168.3.100/24
192.168.3.50
192.168.1.10
192.168.2.1
PC1
192.168.1.100/24
PC2
192.168.2.100/24

A. PC1 若要与 PC2 通信，PC1 需要设置网关 192.168.1.1，PC2 需要设置网关 192.168.2.1

B. 上图所示网络需要设置路由表

C. PC1、PC2 和 PC3 的网关是固定不可变的

D. 上图中 PC1、PC2 和 PC3 属于不同 VLAN

(5) 以下不会在路由表里出现的是 (　　)。

A. 目的网络地址　　B. 度量值 (距离)

C. MAC 地址　　D. 下一跳地址

2. 判断题 (正确的打 √，错误的打 ×，将答案填写在括号中)

(1) OSPF 支持各种规模的网络，最多可支持百台路由器。 (　　)

(2) 静态路由的优先级较低，动态路由的优先级非常高。 (　　)

(3) 下列网络拓扑图中，PC1 若要到达 192.168.2.0/24 网络，则路由器的下一跳地址是 192.168.3.2/24。 (　　)

192.168.1.1、24
192.168.3.2/24
PC1
192.168.1.100/24
R1
192.168.3.1/24
R2
192.168.2.1/24
PC2
192.168.2.100/24

(4) 192.168.1.0 网络的网关是 192.168.1.1。 (　　)

(5) 动态路由虽然简单、可控，但不适合大型网络。 (　　)

第 6 章　网络地址转换技术

网络地址转换 (Network Address Translation，NAT) 是一种广域网 (WAN) 的技术，用于将私有地址转换为公有 IP 地址，被广泛应用于各种类型 Internet 接入方式和各种类型的网络中。NAT 不仅能够有效地隐藏并保护网络内部的计算机，避免外部网络攻击，还能够在 IP 地址分配不理想、不足的时候，有效、合理地分配 IP 地址，从而能够进行互联网访问。

6.1　NAT 原理

为了发送和接收流量以及远程管理，使用 TCP/IP 协议的网络要求每个设备都要有独一无二的 IP 地址。Internet 是使用 TCP/IP 的公共网络，网络中每个设备使用的合法 IP 地址称为公有 IP 地址 (也叫全局地址)，必须到地区 Internet 注册管理机构 (RIR) 进行注册，只有已注册的公有 IP 地址持有者才可以将该地址分配给网络设备，这样保证公有 IP 地址是全球统一的可寻址的地址。

随着个人计算机的激增和万维网的出现，接入 Internet 的设备越来越多，很快 43 亿个 IPv4 地址就不够用了。公有 IP 地址的短缺，会导致一些需要接入 Internet 的设备无法接入 Internet。这个问题的长期解决方案是 IPv6，但从 IPv4 转换到 IPv6 要花费大量的人力和财力。现在迫切需要更快的地址耗尽解决方案。

IETF 实施了两个标准作为短期的解决方案，包括 RFC1918 标准定义的专用私有 IPv4 地址和网络地址转换 (NAT)。RFC1918 标准定义了专用的私有 IP 地址范围，并允许任何人使用它们；当数据离开公司网络时，可使用 NAT 将这些地址转换到公共地址，这样可以节省并更有效地使用 IPv4 地址，从而让各种规模的网络访问 Internet。

6.1.1　专用私有地址

RFC1918 标准定义了专用私有 IP 地址的范围，包括一个 A 类地址、16 个 B 类地址和 256 个 C 类地址，共有 1700 万个地址，如表 6-1 所示。

表 6-1　RFC1918 定义专用的私有地址

类 别	地址范围
A	10.0.0.0～10.255.255.255
B	172.16.0.0～172.31.255.255
C	192.168.0.0～192.168.255.255

任何公司或企业可以在内部网络中使用这些私有地址，实现内部网络设备的本地通信。由于这些地址不属于任何一个公司或企业，任何公司或企业都可以使用相同的私有地址，私有地址是不能通过 Internet 路由的。

假设公司 A 和公司 B 都在使用网络 10.0.0.0/8。在公司 A 中，一个内部用户 A 想访问公司 B 的一台服务器 C，此时就会出现问题：两个网络都在使用网络 10.0.0.0/8，并都使用了相同的地址 10.0.0.2，这两个网络不能彼此通信，如图 6-1 所示。

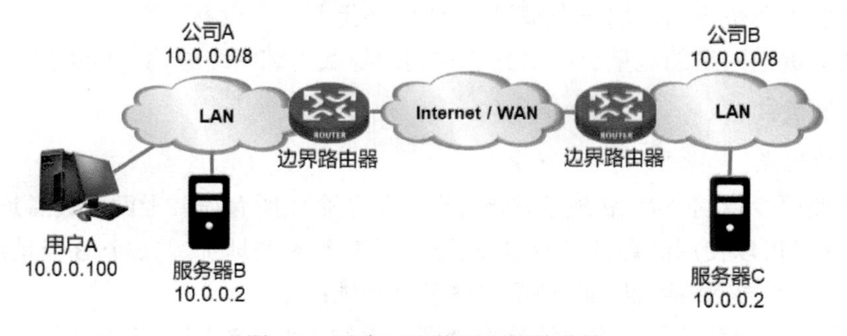

图 6-1　两个网络使用相同的地址

有两种方法可以解决这个问题：第一种方法是将两个网络中的一个 (或两个) 重新分配地址；第二种方法是使用地址转换。

用第一种方法显然工作量和影响范围都比较大，不到万不得已不能这么做，而且有的现场环境根本不允许这么做，见后续标准机器的案例。

第二种方法的地址转换可以解决这个问题。比如，连接公司 A 的路由器将本地 IP 地址转换为 170.16.0.0/16 网络中的一个地址。公司 B 的路由器将它的内部本地地址转换为 170.17.0.0/16 网络中的地址。所以，从两个公司的角度来看，网络看上去是 170.16.0.0/16 和 170.17.0.0/16。

6.1.2　网络地址转换

网络地址转换 (NAT) 是 IETF(Internet Engineering Task Force，Internet 工程任务组) 提出的 RFC1631 标准，可以将数据包中的地址信息从一个地址转换为另一个地址。

有了 NAT，可以在局域网内部为每个设备配置唯一的专用私有 IP 地址。当局域网内部的设备要与外部网络进行通信时，通过安装在网络边界的 NAT 设备，将局域网内部的多个私有 IP 地址转换为一个或多个合法的共有 IP 地址，使整个内部网络数百甚至数千台设备通过一个或多个公用 IP 地址访问外部网络。而这个转换由 NAT 设备自动完成，局域网内部的用户不会意识到 NAT 的存在，同时局域网内部的节点对于外部网络来说也是不可见的。

NAT 一般用来将专用的私有 IP 地址转换为公有 IP 地址,反之亦可。

如果没有 NAT,可能在 2000 年之前 IPv4 地址空间就耗尽了。NAT 与专用私有 IP 地址相结合,是节约公有 IP 地址的有效方法,同时还屏蔽了局域网内部网络的结构,提供了一定程度上的安全性。

1. 需要使用 NAT 的情况

以下情况可能需要使用 NAT:

(1) 申请的公有 IP 地址数量不足以分配给所有的设备;

(2) 正在更换服务提供商,新服务提供商不再支持旧的公有地址空间;

(3) 需要连接两个使用相同地址空间网络;

(4) 正在使用给别人分配的公有 IP 地址;

(5) 想要实现负载平衡,用一个虚拟 IP 地址来代表多个设备;

(6) 想要对进出网络的流量进行更好的控制,隐藏内部网络结构,保护内部网络。

2. NAT 的优缺点

1) NAT 的优点

(1) 只需使用少量的公有 IP 地址,就可以让整个企业所有需要上网的设备连上互联网,而企业内部网络可以使用专用的私有 IP 地址,即 1 个 A 类地址、16 个 B 类地址和 256 个 C 类地址,而且不同网络可以同时使用这些私有地址;

(2) 只需改变 NAT 设备上的地址转换规则,无须改变内部网络各个设备的地址,即可改变与外部网络的连接,使内部网络与外部网络的连接更加灵活;

(3) NAT 自动将数据包中的内部网络的地址转换成 NAT 设备对外的地址,可以对外部隐藏网络的内部结构,提高了网络安全性。

2) NAT 的缺点

通过 NAT,外部网络上的设备看起来是直接与启用 NAT 的设备进行通信,而不是与内部网络的实际设备通信,这一事实会造成以下几个问题:

(1) 地址转换会更改数据包的地址信息,并重新计算校验和,这样增加了延迟,影响网络性能,对实时协议的影响比较大;

(2) 网络上需要转换的设备越多,NAT 设备的负担越大,可能会产生扩展性问题;

(3) 一些复杂的网络环境,可能经过多次 NAT 转换,数据包地址改变多次,导致追溯数据包更加困难,故障排除也更具挑战性;

(4) NAT 可以提供更坚固的安全,但同时也隐藏了被转换设备的身份,导致跟踪攻击源更困难。

(5) 一些互联网协议和应用程序需要从源到目的地的端到端寻址,不能与 NAT 配合使用,如数字签名。

(6) 使用 NAT 会干扰 IPSec 等隧道协议执行完整性检查,使隧道协议更加复杂。

以上是 NAT 的缺点,在使用时必须很小心。

为了彻底解决 IPv4 地址耗尽的问题以及 NAT 的局限性，使用 IPv6 地址才是最终的解决方案。

6.2　利用西门子三层交换机实现 NAT

NAT 功能通常被集成到路由器、防火墙或者单独的 NAT 设备中，还可以通过软件来实现。西门子 SCALANCEXM408 三层交换机就集成了 NAT 的功能。

在 NAT 中，IP 子网分为 Inside(内部) 和 Outside(外部)。这样划分是从配置了 NAT 功能的接口角度来看的，通过 NAT 接口连接所有网络均被视为该接口的外部，同一设备的其他 IP 接口连接的所有网络均被视为 NAT 接口的内部。

当数据包经过 NAT 接口，在 Inside 与 Outside 之间交换时，所传送数据包的源或目标 IP 地址会发生改变。当数据包从 Inside 到 Outside，数据包中源 IP 地址会发生改变；当数据包从 Outside 到 Inside，数据包中目的 IP 地址会发生改变。被转换的内部 IP 地址总是会被标识为 Local(本地) 或 Global(全局)。因此，在 NAT 配置中有三种地址：内部本地地址、内部全局地址和外部地址。

(1) 内部本地地址：也称为内部私有地址，分配给内部网络中某个设备的实际 IP 地址，外部网络无法访问该地址。

(2) 内部全局地址：可供外部网络访问内部设备的 IP 地址。

(3) 外部地址：分配给外部网络中某个设备的实际 IP 地址。外部地址还分为外部全局地址和外部本地地址，在本书中不做具体讨论。

如图 6-2 所示，两个 IP 子网通过工业以太网交换机连接，实现 PC1 和 PC2 通信。VLAN20 接口 10.10.0.1/24 上配置 NAT 功能。其中 VLAN 20 所在网络为外部网络，VLAN 10 所在网络为内部网络。PC1 的内部本地地址为 192.168.1.100，PC1 的内部全局地址为 10.10.0.2，PC2 的地址 10.10.1.100 是外部地址。

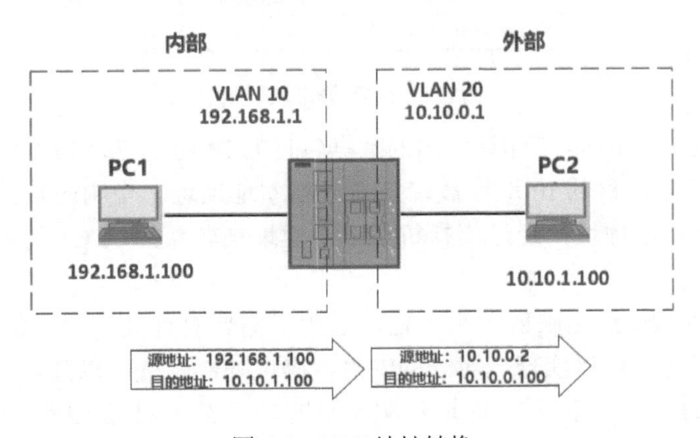

图 6-2　NAT 地址转换

西门子 SCALANCEXM408 三层交换机主要有三种 NAT 工作模式：静态地址转换 (NAT Static)、动态地址转换 (Pool) 和网络端口地址转换 (NAPT)。

6.2.1　静态地址转换

静态地址转换是一种将内部网络的私有 IP 地址（内部本地地址）与外部网络的 IP 地址（内部全局地址）之间建立固定映射关系的网络地址转换技术。在静态地址转换中，预先设置一个 IP 地址映射关系表，将内部网络中的特定设备的本地 IP 地址一对一映射为外部网络中的全局 IP 地址。这种映射关系表是静态的，不会随时间变化。静态地址转换适用于需要固定映射关系的情况，如服务器对外提供服务。

通过一个例子来展示静态地址转换的工作原理，在内部网络中有 3 台 PLC 控制器，连接到 SCALANCE XM408 交换机上，并通过交换机访问外部网络。因此，在交换机上配置了 2 个虚拟专用网 VLAN10 和 VLAN20，VLAN10 是内部私有网络，VLAN20 连接外部公共网络。为了隐藏内部网络结构，在 VLAN20 端口配置静态地址转换，NAT 静态映射表如图 6-3 所示。

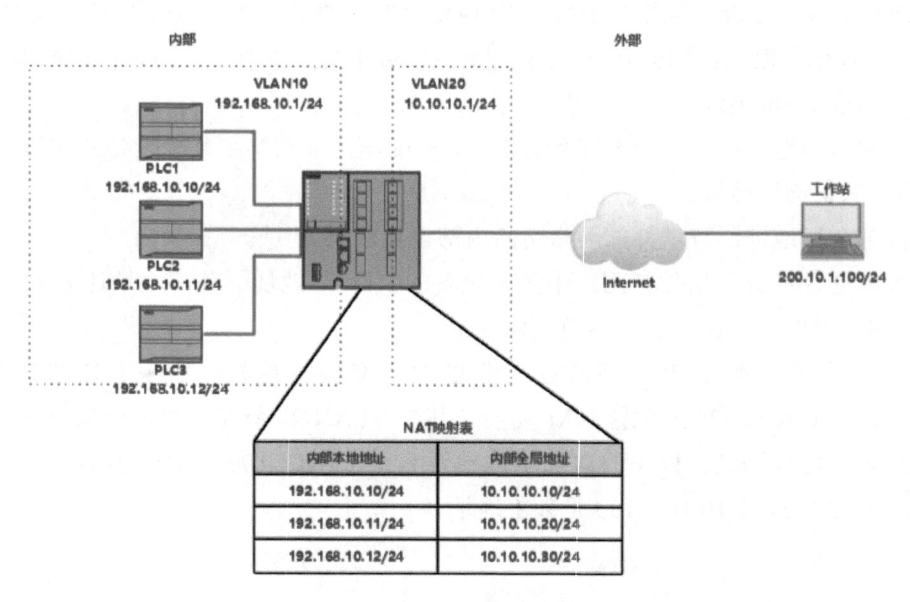

图 6-3　NAT 静态映射表

当工作站访问 PLC1 时，工作站发出的数据包目的 IP 地址应为 PLC1 的内部全局地址，数据包经过交换机后，目的 IP 地址被转换成内部本地地址。当响应数据包返回时，源地址为 PLC1 的内部本地地址，经过交换机后，源地址被转换为 PLC1 的内部全局地址，如图 6-4 所示。

静态地址转换的优点是映射关系固定，适用于需要对外提供服务的设备，如 Web 服务器、邮件服务器等。可以实现一对一的映射，确保外部网络可以直接访问特定设备。缺点也是显而易见的，对于全局 IP 地址资源不足时，静态 NAT 会浪费 IP 地址资源，因为每个设备需要一个独立的映射 IP 地址。

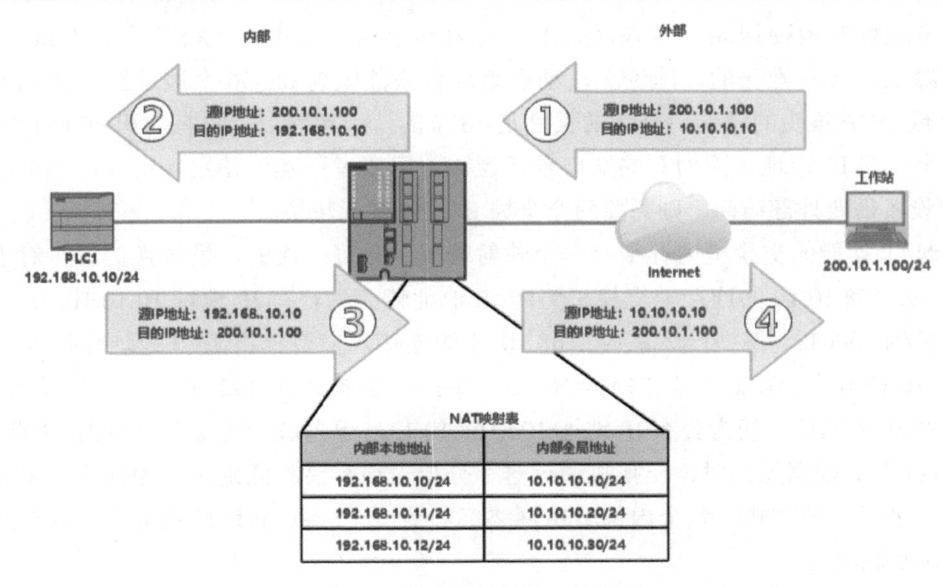

图 6-4　静态地址转换工作原理

6.2.2　动态地址转换

动态地址转换是一种网络地址转换技术，它允许多个内部网络设备共享一组全局 IP 地址，从而在内部网络和外部网络之间建立映射关系。在动态地址转换中，内部网络的本地 IP 地址按需映射到一组可用的全局 IP 地址中的一个。这种映射是动态的，根据通信会话的需求动态创建和删除。动态 NAT 适用于大量设备共享一组全局 IP 地址的情况。

下面通过一个例子来看一下动态地址转换是如何工作的。如图 6-5 所示，内部 3 台 PLC 有使用外部服务器的需求，但是全局地址只有 1 个，需要对内部网络 192.168.10.0/24 使用动态地址转换，将本地 IP 地址转换为全局 IP 地址 10.10.10.100，以便连接 Internet。

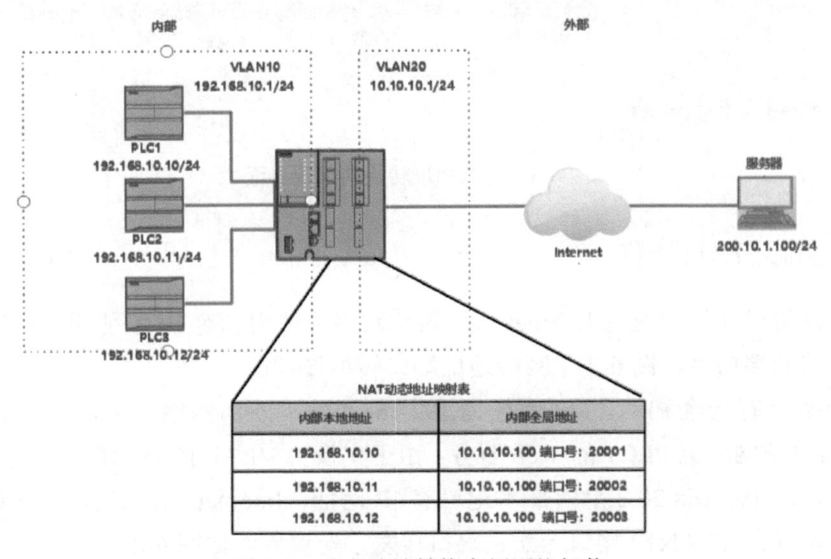

图 6-5　动态地址转换案例网络拓扑

动态地址转换使用端口号来区分不同的内部连接。为此，必须确保TCP或UDP报头中的源端口号是唯一的。理论上，动态地址转换能映射65536个地址到一个地址，因为TCP或UDP报头的源端口号域的长度是16位的。但实际上，只有大约4000台设备能共用一个全局IP地址，因为有些端口号已经被占用或者不建议使用。所以，如果有超过4000台设备需要外部访问，则需要两个全局IP地址进行转换。

有NAT功能的交换机内存中有一个映射表来保存每一次的地址转换信息。对于第一个设备192.168.10.10的连接，交换机将源IP地址转换为公有IP地址10.10.10.100，源端口号转换为20001；第二个设备192.168.10.11的连接，交换机将源IP地址转换为公有IP地址10.10.10.100，源端口号转换为20002；第三个连接还是192.168.10.12的设备连接，交换机将源IP地址转换为公有IP地址192.168.10.13，源端口号转换为20003；以此类推。当Internet上的数据返回时，交换机通过这个分配表很容易就能确定该如何进行反方向地址转换。采用这种方式，整个内部专用网络仅需要一个公共IP地址就可以使内部网络的设备连接互联网。

在SCALANCE XM408交换机上，动态地址转换的配置界面如图6-6所示。其中Interface表示配置NAT功能的接口，Inside Global Address(内部全局地址)表示动态分配全局IP地址池的起始地址，Inside Global Address Mask(内部全局地址掩码)决定地址池中全局地址的数量。

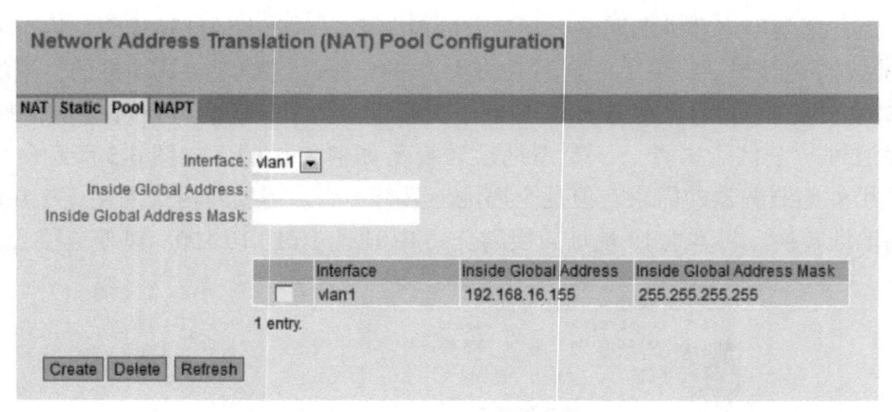

图6-6 动态地址转换的配置界面

6.2.3 网络地址端口转换

端口转发可以让用户通过Internet访问内部网络上使用私有IP地址的专门设备，而且可以使用不同的端口号。图6-7是网络地址端口转换原理图。

内部网络上有一个PLC1，IP地址为192.168.20.2，外部网络有1台工作站，想通过Internet访问内部网络上PLC1的Web服务。由于交换机VLAN10接口配有动态地址转换，PLC1的IP地址192.168.20.2是内部本地私有IP地址，Internet上的工作站是无法直接访问的，此时可以在VLAN10接口上配置端口转发，配置界面如图6-8所示。

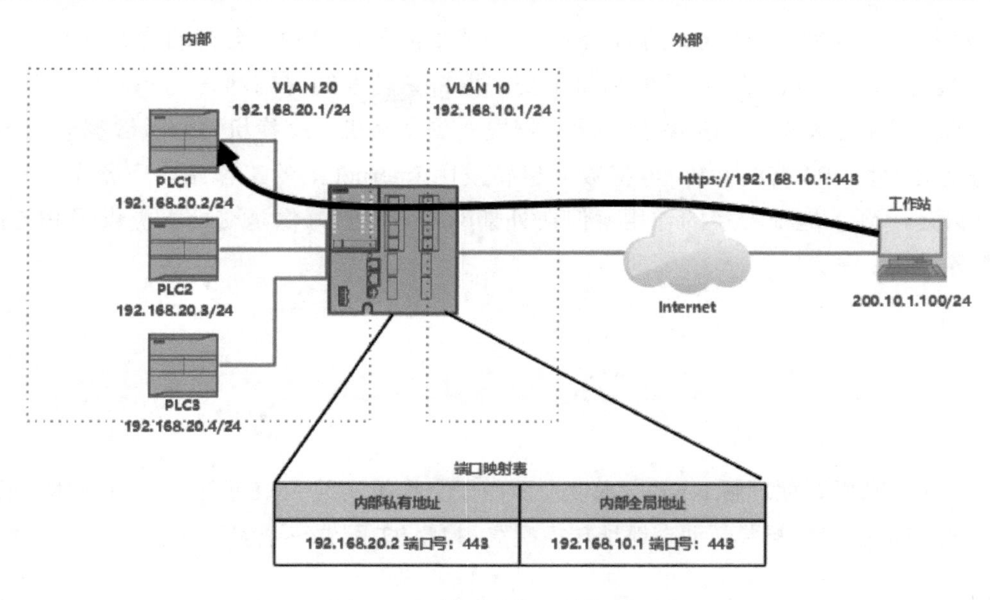

图 6-7　网络地址端口转换原理图

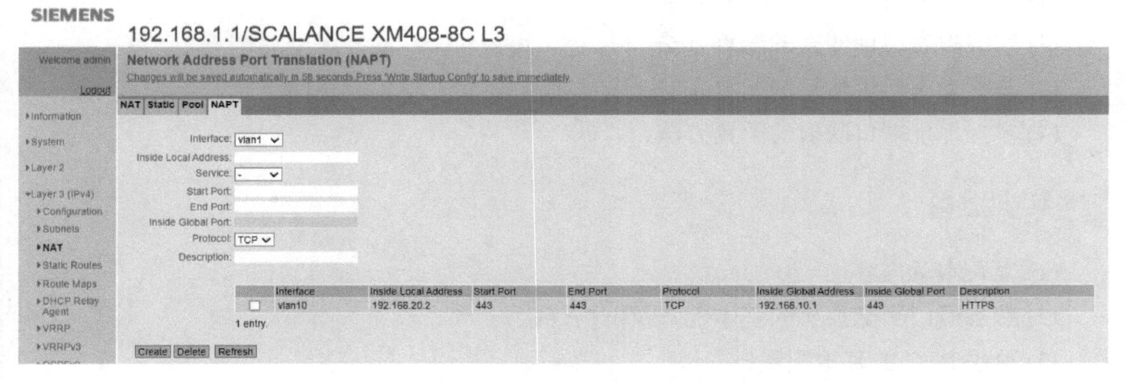

图 6-8　NAPT 配置界面

其中，Interface 表示配置 NAPT 的接口。Inside Local Address(内部本地地址) 表示外部可访问的设备的实际地址。Service(服务) 表示端口转换有效的服务，选择服务时，在 Start Port(起始端口) 和 End Port(结束端口) 框中输入同一端口号。如果更改起始端口，结束端口也会相应地发生变化。如果选择条目“-”，则可以随意输入起始端口和结束端口。Inside Global Port(内部全局端口) 表示外部设备可访问的端口号。Protocol(协议) 表示端口转换有效的协议。值得注意的是，西门子交换机中配置 NAPT 时，外部设备可访问的全局地址为配置 NAPT 的网络接口地址，不需要在该界面配置，在本例中全局地址为 VLAN 10 的接口地址 192.168.10.1。

当 Internet 上的工作站想访问内部网络的 PLC1 时，它仅需知道交换机 NAPT 接口的 IP 地址即可。在本例中，Internet 上的工作站可以通过 https://192.168.10.1:443 访问内部网络的 PLC1。

当交换机收到来自 Internet 的 HTTPS 访问请求的数据包时，会自动修改该数据包的目的 IP 地址为 192.168.20.2，目的端口不变，再将它转发给内部网络的 PLC1，PLC1 根据用户的需要生成相应的响应数据，将数据发送到交换机，交换机再修改数据包的源 IP 地址为全局地址 192.168.10.1，再将数据包转发回 Internet 上的工作站。在整个过程中，交换机只是起到了地址转换的作用，但在外部网络上看，好像是交换机提供了 PLC1 的 Web 服务。

6.3 实　训

为了让大家更好地理解 NAT 技术以及西门子交换机实现 NAT 的三种方式，本章设计了 NAT 静态地址转换配置、动态地址转换配置和 NAPT 配置三个实训任务。

实训目的

(1) 掌握 NAT 实现 NAT 的基本原理；
(2) 掌握静态地址转换的配置方法；
(3) 掌握动态地址转换的配置方法；
(4) 掌握地址端口映射的配置方法。

实训准备

(1) 复习本章内容；
(2) 熟悉西门子交换机的基本配置及网络连接；
(3) 熟悉 PLC 的基本配置；
(4) 熟悉静态网络地址转换的原理及配置；
(5) 熟悉动态网络地址转换的原理及配置；
(6) 熟悉地址端口映射的原理及配置。

实训设备

2 台安装有博途软件的电脑，1 台 S7-1200 系列 PLC，1 台 SCALANCE XM408 工业交换机及网线若干。

6.3.1　静态网络地址转换配置

NAT 静态地址转换配置

在图 6-9 网络中 192.168.20.0 网段和 192.168.30.0 网段属于内网，192.168.10.0 网段属于外网。内网中 PLC1 和 PC2 在访问外网设备时需要提供地址保护，地址转换如表 6-2 所示，使得 PC3 不知道 PLC1 和

PC2 的内部实际地址。

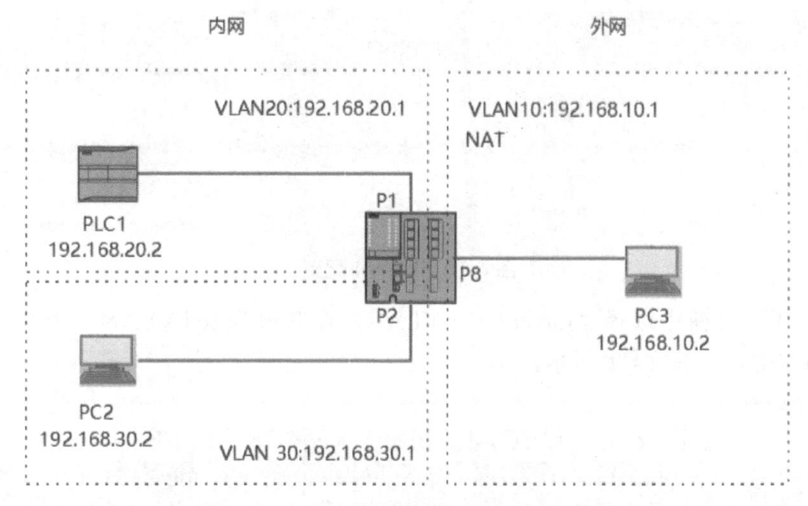

图 6-9　网络拓扑

表 6-2　静态网络地址转换表

转换接口	内部本地地址	内部全局地址
VLAN10	192.168.20.2	192.168.10.3
VLAN10	192.168.30.2	192.168.10.4

具体实训步骤如下：

步骤 1　将交换机和 PLC 恢复出厂设置。

步骤 2　按照实训要求进行 IP 规划，结果如表 6-3 所示。

表 6-3　IP 地址分配表

设备	IP 地址	网关	XM408 接口	说　明
PLC1	192.168.20.2/24	192.168.20.1	P1	使用博途软件，详见第 2 章
PC2	192.168.30.2/24	192.168.30.1	P2	
PC3	192.168.10.2/24	192.168.10.1	P8	
XM408	192.168.1.1/24		P4	交换机管理地址
	192.168.10.1/24		VLAN10	包含端口 P8
	192.168.20.1/24		VLAN20	包含端口 P1
	192.168.30.1/24		VLAN30	包含端口 P2

步骤 3　配置 PLC、PC2 和 PC3 地址。

步骤 4　用一台管理 PC 连接 P4 接口利用网络管理软件为 XM408 分配管理地址 192.168.1.1/24，操作步骤详见第 2 章。

步骤 5　在管理 PC 上打开浏览器输入 192.168.1.1，进入 XM408 的管理界面配置 VLAN10、VLAN20、VLAN30，步骤详见第 3 章，配置结果如图 6-10 所示。

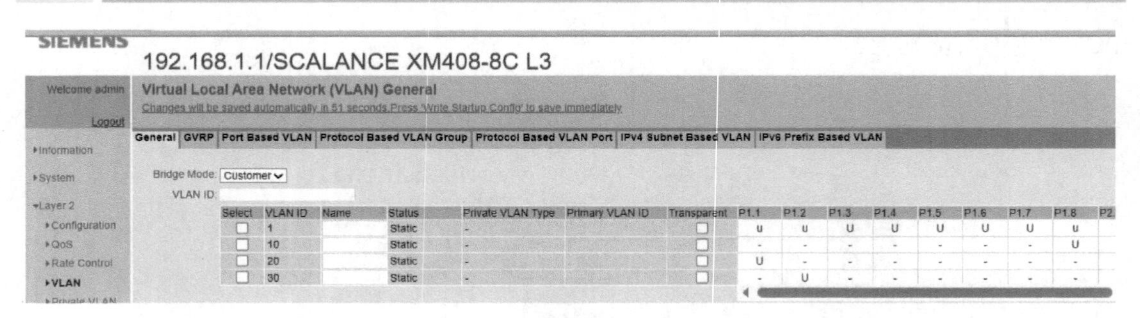

图 6-10 VLAN 配置

步骤 6 在项目树中选择“Layer2”→VLAN，在 Port Based VLAN 标签中配置 P1、P2 和 P8 的 Port VID，如图 6-11 所示。

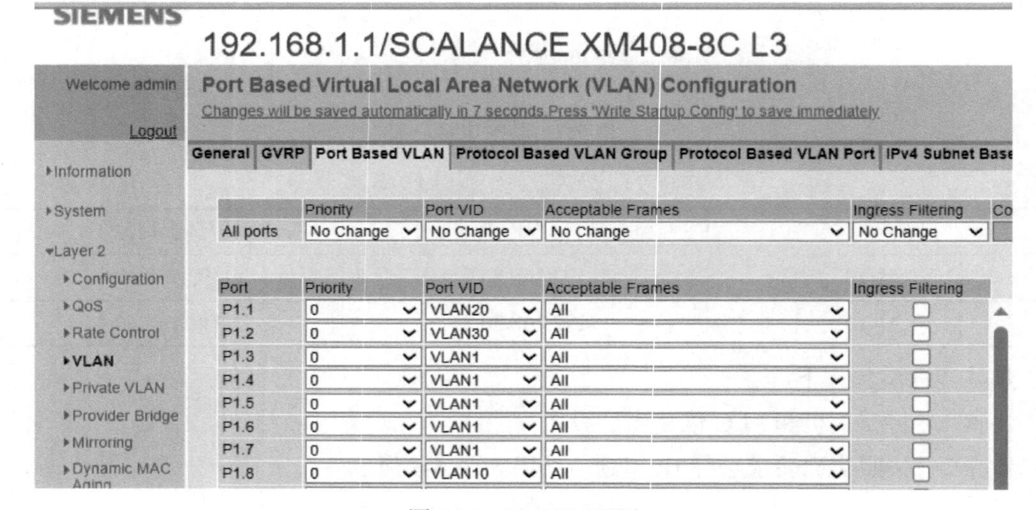

图 6-11 PortVID 配置

步骤 7 在项目树中选择“Layer3”→configuration，勾选 Routing 前面的复选框，单击 Set Values 按钮，启用路由功能，如图 6-12 所示。

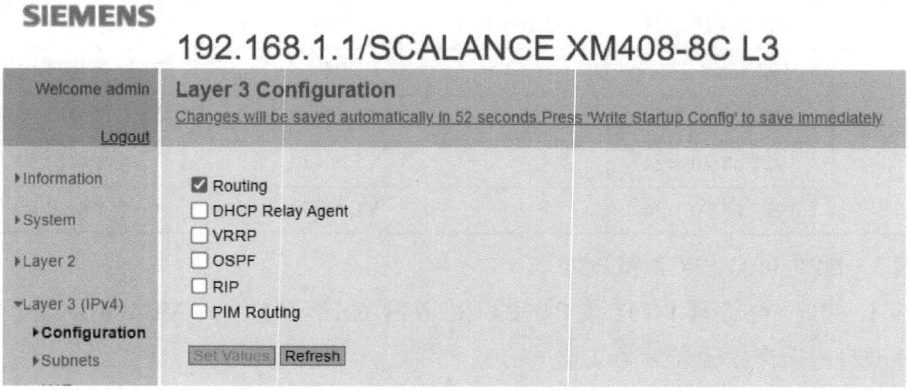

图 6-12 启用路由功能

步骤 8　在项目树中选择“Layer3”→Subnets，在 Overview 标签的 Interface 中选择 VLAN10，单击 Create 按钮，创建子网，如图 6-13 所示。

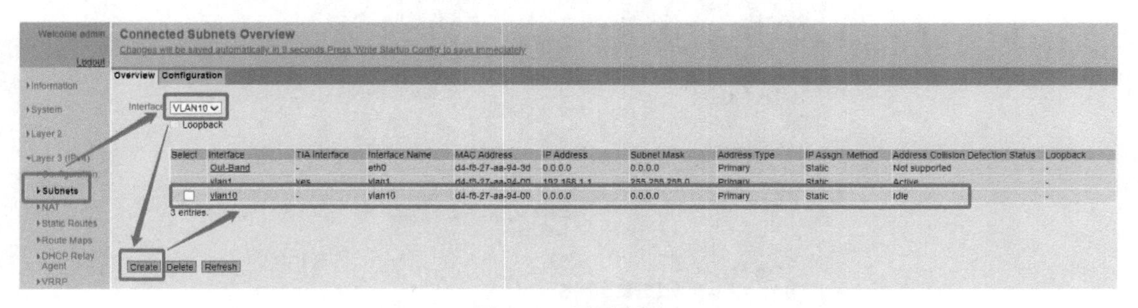

图 6-13　子网配置

步骤 9　选择 Configuration 标签，在 Interface 中选择 VLAN10，IP Address 栏输入 192.168.10.1，Subnet Mask 栏输入 255.255.255.0，单击 Set Values 按钮，如图 6-14 所示。

SIEMENS
192.168.1.1/SCALANCE X
Welcome admin
Logout
Connected Subnets Configuration
Changes will be saved automatically in 50 seconds.Press
Overview　Configuration
Information
System
Layer 2
Layer 3 (IPv4)
Configuration
Subnets
NAT
Static Routes
Route Maps
DHCP Relay Agent
Interface (Name): vlan10 (vlan10)
Interface Name: vlan10
MAC Address: d4-f5-27-aa-94-00
DHCP
IP Address: 192.168.10.1
Subnet Mask: 255.255.255.0
Address Type: Primary
Loopback: -
TIA Interface
Set Values　Refresh

图 6-14　配置子网接口地址

步骤 10　返回 Overview 标签，结果如图 6-15 所示。用同样的方法配置 VLAN20 和 VLAN30 接口地址。

Overview　Configuration

Interface: VLAN1
Loopback

Select	Interface	TIA Interface	Interface Name	MAC Address	IP Address	Subnet Mask	Address Type	IP Assgn. Method	Address Collision Detection Status	Loopback
	Out-Band	-	eth0	d4-f5-27-aa-94-3d	0.0.0.0	0.0.0.0	Primary	Static	Not supported	-
	vlan1	yes	vlan1	d4-f5-27-aa-94-00	192.168.1.1	255.255.255.0	Primary	Static	Active	-
☐	vlan10	-	vlan10	d4-f5-27-aa-94-00	192.168.10.1	255.255.255.0	Primary	Static	Idle	-

3 entries.

图 6-15　VLAN10 接口配置

步骤 11　在项目树中选择“Layer3”→NAT，在 NAT 标签勾选 NAT 复选框，启用 XM408 的 NAT 功能，在 Interface 中选择 VLAN10，选择下面的 NAT 复选框，代表在 VLAN10 接口上启用 NAT，单击 Set Values 按钮，如图 6-16 所示。

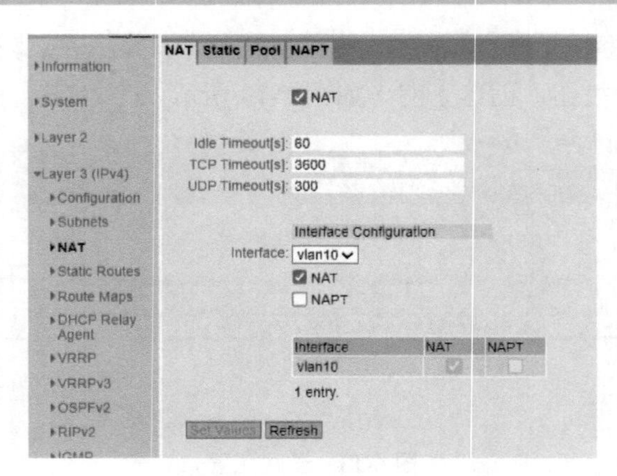

图 6-16　启用 NAT 功能

步骤 12　在 Static 标签 Interface 中选择 VLAN10 接口，在 Inside Local Address 中输入 192.168.20.2，在 Inside Global Address 中输入 192.168.10.3，单击 Create 按钮，创建一条 1 对 1 的地址转换记录。同样创建 192.168.30.2 的地址转换记录，结果如图 6-17 所示。

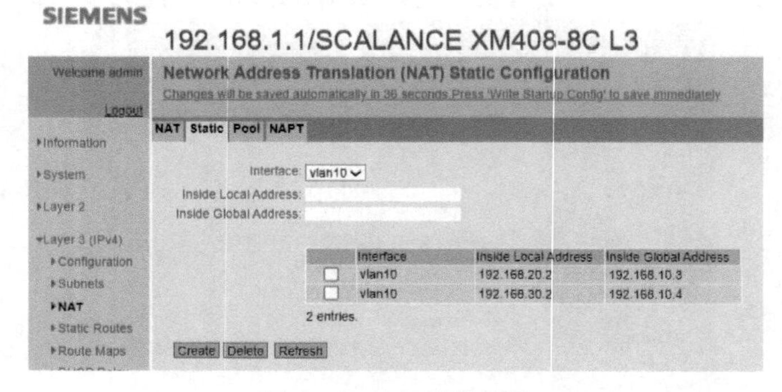

图 6-17　地址转换记录

步骤 13　保存交换机配置，如图 6-18 所示。

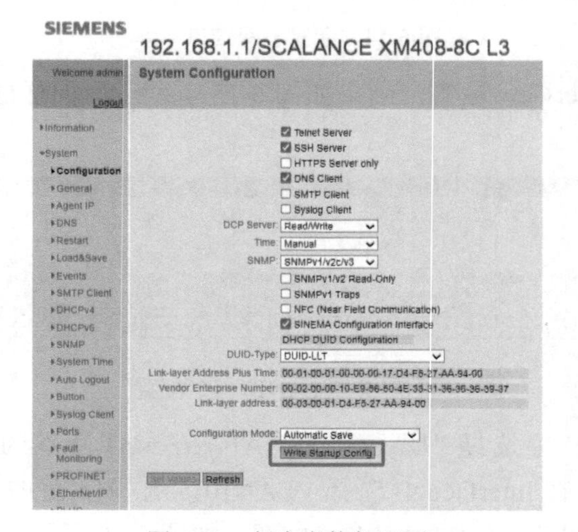

图 6-18　保存交换机配置

步骤 14 重复步骤 8～10，创建 VLAN20 和 VLAN30 子网，如图 6-19 所示。

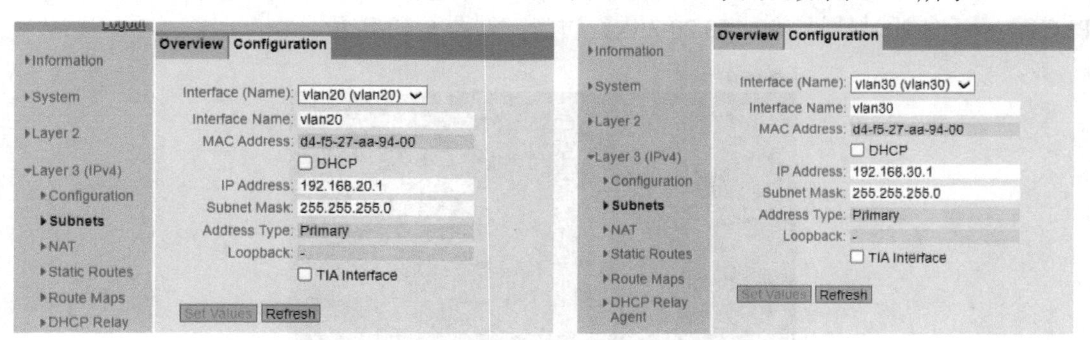

图 6-19 创建 VLAN20 和 VLAN30 子网

步骤 15 根据图 6-9 连接好网络拓扑。

步骤 16 测试 PC2 访问 VLAN30 接口，如图 6-20 所示。测试结果为可访问。同理可测试 VLAN20 接口是否配置正确。

```
命令提示符
Microsoft Windows [版本 10.0.19045.2965]
(c) Microsoft Corporation。保留所有权利。

C:\Users\liying>ping 192.168.30.1

正在 Ping 192.168.30.1 具有 32 字节的数据:
来自 192.168.30.1 的回复: 字节=32 时间=2ms TTL=64
来自 192.168.30.1 的回复: 字节=32 时间=3ms TTL=64
来自 192.168.30.1 的回复: 字节=32 时间=3ms TTL=64
来自 192.168.30.1 的回复: 字节=32 时间=3ms TTL=64

192.168.30.1 的 Ping 统计信息:
    数据包: 已发送 = 4，已接收 = 4，丢失 = 0 (0% 丢失)，
往返行程的估计时间(以毫秒为单位):
    最短 = 2ms，最长 = 3ms，平均 = 2ms
```

图 6-20 测试 VLAN30 接口

步骤 17 关闭 PC2 和 PC3 防火墙，在 PC2 的“命令提示符”中输入“ping -t 192.168.10.2”，发现 PC2 可访问 PC3。选择 Information→IPv4 Routing，在 NAT Translations 标签下观察地址转换情况，发现在 VLAN10 接口上 192.168.30.2 被转换为 192.168.10.4，如图 6-21 所示。

SIEMENS

192.168.1.1/SCALANCE XM408-8C L3

Network Address Translation (NAT) Translations

Routing Table | OSPFv2 Interfaces | OSPFv2 Neighbors | OSPFv2 Virtual Neighbors | OSPFv2 LSDB | RIPv2 Statistics | NAT Translations | PIM Interfaces | PIM Neighbors | PIM Routes

Interface	Inside Local Address	Inside Local Port	Inside Global Address	Inside Global Port	Outside Local/Global Address	Outside Local/Global Port	Last Use Time[s]
vlan10	192.168.30.2	1	192.168.10.4	1	192.168.10.2	2048	0

1 entry.

Refresh

图 6-21 观察地址转换情况

步骤 18 测试 PC3 访问 PLC1，如图 6-21 所示。PC3 可以通过地址 192.168.10.3 访问 PLC1，而不能通过地址 192.168.20.2 进行访问，如图 6-22 所示。

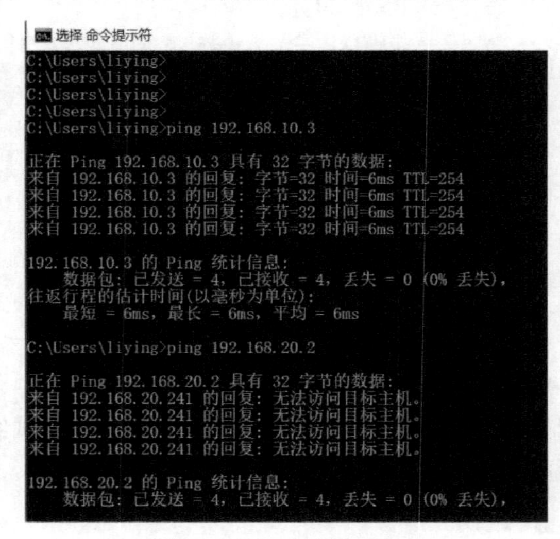

图 6-22 PC3 访问 PLC1

动态地址转换配置

6.3.2 动态网络地址转换配置

在 6.3.1 节的基础上，按照图 6-9 拓扑结构，将 VLAN10 接口配置为动态地址转换，地址转换如表 6-4 所示。

表 6-4 动态网络地址转换表

转换接口	内部全局地址	内部全局地址子网掩码
VLAN10	192.168.10.3	255.255.255.255

具体实训步骤如下：

步骤 1 在项目树中选择“Layer3”→NAT，在 Static 标签的 Interface 中选择 VLAN10 接口，删除 192.168.20.2 和 192.168.30.2 的地址转换记录，如图 6-23 所示。

图 6-23 删除地址转换记录

步骤 2　在 Pool 标签 Interface 中选择 VLAN10，删除原有 VLAN10 的记录，如图 6-24 所示。

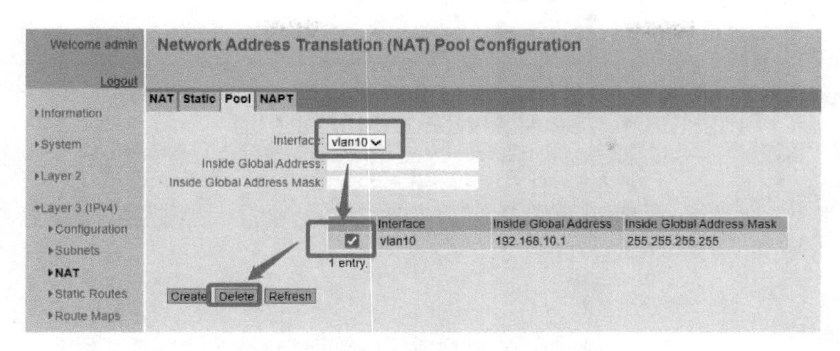

图 6-24　删除 Pool 标签中的记录

步骤 3　创建新的记录，在 Inside GlobalAddress 中输入 192.168.10.3 在 InsideGlobal AddressMask 中输入 255.255.255.255，单击 Create 按钮，创建一条 Pool 的地址转换记录。将所有内部地址转换为内部全局地址 192.168.10.3，结果如图 6-25 所示。

SIEMENS
192.168.1.1/SCALANCE XM408-8C L3

Network Address Translation (NAT) Pool Configuration

Changes will be saved automatically in 56 seconds. Press 'Write Startup Config' to save immediately.

NAT Static Pool NAPT

Interface: vlan10
Inside Global Address:
Inside Global Address Mask:

	Interface	Inside Global Address	Inside Global Address Mask
☐	vlan10	192.168.10.3	255.255.255.255

1 entry.

Create Delete Refresh

图 6-25　创建 Pool 的地址转换记录

步骤 4　保存交换机配置。

步骤 5　测试 PC2 访问 PC3，发现 PC2 可访问 PC3，选择 Information→IPv4 Routing，在 NAT Translations 标签观察地址转换情况，发现在 192.168.30.2 被转换为 192.168.10.3，如图 6-26 所示。

SIEMENS
192.168.1.1/SCALANCE XM408-8C L3

Network Address Translation (NAT) Translations

Routing Table | OSPFv2 Interfaces | OSPFv2 Neighbors | OSPFv2 Virtual Neighbors | OSPFv2 LSDB | RIPv2 Statistics | NAT Translations | PIM Interfaces | PIM Neighbors | PIM Routes | PIM

Interface	Inside Local Address	Inside Local Port	Inside Global Address	Inside Global Port	Outside Local/Global Address	Outside Local/Global Port	Last Use Time[s]
vlan10	192.168.30.2	1	192.168.10.3	1	192.168.10.2	2048	83

1 entry.

Refresh

图 6-26　观察地址转换情况

步骤 6　测试 PC3 访问 192.168.10.3，也可正常访问。

步骤 7　若希望增加全局地址的数量，比如配置内部全局地址为 192.168.10.4 或

192.168.10.5，可以如图 6-27 配置，其中内部全局地址为 192.168.10.4，子网掩码为 255.255.255.254，表示共有地址池为以 192.168.10.4 开始的两个连续地址，即 192.168.10.4 或 192.168.10.5。

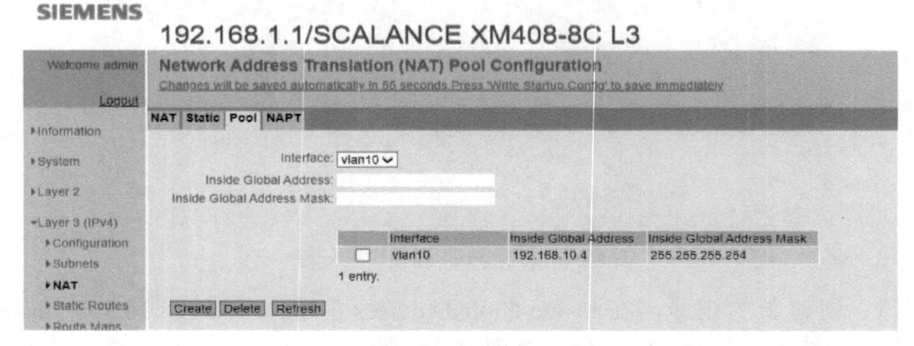

图 6-27　多全局地址配置

6.3.3　NAPT 配置

NAPT 配置

6.3.2 节实训中 PC3 无法通过配有 Pool 的 VLAN10 接口访问 PLC1，如果要实现上位机 PC3 远程访问 PLC1 的 Web 界面，可通过 NAPT 进行端口地址转换实现，端口转换映射表如表 6-5 所示。

表 6-5　端口转换映射表

转换接口	内部本地地址	端口号	内部全局地址	端口号
VLAN10	192.168.20.2	443	192.168.10.1	443

具体实训步骤如下：

步骤 1　利用博途软件，右击 PLC，选择“属性”→“常规”（选项卡），选择“Web 服务器访问”，勾选“启用使用该接口的 IP 地址访问 Web 服务器”，如图 6-28 所示。

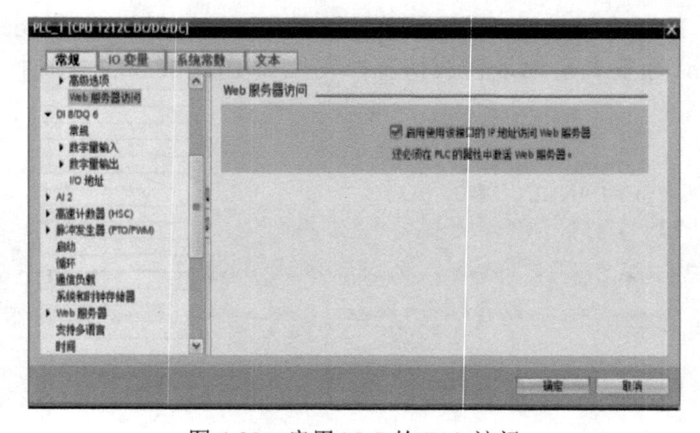

图 6-28　启用 PLC 的 Web 访问

步骤 2　右击 PLC，选择“属性”→“常规”（选项卡）→“Web 服务器”，激活 Web 服务器，如图 6-29 所示。下载组态到 PLC 中。

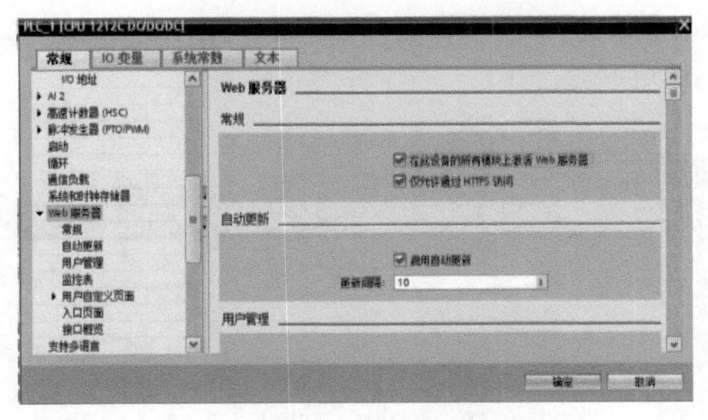

图 6-29　激活 Web 服务器

步骤 3　选择“Layer3”→NAT，在 Pool 标签 Interface 中选择 VLAN10，删除原有 VLAN10 的记录，否则无法启用 NAPT 功能。

步骤 4　选择“Layer3”→NAT，在 NAT 标签 Interface 中选择 VLAN10，勾选下面的 NAPT 复选框，代表在 VLAN10 接口上启用 NAPT 功能，单击 Set Values 按钮，如图 6-30 所示。

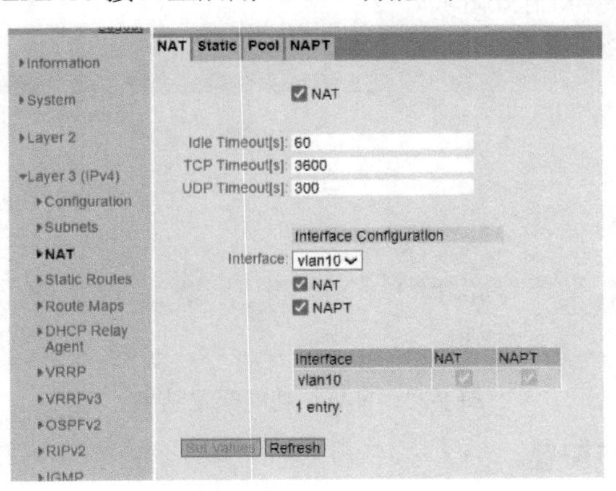

图 6-30　启用 NAPT 功能

步骤 5　选择“Layer3”→NAT，在 Pool 标签中创建 VLAN10 接口地址 192.168.10.1 为内部全局地址，如图 6-31 所示。

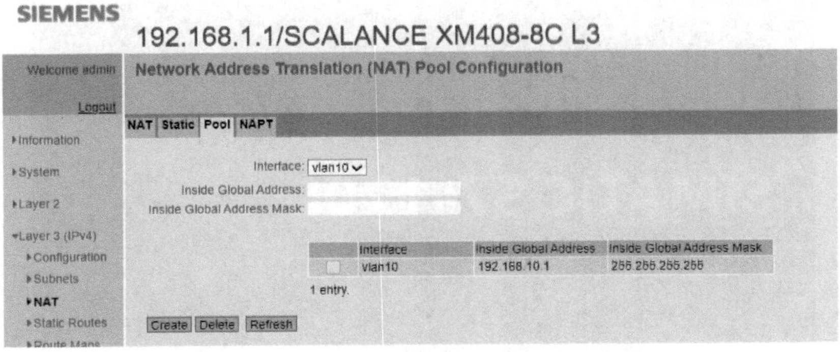

图 6-31　创建动态地址转换

步骤 6　在 NAPT 标签中，如图 6-32 所示配置 VLAN10 的 NAPT 功能，单击 Create 按钮，结果如图 6-33 所示。

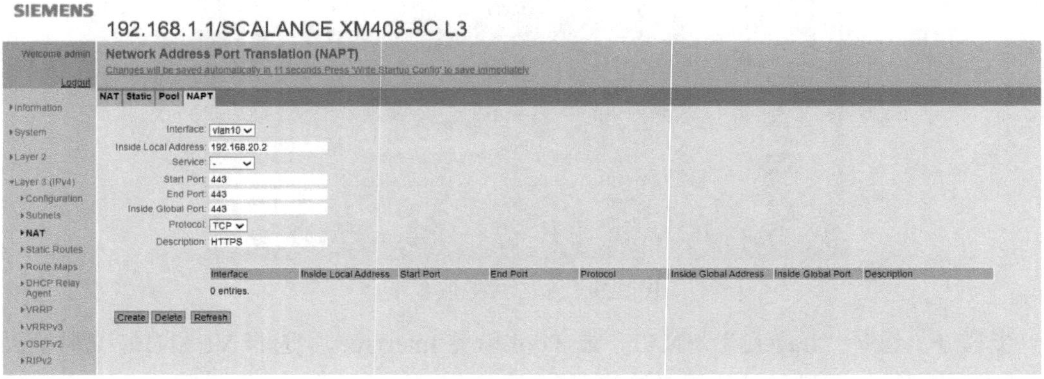

图 6-32　配置 VLAN10 的 NAPT 功能

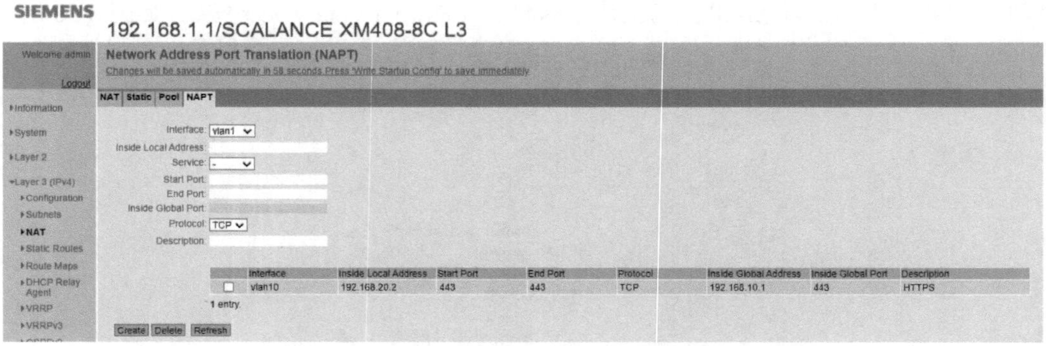

图 6-33　NAPT 功能配置结果

步骤 7　保存交换机配置。

步骤 8　在 PC3 上打开浏览器输入 https://192.168.10.1，可访问 PLC 的配置界面，如图 6-34 所示。

图 6-34　PLC 的配置界面

习　题

1. 单选题（将答案填写在括号中）

(1) 以下哪个端口号可以被普通用户自定义？(　　)

A. 80　　　　B. 53

C. 137　　　　D. 99

(2) 以下 NAT 技术中，可以使多个内网主机共用一个 IP 地址的是哪项？(　　)

A. 静态 NAT　　　　B. 动态 NAT

C. NAPT　　　　D. PAT

(3) 下面有关 NAT 的描述，说法错误的是(　　)。

A. 动态 NAT 转换地址是一对一的，而且是固定的

B. NAT 的实现方式有三种，即静态地址转换、动态地址转换和网络地址端口转换

C. NAT 可以有效地缓解 IP 地址不足的问题

D. NAT 是一种把内部私有网络地址 (IP 地址) 翻译成合法网络 IP 地址的技术

2. 判断题（正确的打 √，错误的打 ×，将答案填写在括号中）

(1) 内部全局地址：可供外部网络访问内部设备的 IP 地址。(　　)

(2) NAPT 与动态地址 NAT 不同，它将内部连接映射到外部网络中的一个单独的 IP 地址上，同时在该地址上加一个由 NAT 设备选定的端口号。(　　)

第 7 章 工业无线通信技术

工业无线通信技术是21世纪初新兴的无线通信技术，它面向仪器仪表、设备与控制系统之间的信息交换，是对现有通信技术在工业应用方向上的功能扩展和提升。本章将讲述工业无线通信技术的基本概念，介绍无线局域网 (WLAN) 特别是工业无线局域网 (IWLAN) 的技术优势及应用场景，基于西门子工业无线网络设备构建工业无线网络场景，完成工业无线网络通信功能配置。

7.1 工业无线通信技术概述

工业无线通信技术是在现有智能数字仪表和现场总线技术基础上发展起来的最新技术，它不仅能传送现场设备 (如各类变送器) 的检测参数的测量值信号 (如压力、温度的实时测量值)，还可以同时传送多种类型的信息，如设备状态和诊断报警、过程变量的测量值、回路电流和百分比范围、生产商和设备标签等。其应用的行业包括石化、冶金、电力、煤炭、烟草、长距离管线、海上石油平台等各行各业。

7.1.1 无线通信技术简介

无线通信是利用电磁波信号在自由空间中传播的特性进行信息交换的一种通信方式。无线通信技术自身有很多优点，例如成本较低，不必建立物理线路，更不用大量的人力去敷设电缆，而且不受工业环境的限制，对抗环境的变化能力较强，故障诊断也较为容易，相对于传统的有线通信的设置与维修，无线网络的维修可以通过远程诊断完成，更加便捷；扩展性强，当网络需要扩展时，无线通信不需要扩展布线；灵活性强，无线网络不受环境地形等限制，而且在使用环境发生变化时，无线网络只需要做很少的调整，就能适应新环境的要求，等等。

近年来应用较为广泛且具有较好发展前景的短距离无线通信标准有 ZigBee、蓝牙 (Bluetooth)、Wi-Fi、超宽带 (UWB) 和近场通信 (NFC) 等。

1. ZigBee 技术

ZigBee 是基于 IEEE 802.15.4 标准而建立的一种短距离、低功耗的无线通信技术。ZigBee

来源于蜜蜂群的通信方式，由于蜜蜂 (Bee) 是靠飞翔和“嗡嗡”(Zig) 地抖动翅膀来与同伴确定食物源的方向、位置和距离等信息，从而构成了蜂群的通信网络。ZigBee 技术具有如下特点：

(1) 距离近。通常传输距离是 10～100 m。

(2) 功耗低。在低耗电待机模式下使用电池可支持 1 个终端工作 6～24 个月。

(3) 成本低。ZigBee 是免协议费的，且芯片价格便宜。

(4) 速率低。ZigBee 通常工作在 20～250 kb/s 的较低速率。

(5) 时延短。ZigBee 的响应速度较快。

2. 蓝牙技术

蓝牙 (Bluetooth) 最早始于 1994 年，由瑞典爱立信研发，截至目前已经更新了 9 个版本，通信半径从几米延伸到几十米，可实现点对点或一点对多点的无线数据和声音传输，其数据传输带宽可达 1 Mb/s，通信介质为频率在 2.402～2.480 GHz 的电磁波。蓝牙技术可以广泛应用于局域网络中各类数据及语音设备，如 PC、拨号网络、笔记本电脑、打印机、传真机、数码相机、移动电话和高品质耳机等，实现各类设备之间随时随地的通信。

蓝牙技术也紧跟物联网的发展脚步。目前较新的蓝牙 5.4 版本数据传输速率更高，在传输距离、抗干扰性、安全性及低能耗等方面都有了较大的提升。在智能家居领域，采用了 Bluetooth Smart 技术的蓝牙设备之间可方便实现“对话”。由此可以解决 Bluetooth 突然断网没有 Wi-Fi 的情况下，智能家居设备继续工作的问题。蓝牙技术的主要优点是速率快、低功耗、安全性高。

3. Wi-Fi 技术

Wi-Fi 的全称是 Wireless-Fidelity，即无线保真，是无线局域网 (WLAN) 中的一个标准，是一种基于 802.11 协议的无线局域网接入技术。从 1999 年推出以来一直是我们生活中较常用的访问互联网的方式之一。

通常 Wi-Fi 技术使用 2.4 GHz 和 5 GHz 周围频段，通过有线网络外接一个无线路由器，就可以把有线信号转换成 Wi-Fi 信号。Wi-Fi 技术突出的优势在于它有较广的局域网覆盖范围，其覆盖半径可达 100 m，相比于蓝牙技术，Wi-Fi 覆盖范围更广、传输速度非常快，其传输速度可以达到 11 Mb/s 或者 54 Mb/s，适用于高速数据传输业务，无须布线，因而可以不受布线条件的限制，非常适合移动办公用户的需要。

4. UWB 技术

UWB(Ultra Wide Band，超宽带) 是一种无载波通信技术，利用纳秒至微秒级的非正弦波窄脉冲传输数据。通过在较宽的频谱上传送极低功率的信号，UWB 能在 10 m 左右的范围内实现数百兆比特 / 秒 (Mb/s) 至数吉比特 / 秒 (Gb/s) 的数据传输速率。

UWB 技术的主要特点是传输速率高、发射功率低、功耗小、保密性强。UWB 主要应用在高分辨率、较小范围、能够穿透墙壁和地面等障碍物的雷达和图像系统中。可以用来检查楼房、桥梁、道路等工程的混凝土和沥青结构中的缺陷，以及定位地下电缆及其他管线的故障位置，也可用于疾病诊断。另外，在救援、治安防范、消防及医疗、医学图像处理等领域都大有用途。

5. NFC 技术

NFC 是一种新的近距离无线通信技术，其工作频率为 13.56 MHz，与目前广为流行的非接触智能卡 ISO 14443 所采用的频率相同，这就为所有的消费类电子产品提供了一种方便的通信方式，已经成为得到越来越多主要厂商支持的正式标准。

NFC 是一种近距离的私密通信方式，可提供各种设备间轻松、安全、迅速而自动的通信。其数据传输速率一般为 106 kb/s、212 kb/s 和 424 kb/s 三种。NFC 的主要优势是：距离近、带宽高、能耗低、与非接触智能卡技术兼容，其在门禁、公交、手机支付等领域有着很高的应用价值。

7.1.2　无线局域网

无线局域网 (Wireless LAN，WLAN) 是利用无线通信技术实现快速接入的以太网技术，主要在中短距离覆盖范围内承载高速数据业务，支持固定和移动接入。Wi-Fi 是 WLAN 技术中一项关键技术，由“Wi-Fi 联盟”所发布，其核心技术采用了电子电气工程师协会 (IEEE) 制定的 802.11 系列标准。

WLAN 是基于 IEEE 802.11 标准并兼容有线以太网的无线局域网络。因此，无线局域网通常被称为无线以太网。在 PROFINET RT、EtherNet/IP 或 Modbus/TCP 等基于以太网的自动化网络中，通过 WLAN 可无线集成自动化设备。

1. WLAN 的特点与优势

随着各行业数字化趋势愈演愈烈，要实现行业数字化，需要强大的工业通信网络。无线局域网作为核心技术之一，代表着出色的性能和可靠性。

WLAN 具有如下特点与优势：

(1) 构建大型网络。WLAN 具有与以太网相同的特性，即通过多台设备构建大型网络。不过，与有线以太网相比，无线介质即所谓的共享介质，必须由网络或频段中的所有设备共享。相比有线连接，无线网络中的设备更多，导致延时更长、抖动更多以及带宽更窄。规划自动化应用时，必须考虑到这些因素。

(2) 支持设备自由移动。WLAN 的一个独特优势在于支持设备在网络中移动。大型 WLAN 网络中的设备可自由移动，从而自动切换无线连接至无线信号较佳的接入点，这一过程即为漫游。WLAN 网络的无线场可通过增加接入点无限扩展。设备 (WALN 客户端) 切换自动化单元的速度和可靠性对自动化应用十分重要。菲尼克斯电气的工业 WLAN 产品可实现快速可靠的漫游。

(3) 高性能和高可靠性。新型 WLAN 系统符合 IEEE 802.11n 标准，相比旧 WLAN 标准，提供高达数百 Mb/s 的数据速率，传输距离更长，稳定性更佳。

2. IEEE 802.11 标准

IEEE 802.11 系列标准对各种不同的无线技术进行了规定，如表 7-1 所示。

表 7-1　IEEE 802.11 系列标准

序号	标准名称	发布时间	可用频段 / GHz	最高速率 / (Mb/s)
1	IEEE 802.11	1997 年	2.4	2
2	IEEE 802.11b	1999 年	2.4	11
3	IEEE 802.11a	1999 年	5	54
4	IEEE 802.11g	2003 年	5	54
5	802.11n：Wi-Fi 4	2009 年	2.4 和 5	600
6	802.11ac：Wi-Fi 5	2014 年	5	3.5
7	802.11ax：Wi-Fi 6	2020 年	2.4 和 5	9.6

自 1997 年第一个无线局域网通信标准 IEEE 802.11 发布以来，IEEE 陆续发布了多个版本，随着各类 WLAN 技术的加速演进、应用场景的不断扩展，极大地带动了相关产业蓬勃发展，使得 WLAN 技术成为构筑基于智慧链接的数字世界的核心技术之一。

2009 年发布的 IEEE 802.11n 版本目前仍是无线网络设备支持的主流标准，IEEE 802.11n 标准的重要技术特性是 MIMO(多输入多输出) 天线技术，使用多个天线来增强发射器和接收器的通信，可通过 3 个有源电线同时发送和接收并行数据流。在工业环境中，利用信号反射可提高数据速率，最大连接速率为 600 Mb/s，并提高了无线连接的可靠性和稳定性。IEEE 802.11n 也是第一个同时工作在 2.4 GHz 和 5 GHz 频段的 WLAN 技术。

7.1.3　工业无线局域网

工业无线局域网 (Industrial Wireless Local Area Network，IWLAN)，是一种基于无线电技术，用于工业现场和设备之间传输数据的网络。它可以提供无线通信传输，代替传统的有线网络，节省了设备布线和设备移动的时间。

1. IWLAN 的优势

相比较于传统的有线网络，IWLAN 具有以下优点：

(1) 高灵活、易使用。使用无线技术后，现场设备摆脱了电缆的束缚，从而增加了现场仪表与被控设备的可移动性、网络结构的灵活性以及工程应用的多样性，用户可以根据工业应用需求的变化快速、灵活、方便、低成本地重构工业系统。

(2) 高可靠、易维护。在有线系统中，绝大部分系统故障是由电缆或电缆的连接器件损坏而引发的，其维护复杂度大、维护费用高。使用无线技术将杜绝此类故障的发生。工业无线设备可以采用电池供电，利用定时休眠等方法，可持续工作数年以上，维护成本极低。

(3) 数据传输稳定。IWLAN 通常使用射频技术和认证协议确保稳定且安全的数据传输。这使得工业场景中的大型数据传输变得轻松且更加可靠。

(4) 成本降低。因为无线设备的安装和维护成本低于有线设备，因此 IWLAN 的实施成本也相对较低。

2. 工业无线局域网的应用领域

无线网络在工业现场主要应用在设备或环境实现物理连接困难以及技术上不允许或不

希望用物理连接的场合，如移动或旋转设备、运动节点、远距离设备管理、障碍物阻隔环境、高危环境等，以弥补有线网络的不足。目前工业无线局域网已经广泛应用于以下领域：

(1) 工业自动化。由于工业自动化需要大量的无线传输数据，工业无线局域网是实现智能化和自动化的必要条件。

(2) 机器人。机器人使用工业无线局域网可以将大量数据传输到中央处理单元，实现远程操作和监控。

(3) 物流和仓储。工业无线局域网可以帮助物流和仓储企业实现设备自动化管理，包括固定和移动装置的追踪和流程优化。

3. 工业 WLAN 与通用 WLAN 的比较

工业 WLAN 比一般企业办公和家庭应用环境用的 WLAN 要求要高许多，可归纳如下：

(1) 严格的延迟要求。用于现场设备要求延迟不大于 10 ms，用于运动控制不大于 1 ms，对于周期性的控制通信，使延迟时间的波动减至最小也是很重要的指标。

(2) 确定性性能的保证。保证确定性是对任务执行有严格保证的工业通信系统必备的特性。

(3) 支持大量设备挂网，并容许挂网设备的接入数量可随机变化。工业 WLAN 的接入点约为数百个的数量级。若节点过多和接入的节点数有变化，有可能导致 IEEE 802.11 的 MAC 协议层效率太低。

(4) 网络安全的保证。满足安全保密法规是工业 WLAN 的基本要求，包括防止黑客的侵入及对这些接入点的检测等。

7.2 工业无线网络设备

工业无线通信是数字化转型的关键要素，是向企业提供交换各种数据的基础设施，西门子开发了具有特殊附加功能的专用工业无线局域网产品，以满足工业中 WLAN 的特殊需求。西门子工业无线通信系列产品都具备高度的可靠性、耐用性和安全性，各组件可在十分恶劣的室内和室外条件下使用。开放式工业以太网标准 PROFINET 或 Ethernet/IP 以及 PROFIsafe 也可确保更高的效率、灵活性和安全性。

7.2.1 西门子 SCALANCE W 系列产品简介

西门子 SCALANCE W 系列产品是基于 IEEE 802.11 标准的工业无线局域网产品，其优势主要体现在以下方面：

1. 投资安全性高

所有产品都符合国际公认标准 IEEE 802.11，并适用于 2.4 GHz 和 5 GHz 工作频率。

2. 可节约成本

该系列产品无磨损和破损，从而可节省插入式连接、电缆架、滑动触头或卷绕装置的维护和维修成本。

3. 可实现安全、可靠通信

通过 PROFINET、PROFIsafe、Ethernet/IP、CIP Safety 和其他自动化协议，可无线传输标准信号和故障安全信号。为了确保数据不仅快速而且可靠地传输，冗余通信至关重要，这样就不会丢失任何信息。SCALANCE W 产品中包含的各种诊断选项还提供在出现故障时快速识别和修复问题的功能。

4. 高数据传输率

该系列产品数据传输率最高可达 1733 Mb/s，适用于要求高带宽和高网络用户密度的应用。

5. 可维护性强

通过 KEY-PLUG 或 CLP iFeature 扩展 SCALANCE W 产品的特殊工业功能，可以在发生故障时轻松更换设备。

6. 稳健和灵活

具有 IP65 防护等级的 SCALANCE W 设备适用于控制柜外部的应用，例如生产车间和恶劣环境条件的室外环境。

7.2.2　西门子无线访问接入点和无线客户端

西门子 SIMATIC 设计中的 SCALANCE W774 Access Point 和 SCALANCE W734 客户端模块能可靠灵活地实现控制器与 I/O 系统之间的无线通信。

1. 西门子 SCALANCE W774 和 W734 设备简介

SCALANCE W774 无线接入点和 SCALANCE W734 无线客户端模块是为了在控制柜内部使用而开发的。它们可作为控制器或分布式 I/O 的头部组件，以确保可靠的无线通信。由于具有 IP65 防护等级，SCALANCE W774 接入点和 SCALANCE W734 客户机模块也可安装在控制柜外部。由于总数据速率高达 300 Mb/s 且具有可选的 iFeatures 功能，即使是在要求更加苛刻的应用环境下也可以正常使用。两个设备的外观及设备描述信息如图 7-1 所示。

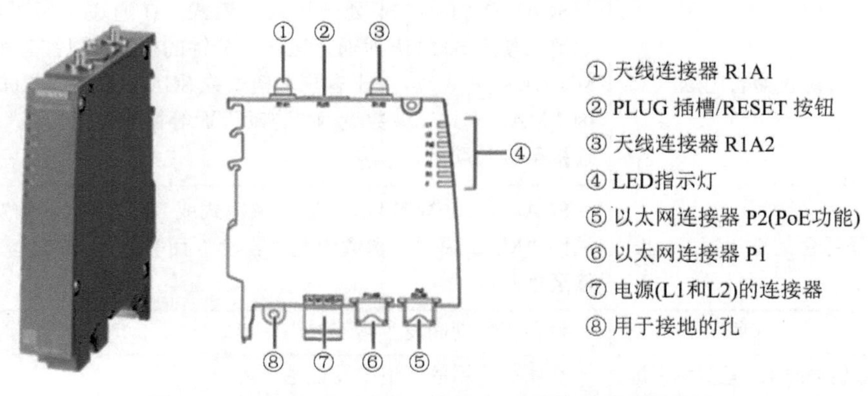

图 7-1　SCALANCE W774 和 W734 的外观及设备描述

LED 指示灯在外壳正面，自上而下共包含 7 个指示灯，如图 7-2 所示。

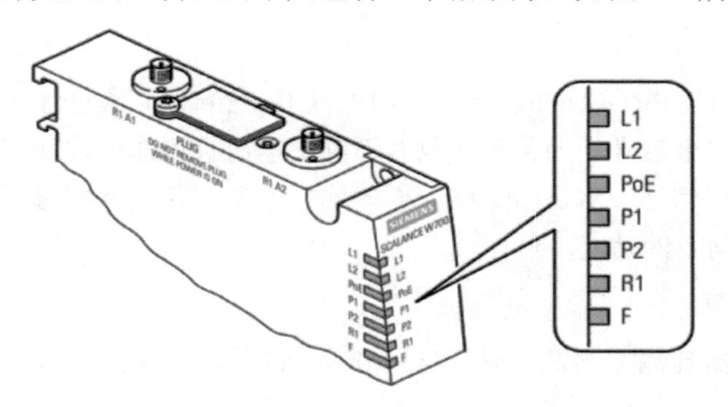

图 7-2　SCALANCE W774 和 W734 LED 指示灯

若干 LED 指示灯可提供有关设备工作状态的信息，对于设备配置和管理过程中了解设备运行状态、及时进行故障诊断发挥了重要作用。每个指示灯的颜色变化及其含义如表 7-2 所示。

表 7-2　SCALANCE W774 和 W734 LED 指示灯颜色及含义

LED	颜　色	含　义
L1	绿色	电源 L1
L2	绿色	电源 L2
PoE	绿色	使用以太网供电的电源
P1	绿色	第一个以太网接口上存在连接
	绿灯、黄灯交替闪烁	通过第一个以太网接口传送数据
P2	绿色	第二个以太网接口上存在连接
	绿灯、黄灯交替闪烁	通过第二个以太网接口传送数据
R1	绿色	SCALANCE W774 处于接入点模式：WLAN 接口已初始化，操作准备就绪。SCALANCE W774 处于客户端模式或 SCALANCE W734：WLAN 接口上存在连接
	绿灯、黄灯交替闪烁	通过 WLAN 接口传送数据
	绿色短暂闪烁	SCALANCE W774 处于接入点模式：在通道可用于数据通信之前，使用 802.11h 对通道进行一分钟的扫描，以搜索主要用户。SCALANCE W774 处于客户端模式或 SCALANCE W734：客户端因“MAC 模式”参数设为“自动”而等待 MAC 地址，因而没能连接至接入点
	呈绿色闪烁 3 短、1 长	SCALANCE W774 处于客户端模式或 SCALANCE W734：客户端因“MAC 模式”参数设为“自动”而等待 MAC 地址，并且连接至接入点
F	红色	设备工作期间发生错误
	红色同时 R1 呈黄色闪烁	在所有启用的通道中发现主要用户
P1 R1	呈黄色闪烁	使用 SIMATIC NET Primary Setup Tool (PST) 启用“闪烁”

SCALANCE W774 和 W734 设备具有如下属性：

(1) 具有 2 个 RJ-45 以太网接口，支持全双工和半双工 10 Mb/s 和 100 Mb/s 速率，可实现自动跨接和自动极性变换。

(2) 具有 2 个天线接口，可连接 ANT795-4MA 型号的全向天线。

(3) WLAN 接口支持 IEEE 802.11n 标准，同时兼容 IEEE 802.11a、IEEE 802.11b 和 IEEE 802.11g 标准，可在 2.4 GHz 和 5 GHz 范围内工作，可实现高速 WLAN 通信。

(4) 支持 WPA、WPA-PSK、WPA2、WPA2-PSK 和 IEEE 802.1x 验证标准，并支持 WEP、AES 和 TKIP 加密方法。

(5) 通过向导和在线帮助实现组态支持；通过 Web 服务器和 SNMP 实现轻松管理。

2. 西门子无线访问接入点 SCALANCE W774 的功能

无线访问接入点 (wireless Access Point，AP) 是组建无线局域网时最核心的设备。AP 相当于无线网络中的交换机，是无线网和有线网之间沟通的桥梁。SCALANCE W774 无线接入点的主要功能就是将各个无线网络客户端连接到一起，然后将无线网络接入以太网，从而达到无线覆盖的目的。AP 的中继加桥接功能可以实现两个无线设备之间的通信，也可以起到放大信号的作用，保证了传输速度和稳定性；AP 的主从模式可以方便网管统一管理子网络，实现一点对多点的连接。

SCALANCE W774 无线接入点通过 MIMO(多输入多输出) 技术实现可靠的无线链路，最多可以使用四个流同时进行发送和接收，适用于具有实时和冗余要求的苛刻应用，如 PROFINET、PROFIsafe，扩展工业功能尤其适用于高可靠性要求的场合。

3. 西门子无线客户端 SCALANCE W734 的功能

SCALANCE W734 是无线客户端 (wireless Access Client，AC)，是一种具有 WLAN 功能的设备，在该设备中永久性安装了一个无线卡。SCALANCE W734 客户端模块可保证实时无线通信，在满足极高带宽要求的情况下保持稳定运行。该节省空间的客户机模块适合需要将设备安装在控制柜内的应用。由于采用 SIMATIC 设计，SIMATIC S7 PLC、ET 200SP 等自动化组件可无缝集成到工业 WLAN 中，可以节省控制柜内的空间。

4. 全向天线和定向天线

在工业无线局域网中使用的天线主要有全向天线和定向天线两种，其外观如图 7-3 所示。

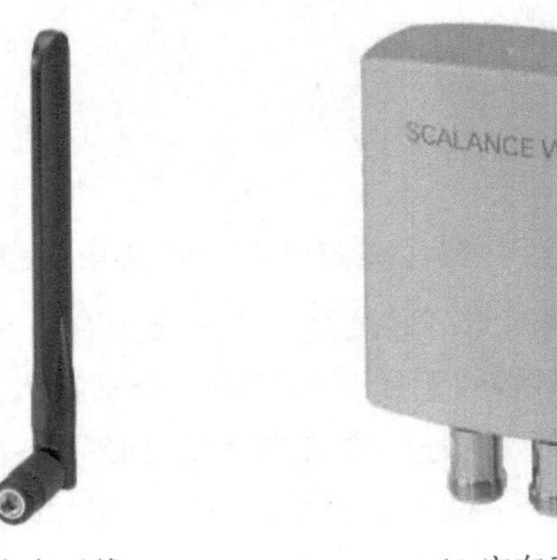

(a) 全向天线　　(b) 定向天线

图 7-3　全向天线和定向天线

全向天线一般是杆状天线，它的信号发射一般是从中间出来，有一个垂直张角和水平张角，所以实际覆盖的区域是个锥饼形状，并不是360°无死角。在SCALANCE W774和W734设备上各有2个天线接口，使用的就是全向天线，其型号为ANT795-4MA，支持2.4 GHz和5 GHz工作频率，可直接安装到无线接入点和无线客户端设备的天线接口上。

定向天线一般是板状天线，它的信号发射一般也是从中间出来，同样存在垂直张角和水平张角，所以实际覆盖区域是个不规则的圆锥形状，像个大喇叭。

5. 工业无线网络结构

使用无线接入点(AP)和无线客户端(AC)可以建立各种网络结构。

1) 使用AP的独立组态

该组态不需要服务器，且接入点不连接到有线以太网，如图7-4所示。在其传输范围内，接入点将数据由一个WLAN节点转发到另一个WLAN节点。无线网络具有唯一的名称。所有在该网络中交换数据的设备必须用这一名称进行组态。

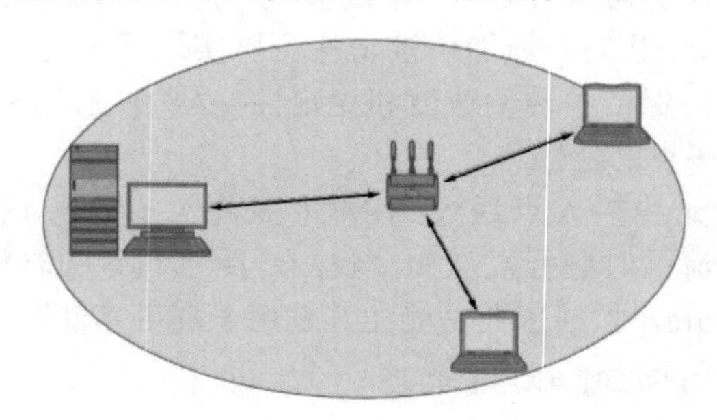

图7-4　有一个接入点的独立组态

2) 对有线以太网网络进行无线访问

如果有一个(或多个)接入点能够访问有线以太网(如图7-5所示)，则支持以下应用：

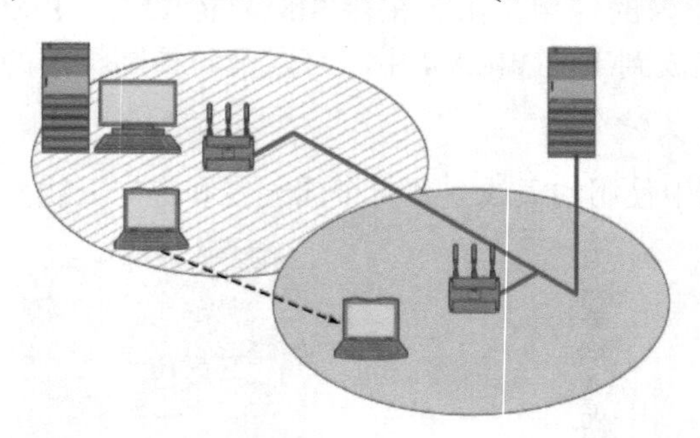

图7-5　跨两个蜂窝区的移动站的无线连接(漫游)

(1) 单个设备作为网关：无线网络可通过接入点连接到有线网络。

(2) 包含多个接入点的无线网络的无线覆盖范围：全部接入点都组态了同一个唯一的SSID(网络名称)，所有要通过该网络进行通信的节点也必须组态有该SSID。如果移动站从一个接入点的覆盖范围移动另一个接入点的覆盖范围，将保持无线链路(漫游)。

3) 通过客户端或客户端模式下的接入点访问网络

如图7-6所示，该设备可用于在无线网络中集成有线以太网设备(如SIMATIC S7 PLC)。

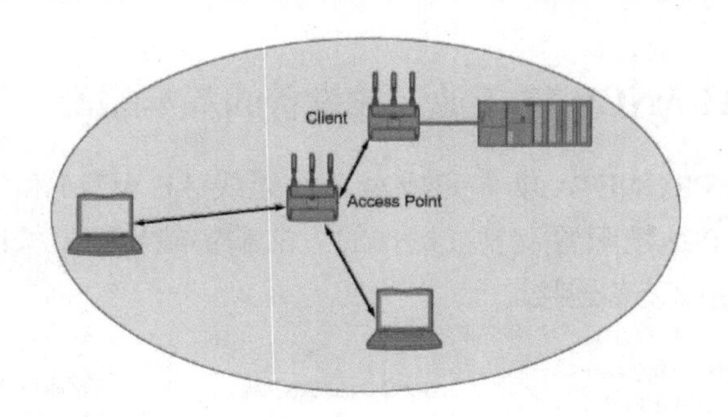

图 7-6　将 SIMATIC S7 PLC 接入无线 LAN

7.3 实　训

本章实训的主要目标是使学生能熟练配置和使用工业无线网络设备。首先应能完成对西门子 SIMATIC W774 无线 AP 和 W734 无线客户端的基本管理配置，包括复位和 IP 地址配置。在此基础上要求学生能熟练完成工业无线网络设备的无线通信功能配置，从而能够在工业网络中灵活应用无线网络设备将现场终端设备接入网络中。最后应了解 NAT 和 NAPT 技术在无线网络中的应用与配置。

实训目的

(1) 掌握西门子 SIMATIC W774 无线 AP 和 W734 无线客户端的基本管理配置；

(2) 掌握在 SIMATIC W774 无线 AP 和 SIMATIC W734 无线客户端上实现无线通信功能的配置方法；

(3) 掌握在 SIMATIC W734 无线客户端上实现 NAT 和 NAPT 功能的配置方法。

实训准备

(1) 复习本章内容；

(2) 熟悉西门子 SIMATIC W774 无线 AP 和 W734 无线客户端设备的外观及基本管理配置；

(3) 熟悉西门子无线 AP 和无线客户端实现无线通信的基本配置；

(4) 熟悉无线客户端实现 NAT 和 NAPT 功能的基本配置。

实训设备

(1) 1 台电脑：已安装博途和 PRONETA 软件；

(2) 1 台 SIMATIC S7-1200 PLC；

(3) 2 台 SCALANCE XB208 第 2 层工业交换机；

(4) 1 台 SCALANCE W774 无线 AP、1 台 SCALANCE W734 无线客户端；

(5) 网线若干。

7.3.1 西门子 SCALANCE W 工业无线设备的基本配置

工业无线设备的基本配置

本实验介绍使用 PRONETA 软件完成对工业无线 AP W774 和工业无线 AC W734 进行 IP 地址配置及复位操作的方法和实施步骤。按照图 7-7 所示的实验拓扑完成设备连接。

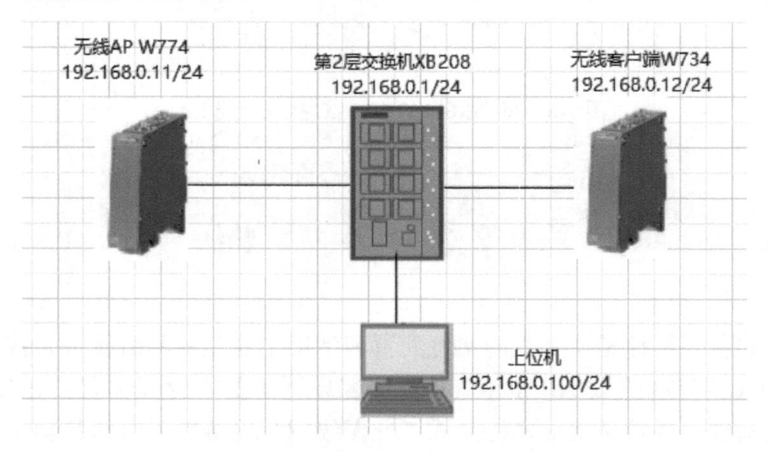

图 7-7　工业无线设备基本配置实验拓扑

步骤 1　按照实验拓扑将 W774、W734 和上位机连接到 XB208 的任意端口。

步骤 2　启动 PRONETA 软件进行网络分析，可显示出在线图形视图和设备列表，如图 7-8 所示。

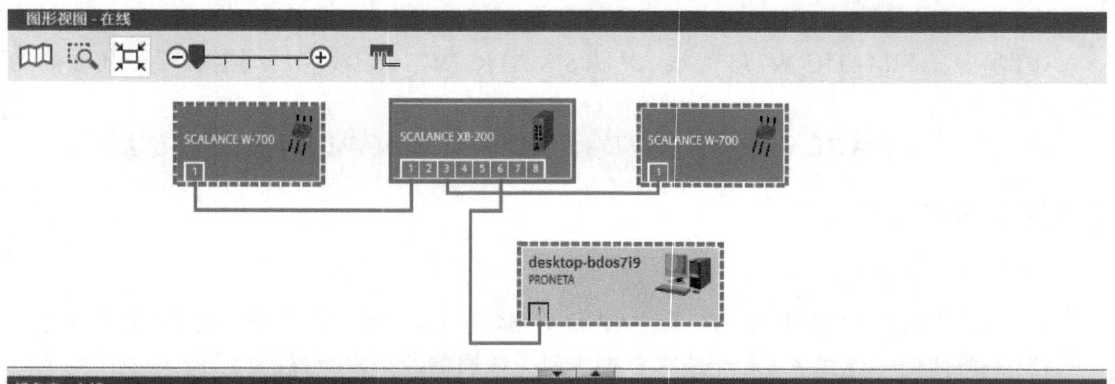

#	名称	设备类型	IP 地址	子网掩码	MAC 地址	角色	供应商名称	订单号	固件版本
1		SCALANCE XB-200	192.168.0.1	255.255.255.0	d4:f5:27:bc:64:91	Device	SIEMENS AG	6GK5 208-0BA00-2AB2	V4.2.0
2		SCALANCE W-700	192.168.0.12	255.255.255.0	d4:f5:27:bc:a6:3d	Device	SIEMENS AG	6GK5 734-1FX00-0AA0	V6.4.1
3		SCALANCE W-700	192.168.0.11	255.255.255.0	d4:f5:27:bc:9e:0c	Device	SIEMENS AG	6GK5 774-1FX00-0AA0	V6.4.1

图 7-8　使用 PRONETA 进行网络分析的结果

在图 7-8 上方的图形视图中显示出 2 台 SCALANCE W-700 无线网络设备和 1 台 SCALANCE XB-200 第 2 层交换机。在图 7-8 下方的设备表中则按行显示出每一台设备的概要信息，包括设备类型、现有的 IP 地址和子网掩码、MAC 地址、订单号、固件版本等信息。

步骤 3　在设备表中依次选中 W774 和 W734 无线设备，会在窗口右侧显示出该设备的详细信息，如图 7-9 和图 7-10 所示。

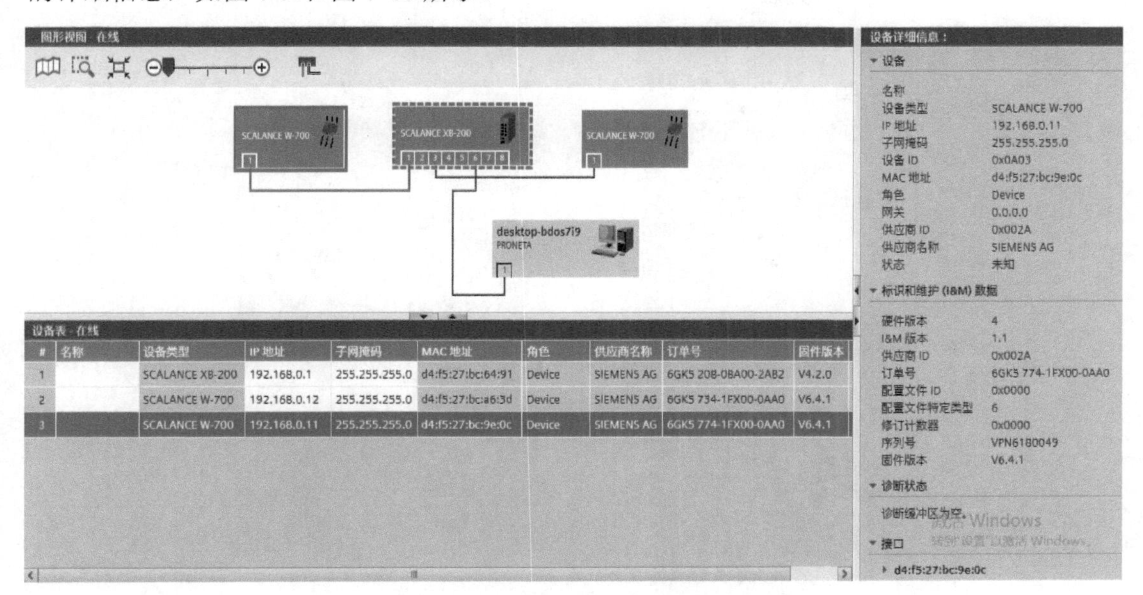

图 7-9　W774 无线接入点设备详细信息

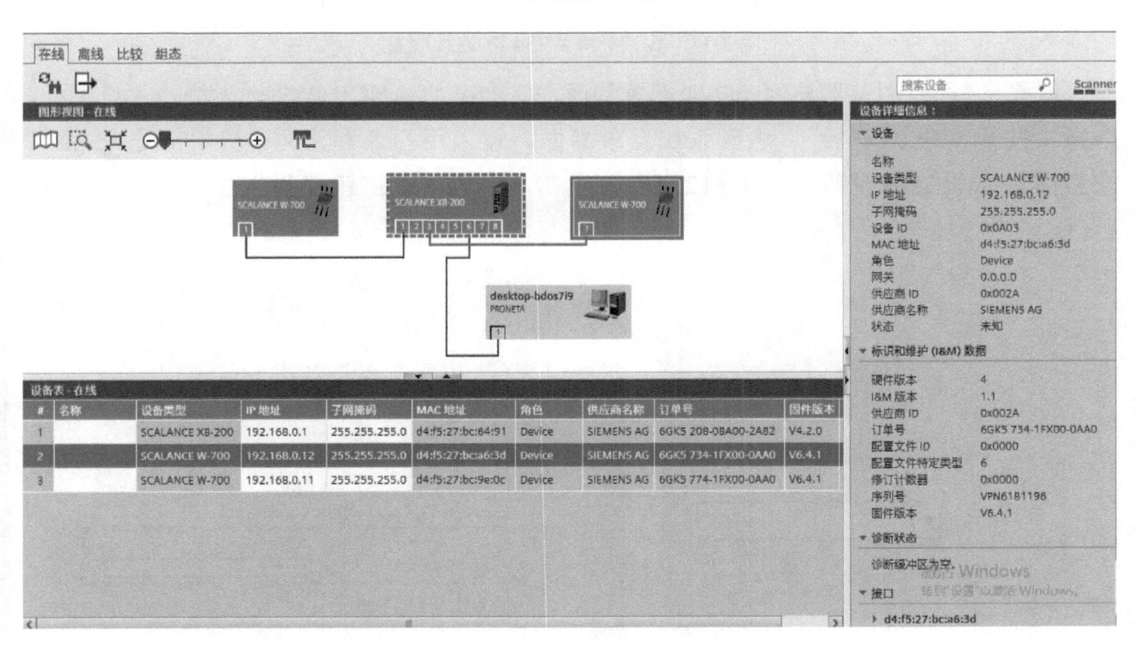

图 7-10　W734 无线客户端设备详细信息

步骤 4　依次对 XB208、W774 和 W734 执行复位操作。在图形视图下右击相应设备图标，选择“复位网络参数”，对 3 个设备执行复位操作并恢复到出厂配置，复位完成后会自动重启设备。

步骤 5　为 W774 和 W734 配置 IP 地址，右击相应设备图标，选择“设置网络参数”，在 IP 组态下手工输入 IP 地址和子网掩码，必要时可设置网关地址。地址配置结果如图 7-11 所示。

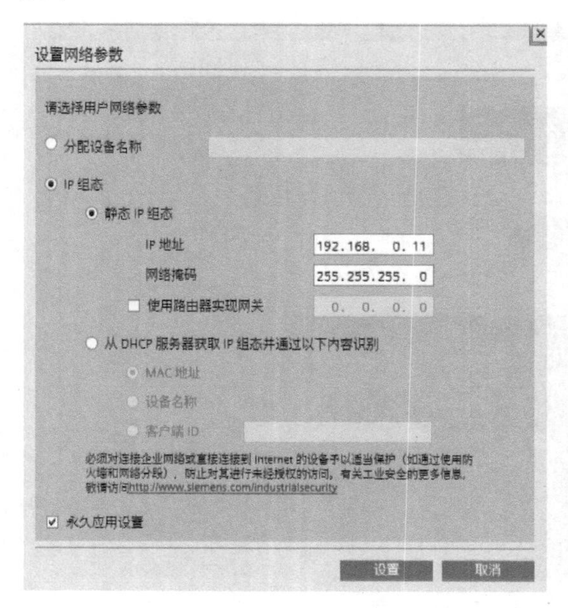

(a) W774

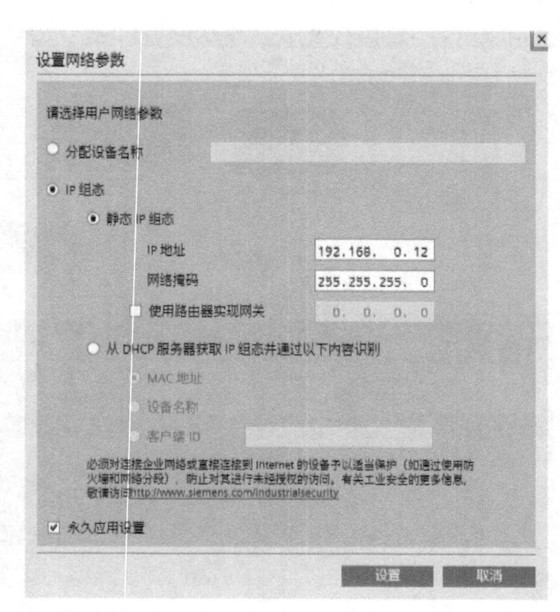

(b) W734

图 7-11 W774 和 W734 IP 地址配置

步骤 6 通过浏览器访问 W774 配置界面，右击 SCALANCE W-700 无线接入点图标，选择“打开 Web 浏览器”，进入系统登录界面。输入用户名和密码(初始都是 admin)。按界面提示设置新密码为 ZD@123456，单击 Set Values 按钮使设置生效，如图 7-12 所示。

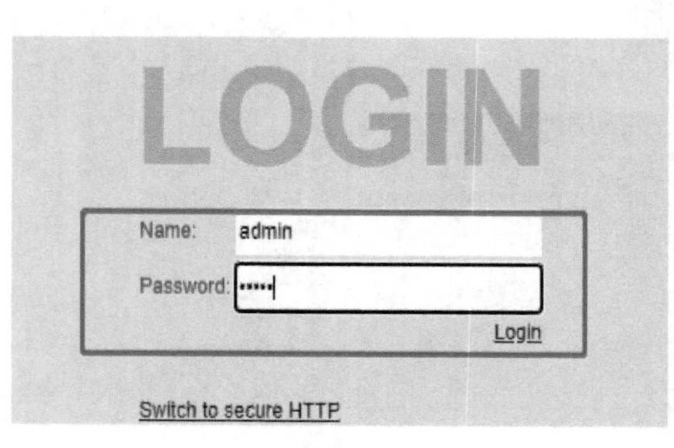

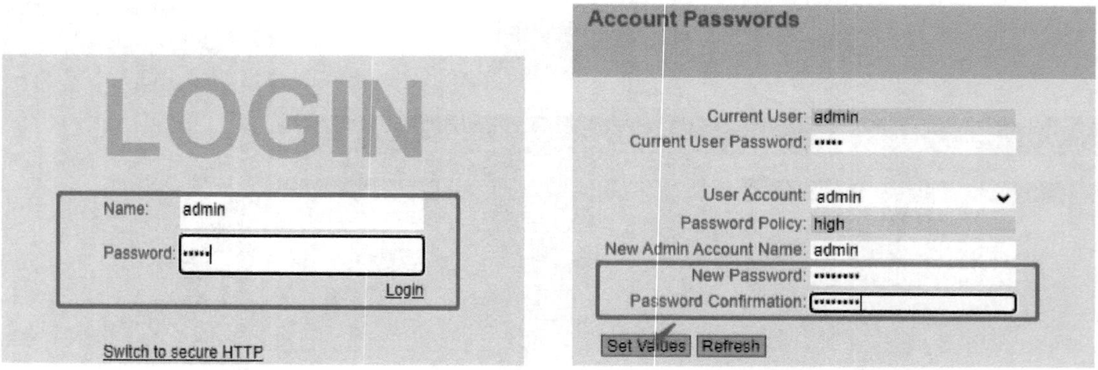

(a) 系统登录

(b) 重置登录密码

图 7-12 第一次登录时为 W774 重置登录密码

步骤 7 通过浏览器访问 W734 配置界面，使用相同的用户名和密码作为无线客户端 W734 进行登录，按界面提示设置新密码为 ZD@123456。登录成功后分别进入无线 AP 和 AC 的管理及配置界面，如图 7-13 所示。

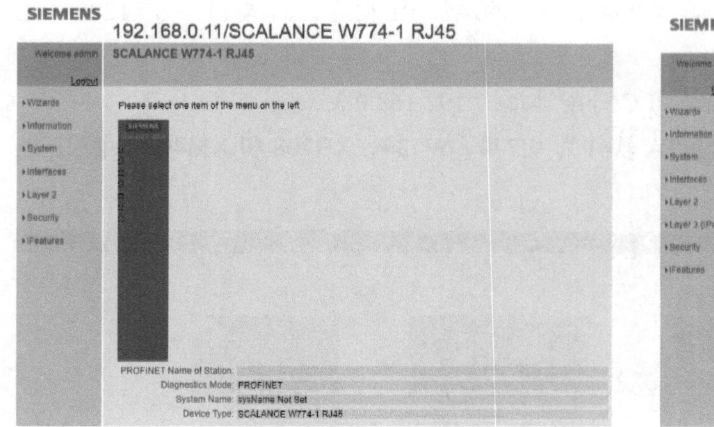

(a) W774

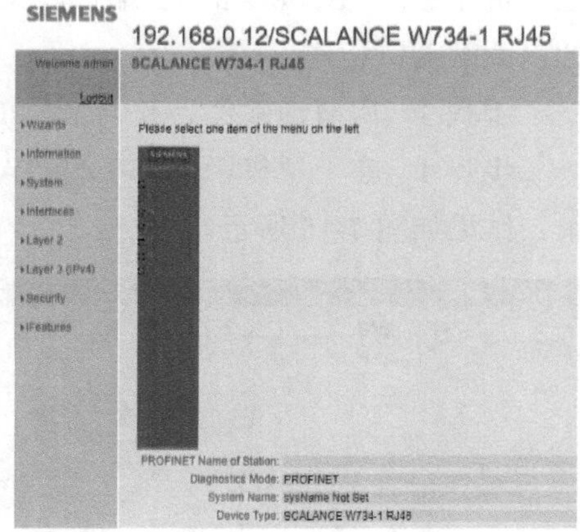

(b) W734

图 7-13　W774 无线 AP 和 W734 无线 AC 管理及配置界面

7.3.2　西门子 SCALANCE W 无线通信功能配置

西门子 SCALANCE W 无线通信功能配置

本实验按照图 7-14 所示的无线通信网络实验拓扑图连接交换机与无线模块、交换机与上位机、交换机与 S7-1200 PLC 已和开关连接。通过在 SCALANCE W774 和 W734 上配置启动无线通信功能实现上位机和 PLC 之间的通信，同时通过上位机中的博途软件能够远程监控 S7-1200 PLC 中的开关变量。

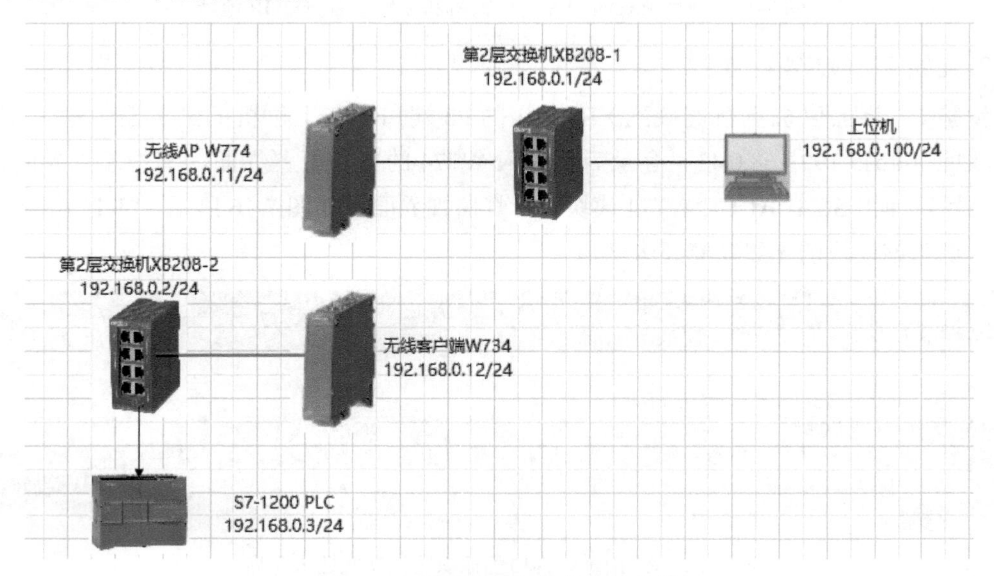

图 7-14　无线通信网络实验拓扑图

1. 网络设备基础配置

步骤 1　将交换机和 PLC 恢复出厂设置。

步骤 2　按照拓扑图连接 XB208-1 的 P3 端口与 W774 的以太网端口 P1、P1 端口与上位机相连；XB208-2 的 P5 端口与 W734 的以太网端口 P1 相连、P1 端口与 S7 1200 PLC 的以太网端口相连。

步骤 3　用博途软件为 S7-1200 PLC 分配地址为 192.168.0.3。

步骤 4　在上位机中用 PRONETA 软件为 W774、W734、XB208 和 XM408 分配 IP 地址，结果如图 7-15 所示。

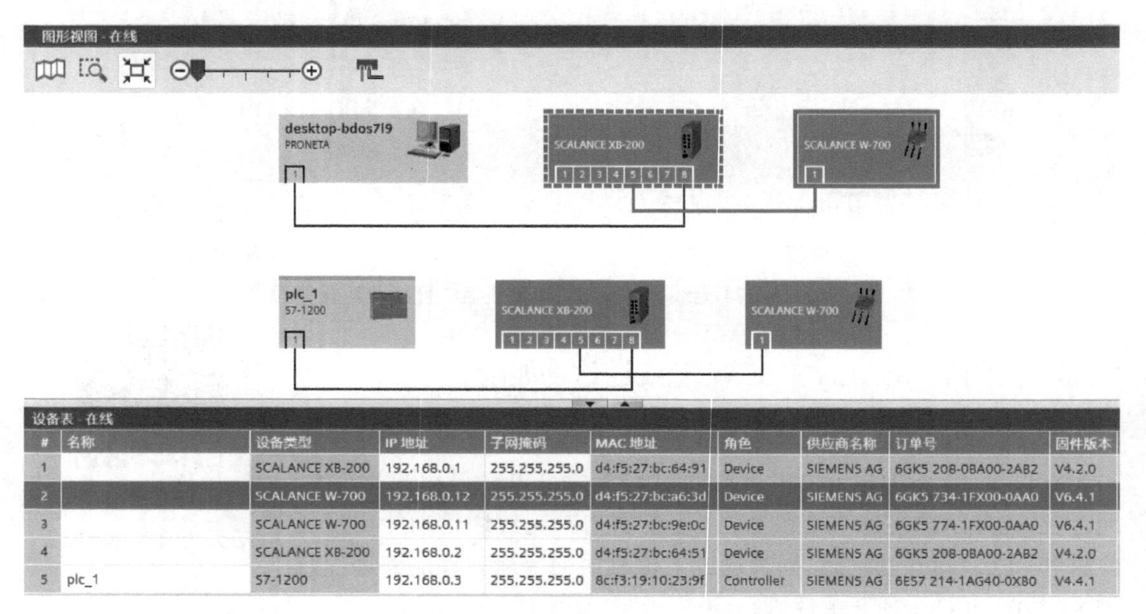

#	名称	设备类型	IP 地址	子网掩码	MAC 地址	角色	供应商名称	订单号	固件版本
1		SCALANCE XB-200	192.168.0.1	255.255.255.0	d4:f5:27:bc:64:91	Device	SIEMENS AG	6GK5 208-0BA00-2AB2	V4.2.0
2		SCALANCE W-700	192.168.0.12	255.255.255.0	d4:f5:27:bc:a6:3d	Device	SIEMENS AG	6GK5 734-1FX00-0AA0	V6.4.1
3		SCALANCE W-700	192.168.0.11	255.255.255.0	d4:f5:27:bc:9e:0c	Device	SIEMENS AG	6GK5 774-1FX00-0AA0	V6.4.1
4		SCALANCE XB-200	192.168.0.2	255.255.255.0	d4:f5:27:bc:64:51	Device	SIEMENS AG	6GK5 208-0BA00-2AB2	V4.2.0
5	plc_1	S7-1200	192.168.0.3	255.255.255.0	8c:f3:19:10:23:9f	Controller	SIEMENS AG	6ES7 214-1AG40-0XB0	V4.4.1

图 7-15　使用 PRONETA 为交换机和无线设备分配 IP 地址

2. 无线 AP W774 配置

步骤 1　将上位机重新连接到 XB208-1 的 P3 端口，在上位机的浏览器中输入 W774 的 IP 地址 https://192.168.0.11，登录后将进入 W774 的向导配置界面。单击配置界面右上角的图标，弹出 SCALANCE W774 模块指示灯监视界面，如图 7-16 所示。“R1”指示灯为白色，说明该模块的无线功能还未开启。

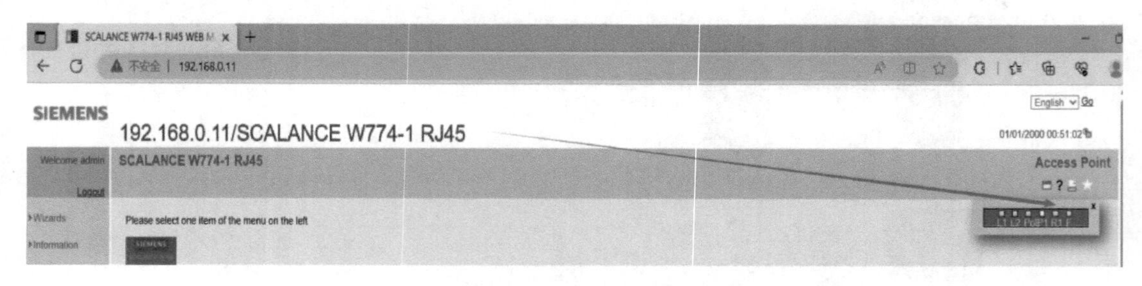

图 7-16　R1 指示灯为白色标识无线功能还未开启

步骤 2　单击配置界面左侧 Interfaces 的子项 WLAN 进行无线配置。在 Antennas 标签下，在 Antenna Type(天线类型) 栏输入“ANT795-4MA”，其他配置保持不变，如图 7-17 所示。最后单击 Set Values 按钮。

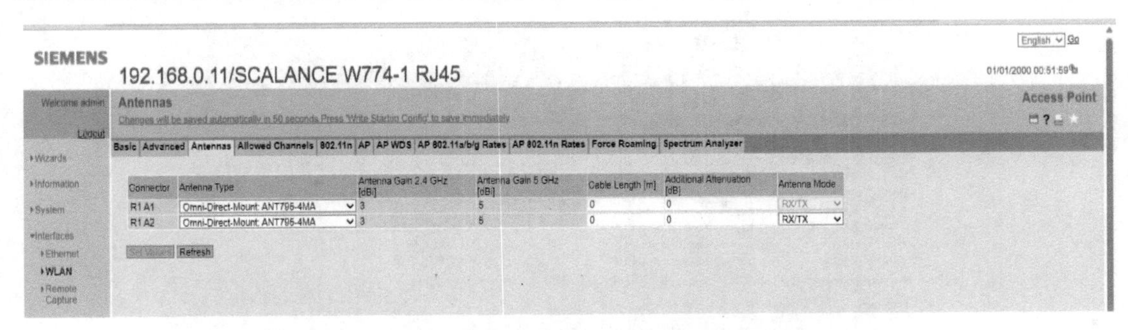

图 7-17　为 W774 选择天线类型为 ANT795-4MA

步骤 3　在 Basic 标签页下的 Country Code 列表中选择 China，选中表格中 Enabled 标题栏下的复选框，将 Frequency Band 值选为 5 GHz，将 max.Tx Power 值选择为 20 dBm，其他配置保持不变，最后单击 Set Values 按钮。单击配置界面右上角的“监视”图标，在弹出的 W774 模块指示灯监视界面中可以看到“R1”指示灯开始闪动，说明 W774 的无线功能已经启用，如图 7-18 所示。

WLAN Basic Radio Settings　Access Point

Basic | Advanced | Antennas | Allowed Channels | 802.11n | AP | AP WDS | AP 802.11a/b/g Rates | AP 802.11n Rates | Force Roaming | Spectrum Analyzer

Country Code: China

Device Mode: AP

Radio	Enabled	Radio Mode	Frequency Band	WLAN Mode 2.4 GHz	WLAN Mode 5 GHz	DFS (802.11h)	Outdoor Mode	max. Tx Power	Tx Power Check
WLAN 1	☑	AP	5 GHz	802.11 n	802.11 n	☐	☐	20 dBm	Allowed

Warning: The device may not be permitted for use in countries denoted by a "*" character.

Please check the following website for more detailed information:
http://www.siemens.com/wireless-approvals

Set Values　Refresh

图 7-18　为 W774 配置启动无线功能

步骤 4　在 Allowed Channels 标签页列出了选择频率带宽为 2.4 GHz 或 5 GHz 时可以选择的信道，可以保持默认设置，即所有信道都勾选；也可以勾选 Use Allowed Channels only 后，选择特定的 149 信道，如图 7-19 所示。

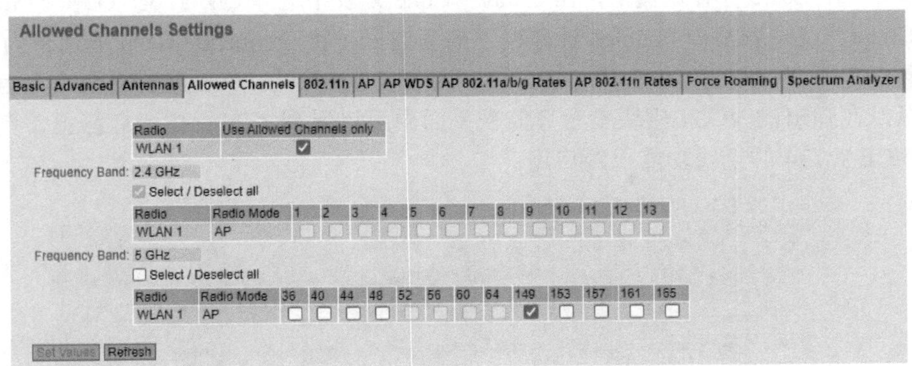

图 7-19　为 W774 设置允许的信道

步骤 5　在 AP 标签下，可以修改 SSID 号，如 CIMC，要确保使用的 SSID 号之前的 Enabled 为勾选状态，同时禁用 Broadcast SSID(SSID 广播)，如图 7-20 所示。

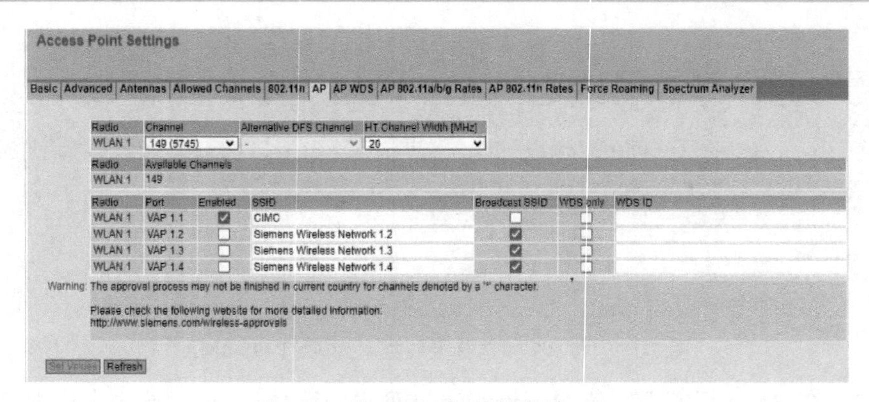

图 7-20　为 W774 设置并启用 SSID

3. 无线客户端 W734 配置

步骤 1　将上位机与 XB208-2 的空闲网口相连，在上位机的浏览器中输入 W734 的 IP 地址 https://192.168.0.12，进入其登录界面。首次登录和 W774 类似，需重新配置密码。

步骤 2　重新登录 W734，单击配置界面左侧 Interfaces 的子项 WLAN 进行无线配置，配置过程与 SCALANCE W774 的类似。

步骤 3　在 Antennas 标签页下，在 Antenna Type 列表中选择 ANT795-4MA，其他配置保持不变，最后单击 Set Values 按钮，如图 7-21 所示。

SIEMENS
192.168.0.12/SCALANCE W734-1 RJ45
Antennas
Basic Advanced Antennas Allowed Channels 802.11n Client Signal Recorder Force Roaming

Connector	Antenna Type	Antenna Gain 2.4 GHz [dBi]	Antenna Gain 5 GHz [dBi]	Cable Length [m]	Additional Attenuation [dB]	Antenna Mode
R1 A1	Omni-Direct-Mount: ANT795-4MA	3	5	0	0	RX/TX
R1 A2	Omni-Direct-Mount: ANT795-4MA	3	5	0	0	RX/TX

图 7-21　为 W734 选择天线类型为 ANT795-4MA

步骤 4　在 Basic 标签页页下，在 Country Code 列表中选择 China，在 Device Mode 列表中选择 Client，选中表格中 Enabled 标题栏下的复选框，将 Frequency Band 值选择为 5 GHz，其他配置保持不变，最后单击 Set Values 按钮，如图 7-22 所示。单击配置界面右上角的“监视”图标，在弹出的 W734 模块指示灯监视界面中可以看到“R1”指示灯绿色常亮，说明 SCALANCE W734 的无线功能已经启用。

192.168.0.12/SCALANCE W734-1 RJ45
WLAN Basic Radio Settings
Country Code: China
Device Mode: Client

Radio	Enabled	Radio Mode	Frequency Band	WLAN Mode 2.4 GHz	WLAN Mode 5 GHz	DFS (802.11h)	Outdoor Mode	max. Tx Power	Tx Power Check
WLAN 1	☑	Client	5 GHz	802.11 n	802.11 n	☐	☐	20 dBm	Allowed

图 7-22　为 W734 配置启动无线功能

步骤 5　保持 Allowed Channels 标签页内容不变，在 Client 标签下，设置 SSID 名称为 CIMC，即要与 AP 设置的 SSID 名称一样，以便该客户端能够自动连接到 AP 上。设置结果如图 7-23 所示。

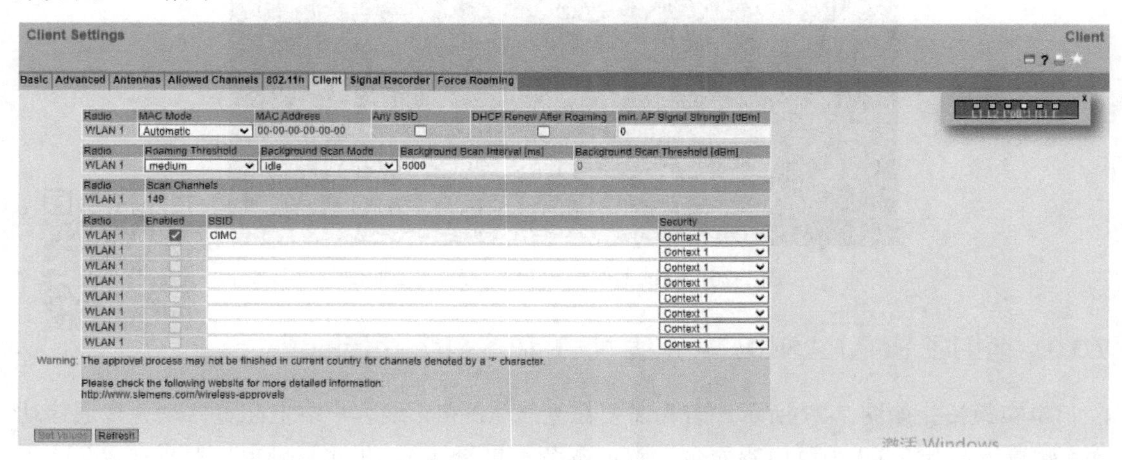

图 7-23　为 W734 设置并启用 SSID

4. 无线通信测试

步骤 1　将上位机重新连接到 XB208-1 的 P3 端口，进行连通性测试。

步骤 2　在博途软件中，在“监控与强制表”中双击“添加新监控表”，在添加的监控表 1 中新增地址为 I0.0 的变量，如图 7-24 所示。完成后可下载程序到 IP 地址对应的 S7-1200 PLC 中。

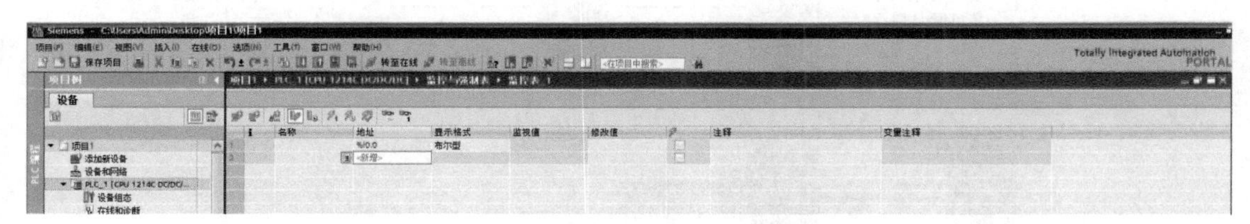

图 7-24　在 PLC 中设置监控变量 I0.0

步骤 3　在博途软件“项目树”中，选中“PLC_1 CPU 1214C”项，单击工具栏中的“转至在线”按钮，然后在“监控表 _1”中单击“全部监视”按钮 (箭头所指)。变量监视界面如图 7-25 所示。拨动输入设备上的 I0.0 开关，可以看到监控表中的变量监控值变为 TRUE，从而验证了无线通信正常。

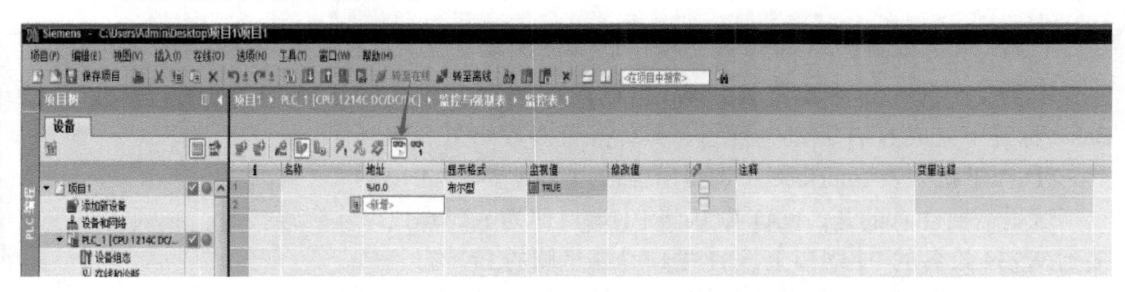

图 7-25　在 PLC 监视视图下观察变量 I0.0 值的变化

步骤 4　测试上位机和 PLC 之间的连通性，如图 7-26 所示。因为两台无线设备间通信成功，因此通过上位机能 ping 通 S7-1200 PLC 的 IP 地址 192.168.0.3。

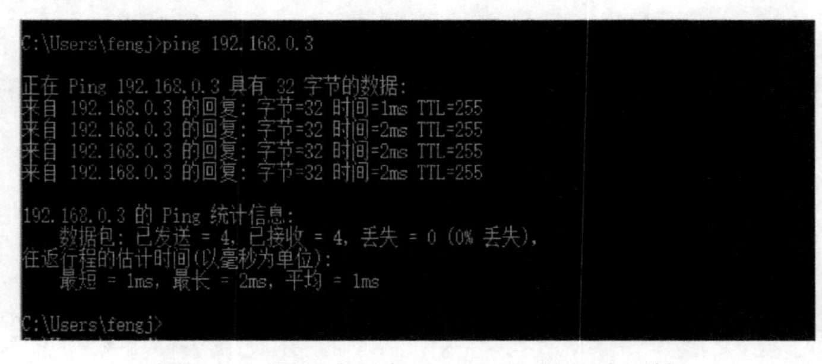

图 7-26　测试上位机和 PLC 之间的连通性

无线 NAT 和 NAPT

7.3.3　西门子 SCALANCE W 无线 NAT 和 NAPT 功能配置

本实验拓扑如图 7-27 所示。首先需要在无线 AP 和无线客户端上配置启动无线通信功能(配置方法与 7.3.2 小节内容完全一致，本节不再赘述)。在此基础上，要求在 W734 无线客户端上完成 NAT 和 NAPT 功能配置，使得内部网络的 PLC 地址 192.168.10.100 能够映射为 W734 的端口地址 192.168.0.12。配置完成后上位机可以通过 https://192.168.0.12 地址：端口号方式访问 PLC 的 Web 界面。

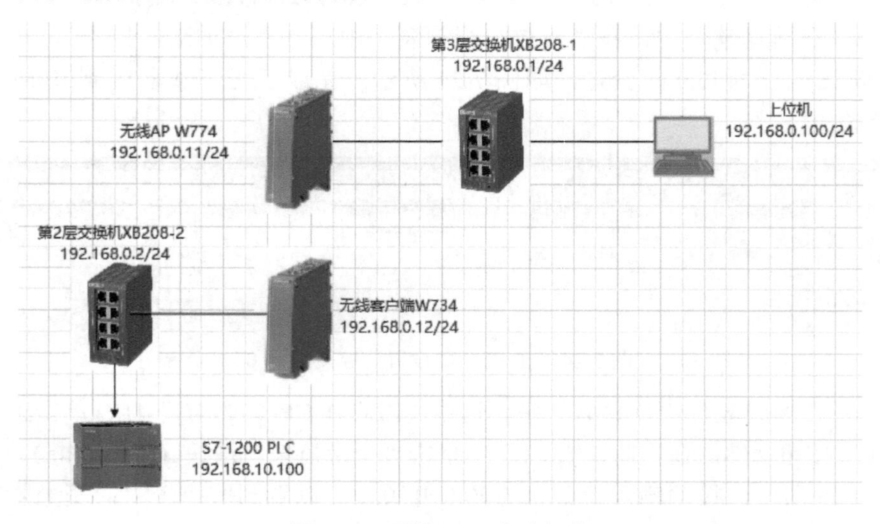

图 7-27　无线 NAT 实验拓扑

1. W734 无线客户端 NAT 和 NAPT 的功能配置

步骤 1　通过浏览器登录到 W734 的配置界面，在左侧选择“Layer3”→NAT，在 Basic 标签下完成 NAT 启动与配置，具体配置参数如图 7-28 所示。

(1) 在下拉列表 Interface 中选择所需的以太网接口：P1 端口。

这里需要注意的是，NAT 默认将 P1 端口作为映射端口，实际连接时，必须将线缆连接到 W734 设备的 P1 端口上，P1 端口是靠里侧的 PN 端口。

(2) 勾选复选框 Enable NAT 为以太网接口 P1，启用 NAT。

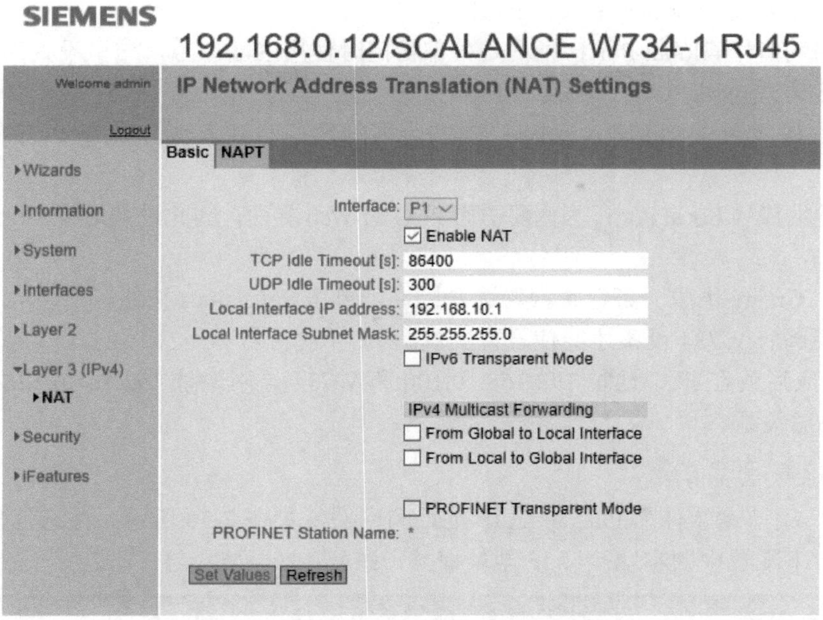

图 7-28　在 W734 上配置并启动 NAT

(3) 指定本地接口的 IP 地址 Local Interface IP address，该地址将作为内网 PLC 的网关地址，应与 PLC 在一个网段，这里设置为 192.168.10.1。

(4) 设置端口子网掩码 Local Interface Subnet Mask 为 255.255.255.0。

(5) 单击 Set Values 按钮，保存配置。

配置完成后，W734 内网端口地址为 192.168.10.1；外网端口地址为 192.168.0.12。PLC 映射出去的地址就是 W734 的外网端口地址 (192.168.0.12)。

配置完成后，当通过连接到交换机 XB208-2 的上位机访问 W734 时，因为内网地址已被设置为 192.168.10.1，此时必须以 https://192.168.10.1 才能进入 W734 的配置界面。

步骤 2　单击 NAPT 标签，完成 NAPT 端口映射配置，具体配置参数如图 7-29 所示。

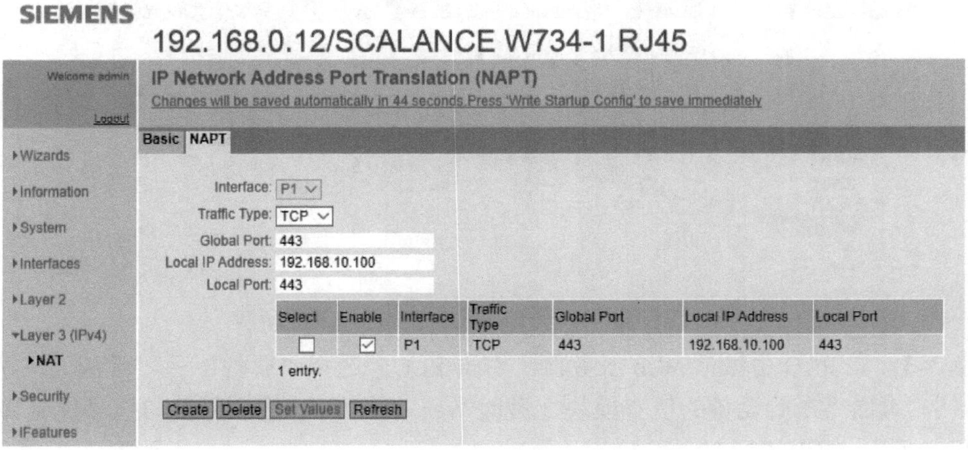

图 7-29　在 W734 上配置 NAPT

(1) 在下拉列表 Interface 中选择 P1 端口。

(2) 全局端口号 Global Port：指的是外部访问时使用的端口号，这里设置为 443，表示要以 HTTPS 方式访问 PLC。

(3) 本地 IP 地址 Local IP Address：指的是内网设备的 IP 地址，就是 PLC 的地址 192.168.10.100。

(4) 本地端口号 Local Port：因为要访问 PLC 的 Web 界面，因此设置为 443，代表 HTTPS 协议。

(5) 单击 Create 生成一条记录，勾选 Enable，单击 Set Values 按钮。

(6) 需要重启 W734 设备才能使设置生效。

配置完成后就在 PLC 地址 192.168.10.100 和 W734 外网地址 192.168.0.12 之间建立了 NAT 地址映射关系。

2. S7-1200 PLC 的配置

步骤 1 用博途软件为 PLC 分配 IP 地址和网关，如图 7-30 所示。注意这里的网关地址必须与 NAT 配置中的本地接口 IP 地址保持一致。

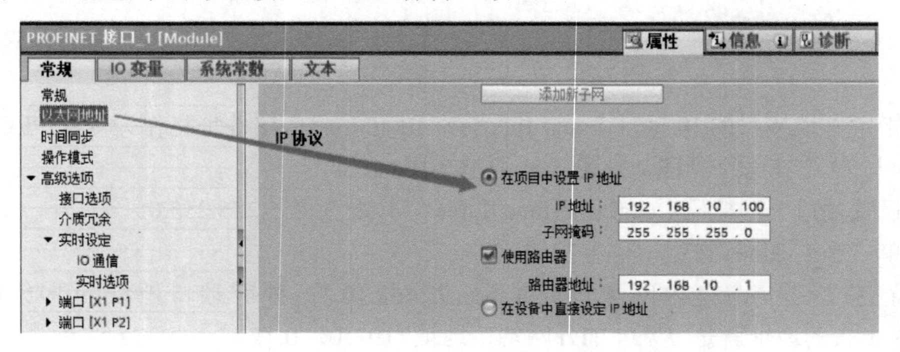

图 7-30 为 NAT 实验 PLC 配置 IP 地址和网关

步骤 2 配置 PLC 允许通过 Web 方式访问，右击 PLC，选择“属性”→“常规”→“Web 服务器访问”，勾选“启用使用该接口的 IP 地址访问 Web 服务器，如图 7-31 所示。

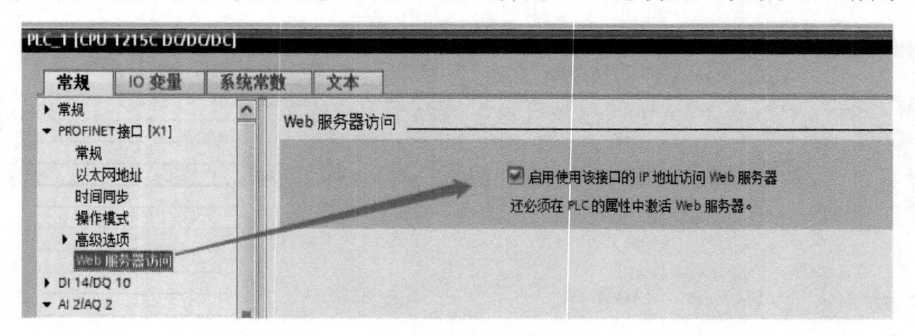

图 7-31 在 NAT 实验 PLC 上启用允许 Web 访问

步骤 3 在 PLC 中激活 Web 服务器，右击 PLC，选择“属性”→“常规”→“Web 服务器”，勾选“在此设备的所有模块上激活 Web 服务器”，注意不要勾选“仅允许通过 HTTPS 访问”，如图 7-32 所示。

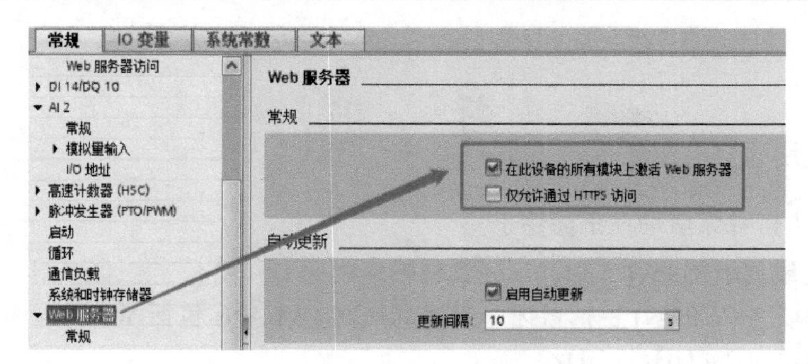

图 7-32　在 NAT 实验 PLC 上激活 Web 服务器

步骤 4　保存配置并下载组态到 PLC 中。

3. 无线 NAT 功能测试

配置完成后通过上位机以 https://192.168.10.12 方式访问 PLC 的 Web 界面，如图 7-33 所示。单击进入链接，将会显示出当前 PLC 的常规信息和状态信息，如图 7-34 所示。至此，说明 NAT 和 NAPT 功能配置成功。

图 7-33　通过 W734 外部地址访问内部 PLC 的初始 Web 界面

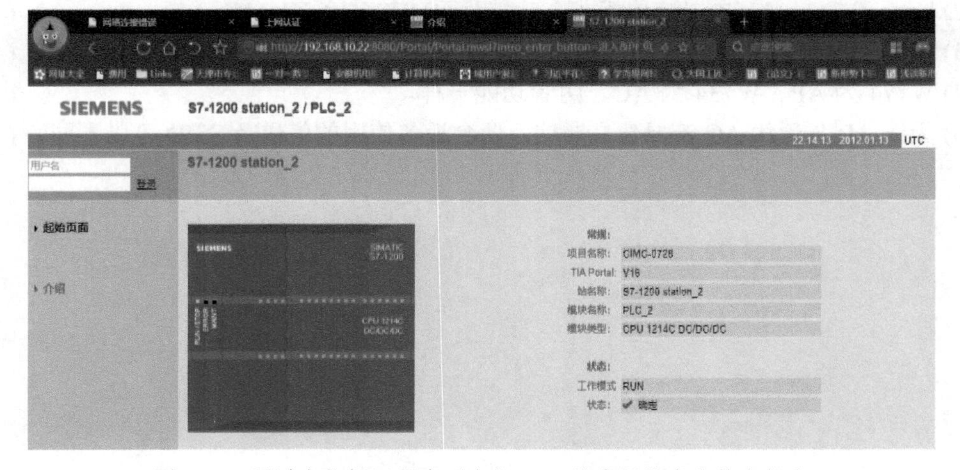

图 7-34　通过上位机远程查看内部 PLC 的常规信息和状态信息

习　题

1. 单选题（将答案填写在括号中）

(1) 有关无线局域网 (WLAN)，下列说法错误的是（　　）。

A. 无线个域网 (WPAN) 包括蓝牙，无线局域网 (WLAN) 包括 Wi-Fi

B. 工作频段为 2.4 GHz/5 GHz

C. 无线局域网 (WLAN) 传输距离为 0～100 m

D. 蓝牙的传输距离为 0～50 m

(2) 下列关于 R1 指示灯状态的描述，能证明通过 WLAN 接口传送数据的状态是（　　）。

A. 呈绿色闪烁 3 短、1 长　　B. 绿色短暂闪烁

C. 绿色　　D. 绿灯、黄灯交替闪烁

(3) 下列信道中属于 5 GHz 的信道是（　　）。

A. 100　　B. 148

C. 149　　D. 168

(4) 下列不属于工业无线网特点的是（　　）。

A. 通信连接中断对整个网络没有影响

B. 支持大量设备挂网，并容许挂网设备的接入数量可随机变化

C. 满足安全保密法规是工业 WLAN 的基本要求

D. 确定性性能的保证：保证确定性是对任务执行有严格保证的工业通信系统必备的特性

(5) 以下不会发生重叠的两个信道是（　　）。

A. 160 信道与 164 信道　　B. 36 信道与 38 信道

C. 152 信道与 155 信道　　D. 37 信道与 40 信道

2. 判断题（正确的打 √，错误的打 ×，将答案填写在括号中）

(1) 实验设备使用的天线型号是 ANT795-4MB。（　　）

(2) Layer 2 Tunnel：二层透传模式，功能为可传输多个 VLAN。（　　）

(3) 配置无线模块是需要先配置地区、频率、功率、天线再启用无线功能。（　　）

(4) W774 为 AP、W734 为 AC，两者功能一样。（　　）

(5) 无线 AP 与无线 AC 若要建立通信，两台设备使用的信道及 SSID 可以不同。（　　）

第8章 工业网络安全技术

在数字化快速发展的推动下，工业网络通信中出现了具有深远影响的趋势和变化。随着独立运行的机器设备的联网不断增加、云技术的采用或现场级日益采用基于以太网的协议，相关安全问题变得越来越明显。这就要求必须为工厂企业提供全面的安全保护，采取适当措施保护生产网络免受破坏或间谍活动。本章将讲述访问控制列表和工业防火墙系统组成、规则集应用、VPN技术的基本概念及应用等，并基于西门子第3层交换机和工业防火墙来实现工业网络场景下的网络安全功能配置。

8.1 访问控制列表

工业以太网可以将现场层与企业管理层连接起来，在提供便利的同时也给生产现场带来了网络安全隐患。可以采用为工业以太网设置访问控制策略的方法来提高网络的安全性，但这种方法是比较基础的网络安全防范方法。一方面，工业现场网络具有规模大、用户密集等特点，容易导致高峰时段网络流量剧增；另一方面，用户类型较多，不同类型应该有不同的网络访问权限。为了对网络流量和用户权限实施有效控制，需要应用访问控制技术，通过设置访问控制列表来实施访问控制。

8.1.1 ACL概述

访问控制列表(Access Control List，ACL)是包过滤技术的核心内容，通过获取IP数据包的包头信息，包括IP层所承载的上层协议的协议号，数据包的源地址、目的地址、源端口号和目的端口号等，然后与设定的规则进行比较，根据比较的结果对数据包进行处理，合法的允许通过，不合法的阻截并丢弃，以达到提高网络安全性能的目的。

访问控制列表也是包过滤防火墙的基础技术，但是在防火墙和交换机、路由器中默认的转发和拦截规则是不一样的。交换机、路由器以转发数据包为主要任务，因此常使用“宽松规则”，也就是“只要不是禁止的就是允许的”，默认情况下会转发所有数据包，仅仅拦截访问控制列表中定义的特定数据包。而防火墙则以安全控制为主要任务，因此常使用“严谨规则”，即“只要不是允许的就是禁止的”，只转发在防火墙规则中允许的数据包。

ACL 可以通过定义规则来允许或拒绝流量的通过，其应用场景如图 8-1 所示。通过设置 ACL 可以限制内部主机对服务器和 Internet 网络之间的访问操作。

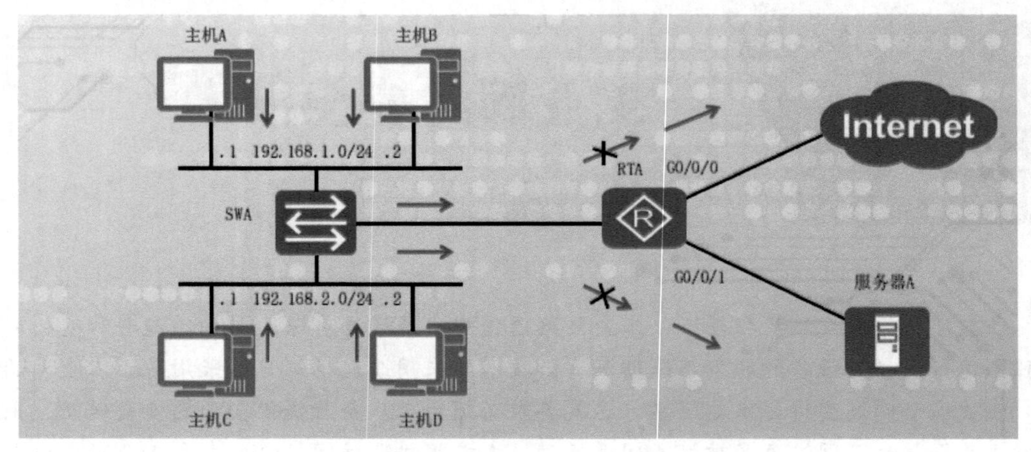

图 8-1 ACL 的应用场景

8.1.2 ACL 工作原理

ACL 定义了一组规则，可配置应用于入端口或出端口。

1. 入口 ACL

传入数据包经过处理之后才会被路由到出站接口。因为如果数据包被丢弃，就节省了执行路由查找的开销，所以入口 ACL 非常高效。如果 ACL 允许该数据包，则会处理该数据包进行路由。当与入接口连接的网络是需要检测的数据包的唯一来源时，最适合使用入口 ACL 来过滤数据包。

2. 出口 ACL

传入数据包路由到出接口后，由出口 ACL 进行处理。在来自多个入接口的数据包通过同一出接口之前，对数据包应用相同过滤器时，最适合使用出站 ACL。

当在出接口上应用了访问控制列表后，数据包的处理流程如图 8-2 所示。

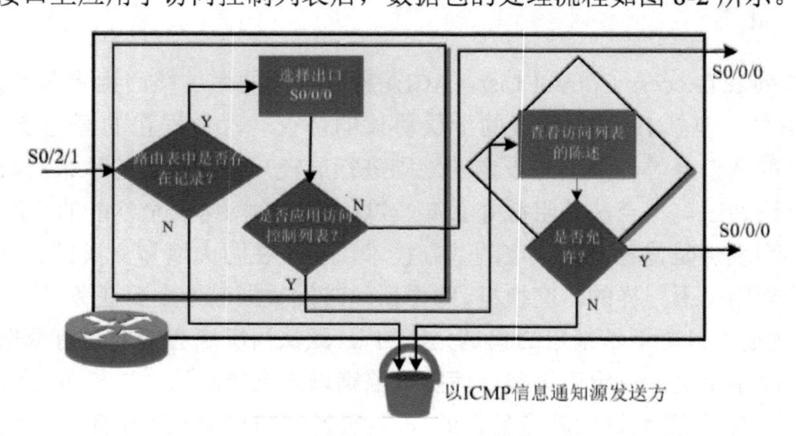

图 8-2 应用 ACL 后的数据转发过程

数据包的处理流程如下：

(1) 数据从 P1 接口到达路由器，首先查看路由表中是否有相关记录。

(2) 若没有则是不可路由的数据包，会被丢弃掉。

(3) 若有则根据路由表转发到出端口 P2，发送数据包之前检查出端口上是否应用了 ACL。

(4) 若没有 ACL 则直接通过 P2 端口转发出去；若有 ACL 则进一步匹配规则是否允许通过。

(5) 若允许则可通过 P2 端口转发出去；若不允许则会丢弃掉数据包。

8.1.3　ACL 分类

根据工作方式的不同，访问控制列表分为基于 MAC 地址的 ACL、基于 IP 地址的 ACL 和管理 ACL 三种类型。

1. 基于 MAC 地址的 ACL

当数据通过设置 ACL 规则的网络设备时，网络设备会查看设备内的 ACL 规则表，判断此数据携带的 MAC 地址是否能通过 ACL 规则由指定接口转发。如图 8-3 所示，在创建规则时明确定义源 MAC 地址和目的 MAC 地址，并将规则应用在入端口或出端口上。

MAC Access Control List Configuration

Rules Configuration | Ingress Rules | Egress Rules

Select	Rule Number	Source MAC	Dest. MAC	Action	Ingress Interfaces	Egress Interfaces
	1	84-a9-3e-70-5b-41	d4-f5-27-21-25-fb	Forward	P1.1	
	2	00-00-00-00-00-00	d4-f5-27-21-25-fb	Discard	P1.2	
	3	d4-f5-27-21-26-1b	d4-f5-27-21-25-fb	Discard	P1.1	

3 entries.

Create　Delete　Refresh

图 8-3　基于 MAC 地址的 ACL

2. 基于 IP 地址的 ACL

当数据通过设置 ACL 规则的网络设备时，网络设备会查看设备内的 ACL 规则表，判断此数据携带的 IP 地址是否能通过 ACL 规则由指定接口转发。如图 8-4 所示，定义规则时使用的是第 3 层的源 IP 地址和目的 IP 地址。

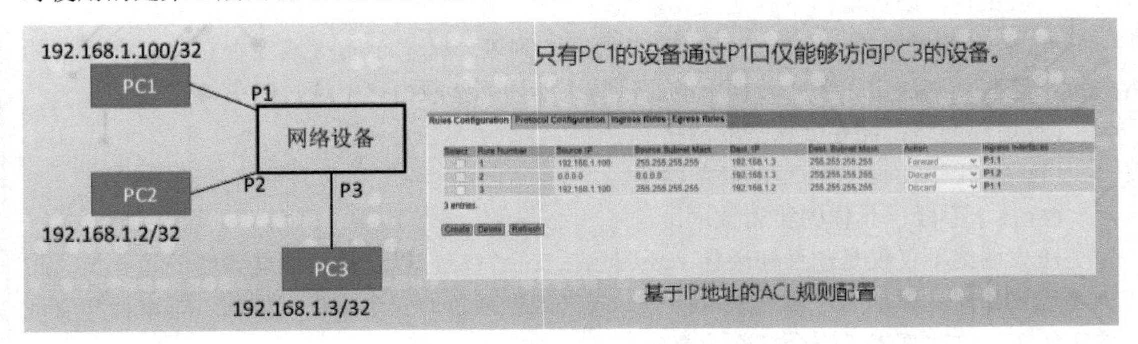

图 8-4　基于 IP 地址的 ACL

3. 管理 ACL

要指定具有哪个 IP 地址的工作站允许访问设备，必须组态相应的 IP 地址或一个地址范围，这就需要用到管理 ACL，如图 8-5 所示。本图中所实现的功能是 192.168.1.0 网段的所有主机及 192.168.2.6 的主机都能对其进行组态。

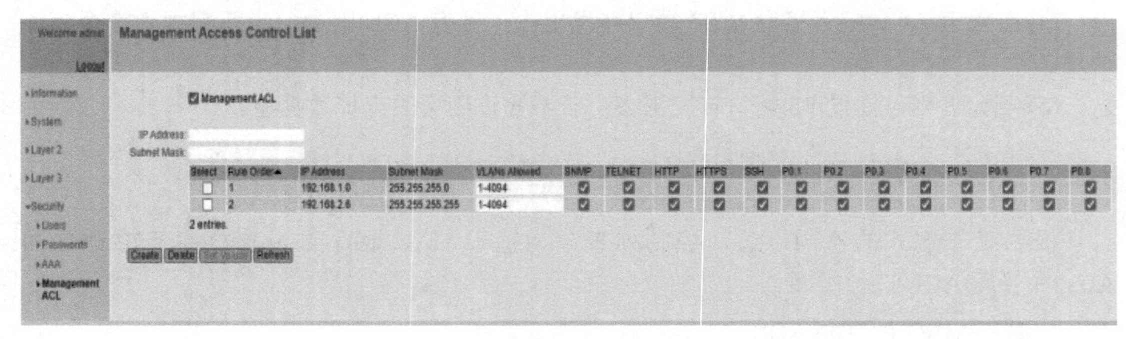

图 8-5 管理 ACL

8.2 工业防火墙安全技术

工业防火墙是应用于工控网络安全的串行防护产品，用于解析、识别与控制所有通过工业控制网络的数据流量，以抵御来自内外网对工控设备的攻击。本节介绍工业防火墙系统组成、包过滤方式、规则集应用等基础知识，并介绍当前主流的 IPSec VPN 安全防护技术。

8.2.1 工业防火墙基础

1. 防火墙系统的组成

防火墙通常是由专用硬件和相关软件组成的一套系统，当然也有纯软件的防火墙，比如 Windows 系统自带的 Windows Defender 防火墙、Linux 系统的 IP tables 等，但纯软件防火墙无论在功能和性能上都不如专用的硬件防火墙。

一般来说，防火墙由下列四大要素组成。

(1) 防火墙规则集：在防火墙上定义的规则列表，是一个防火墙能否充分发挥作用的关键，这些规则决定了哪些数据不能通过防火墙，哪些数据可以通过防火墙。

(2) 内部网络：需要受保护的网络。

(3) 外部网络：需要防范的外部网络。

(4) 技术手段：具体的实施技术。

防火墙绝不仅仅是软件和硬件，还应包括安全策略，以及执行这些策略的管理员。防火墙应该如何具体部署，应该采取哪些方式来处理紧急的安全事件，如何进行审计和取证的工作等，这些都属于安全策略的范畴。

2. 防火墙包过滤方式

绝大多数防火墙系统工作在 OSI 参考模型的 4 个层次上：数据链路层、网络层、传输层和应用层。防火墙可以根据数据链路层的 MAC 地址、网络层的 IP 地址、传输层的端口号或应用层的应用协议对数据包进行过滤。基于防火墙产品或方案的简易性或复杂性，其包括的层数也不同。

1) 根据第 2 层数据链路层的 MAC 地址进行过滤

由于 MAC 地址是唯一的，这样可以对特定设备提供非常有效的保护。但如果更换了设备，MAC 地址就改变了，所有的过滤规则必须重新设定。因此，这种方式不适合大范围使用。

2) 根据第 3 层网络层的 IP 地址进行过滤

在组建网络时，利用 IP 地址和子网掩码就可以确定网络设备所在的子网，这样就可以通过 IP 地址对网络设备进行逻辑分组，所以根据 IP 地址设置过滤规则，可以很容易地过滤数据流量，而且设置过滤规则也非常简单。但网络设备的 IP 地址可以很轻易地改变，这意味着不能用此方法实现完整的保护。

3) 根据第 4 层传输层的端口号进行过滤

在传输层，TCP 和 UDP 的不同端口号对应了不同的应用协议，可通过端口号来有效过滤特定的应用协议的数据流量。TCP 与 UDP 段结构中端口号都是 16 b，端口号的范围是 0～65535。其中，1～1023 之间的端口号，是全球通用的熟知端口号，由 IANA(互联网数字分配机构) 负责分配，用于一些通用的 TCP/IP 服务；1024～49151 之间的端口号，被 IANA 指定为特殊服务使用；49152～65535 之间的端口号，是动态或私有端口号。常用的熟知端口号如图 8-6 所示。

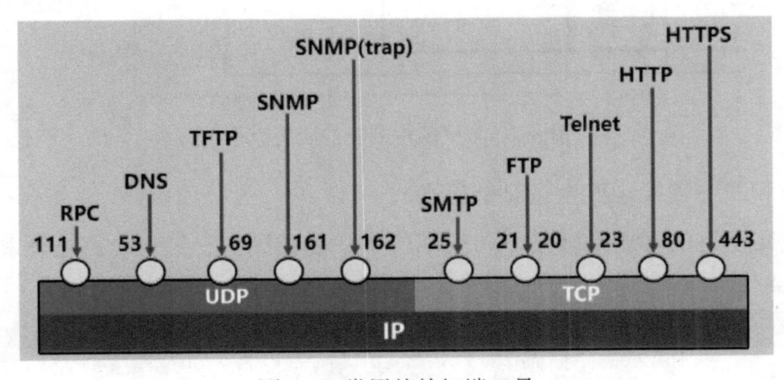

图 8-6　常用的熟知端口号

3. 工业防火墙规则集

防火墙规则集由一组防火墙规则组成，是防火墙实现过滤功能的基础。

一条防火墙规则通常由以下组成：

(1) 网络协议：如 ALL、ICMP、TCP、UDP、GRE 等。

(2) 发送方的 IP 地址，接收方的 IP 地址。

(3) 发送方的端口号，接收方的端口号。

(4) 操作 (Action)：对满足规则的数据包的处理方式，允许 (Accept)、拒绝 (Reject) 和丢弃 (Drop) 三个选项。

规则集是防火墙规则的集合，由一个或多个按顺序排列的规则组成，防火墙规则的排列顺序尤为重要。管理员可以根据待过滤数据包的情况在防火墙规则中定义相关参数来实现过滤的目的。

防火墙有输入 (Incoming) 和输出 (Outgoing) 两个方向的规则集：

(1) 输入方向的规则集：用于所有从 WAN 到 LAN 的数据包。

(2) 输出方向的规则集：用于所有从 LAN 到 WAN 的数据包。

两个方向的规则集处理规则的方式是相同的。当防火墙接收到数据包时，会按这些规则的排列顺序，依次检查数据包是否适用此规则，如果排列在前面的规则适用于数据包，则马上按此规则的操作方式对该数据包进行处理，随后的规则将被忽略，只有前面的规则无法适用，才会检查下一条规则。在每个规则集的最后，有一条隐含的、可以匹配任意数据包的规则 (Catch-all Rule)，它的操作方式是拒绝，如图 8-7 所示。

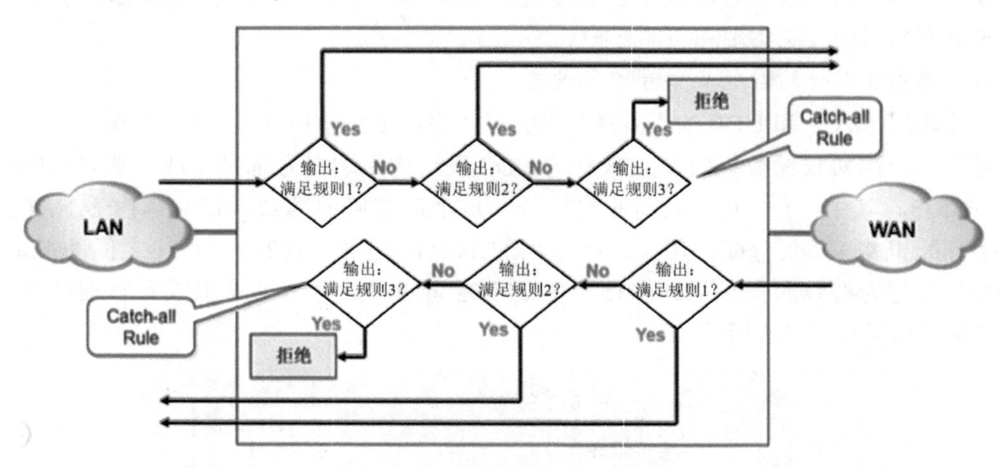

图 8-7　防火墙规则集的应用流程

4. 防火墙和路由器实现安全控制的区别

路由器与交换机的本质是转发，防火墙的本质是控制。交换机、路由器和防火墙的工作场景如图 8-8 所示。

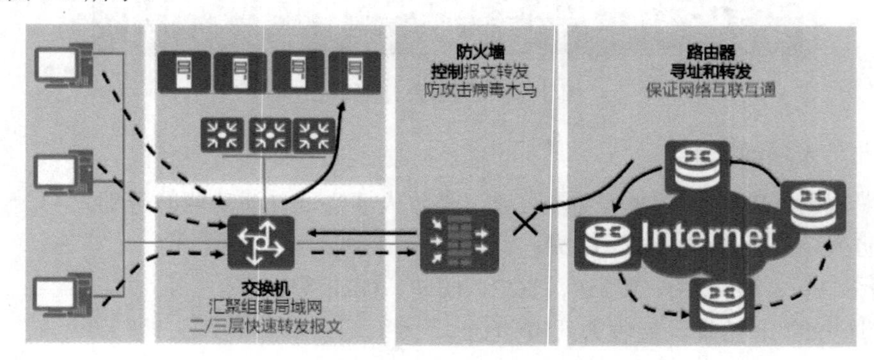

图 8-8　交换机、路由器和防火墙的工作场景

三层交换机主要用于局域网内部的数据转发；路由器主要应用于互联网的数据转发；而防火墙则主要用于内外网报文的转发控制和安全防范。

防火墙和传统的路由交换设备在安全控制的实现方式上有所区别，如表 8-1 所示。

表 8-1　防火墙和路由器实现安全控制的区别

项目名称	防 火 墙	路 由 器
背景	产生于人们对于安全性的需求	基于对网络数据包路由而产生
目的	保证任何非允许的数据包“不通”	保持网络和数据的“通”
核心技术	基于状态包过滤的应用级信息流过滤	路由器核心的 ACL 列表是基于简单的包过滤
安全策略	默认配置即可以防止一些攻击	默认配置对安全性的考虑不够周全
对性能的影响	采用的是状态包过滤，规则条数，NAT 的规则数对性能的影响较小	进行包过滤会对路由器的 CPU 和内存产生很大的影响
防攻击能力	具有应用层的防范功能	普通路由器不具有应用层的防范功能

8.2.2　VPN 技术

VPN(Virtual Private Network，虚拟专用网络) 通常定义为通过公用网络 (如 Internet) 建立的一个临时的、安全的连接，可以认为是一条在公用网络穿通并隔离的安全、稳定的隧道。

1. VPN 概述

VPN 是一种是在公用网络上建立专用网络的技术。之所以称为虚拟网络，是因为 VPN 网络中两个节点之间的连接并不是传统专用网络所需的端到端的物理链路，而是架构在第三方网络平台之上的逻辑链路，用户数据在逻辑链路中进行传输。

如图 8-9 所示，VPN 通过为接收方和发送方在公用网上建立一个虚拟的安全隧道来传输经过加密的数据，是企业内部网在因特网等公用网络上的延伸，可以提供通信安全保障。

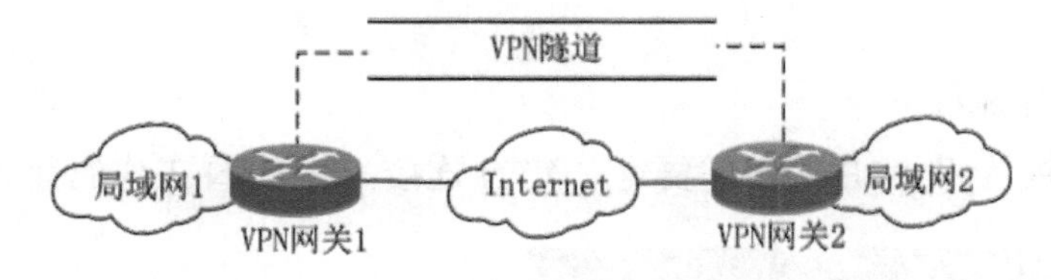

图 8-9　VPN 使用安全隧道实现数据加密传输

VPN 主要具有以下优势：

(1) 可降低成本。通过公用网来建立 VPN，就可以节省大量的通信费用，而不必投入大量的人力和物力去安装和维护广域网设备和远程访问设备。

(2) 连接方便灵活。VPN 技术能够让移动员工、远程员工、商务合作伙伴和其他人利用本地可用的高速宽带网连接到企业网络。

(3) 容易扩展。设计良好的宽带 VPN 是模块化的和可升级的。

(4) 传输数据安全可靠。VPN 能提供高水平的安全，使用高级的加密和身份识别协议保护数据避免受到窥探，阻止数据窃贼和其他非授权用户接触这种数据。

(5) 完全控制主动权。虚拟专用网使用户可以利用 ISP 的设施和服务，同时又完全掌握着自己网络的控制权。用户只利用 ISP 提供的网络资源，对于其他的安全设置、网络管理变化可由自己管理。在企业内部也可以自己建立虚拟专用网。

2. VPN 的分类

VPN 按照以下几个标准进行类别划分。

1) 按照数据传输方式分类

按照数据传输方式可将 VPN 分为隧道模式和透明模式。

(1) 隧道模式 (Tunneling Mode)。通过在原始数据包外包含新的数据包头，将数据加密后传输，通常用于远程访问、连接不同地区的私有网络等场景。

(2) 透明模式 (Transparent Mode)。在不修改数据包的情况下，直接对数据包进行加密，通常用于保障公共网络传输的安全性。

2) 根据网络类型分类

按照网络类型可将 VPN 分为远程访问 VPN 和点对点 VPN。

(1) 远程访问 VPN：用于远程工作人员访问企业内部网络资源。例如，PPTP、L2TP、SSL VPN 等。

(2) 点对点 VPN：两个设备之间建立 VPN 连接，用于连接分布在不同地方的局域网。例如，IPSec 适用于点对点场景。

3) 根据安全协议分类

按照安全协议可将 VPN 分为 PPTP、L2TP 和 IPSec 三种类型。

(1) PPTP 协议：使用 GRE 协议封装，加密强度较低，适用不需要太高安全度的场景。

(2) L2TP 协议：基于 PPTP 协议，加入 L2TP 协议使其更安全，适用于需要中等安全度的场景。

(3) IPSec 协议：加密强度高，安全性好，但设置较为复杂，适用于需要高度安全保障的场景。

3. VPN 的工作流程

假定需要在 PCA 和 PCB 之间需要建立 VPN 连接，其 VPN 工作流程如图 8-10 所示。

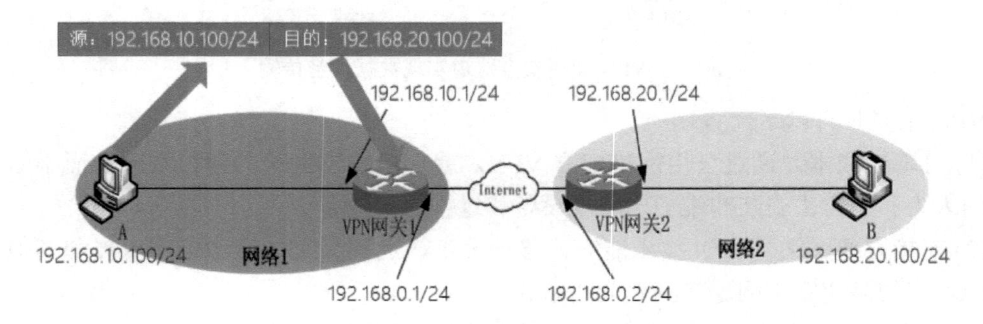

图 8-10　VPN 工作流程

(1) 网络 1 的 PCA 访问网络 2 的 PCB，其发出的访问数据包的目的地址为 PCB 的内部 IP 地址 192.168.20.100。

(2) 网络 1 的 VPN 网关在接收到数据包时，对其目标地址进行检查，如果目标地址属于网络 2 的地址，则将该数据包封装成新的 VPN 数据包，封装方式根据采用的 VPN 技术的不同而不同，原始数据包作为 VPN 数据包的负载，VPN 数据包的目标地址为网络 2 的 VPN 网关的外部地址 192.168.0.2。

(3) 网络 1 的 VPN 网关将 VPN 数据包发送到 Internet，VPN 数据包的目标地址是网络 2 的 VPN 网关的外部地址，所以该数据包将被 Internet 中的路由正确地发送到网络 2 的 VPN 网关。

(4) 网络 2 的 VPN 网关对接收到的数据包进行检查，如果发现该数据包是从网络 1 的 VPN 网关发出的，则判定该数据包为 VPN 数据包，并对该数据包进行解包处理。解包的过程主要是先将 VPN 数据包的包头剥离，再将数据包反向处理还原成原始的数据包。

(5) 网络 2 的 VPN 网关将还原后的原始数据包发送至 PCB，由于原始数据包的目标地址是 PCB 的 IP 地址 192.168.20.100，所以该数据包能够被正确地发送到 PCB。

(6) 从 PCB 返回的数据包处理过程和上述过程一样，这样两个网络内的 PC 就可以相互通信了。

通过上述流程可以发现，原始数据包的目标地址 (VPN 目标地址) 和远程网络 VPN 网关的地址对于 VPN 通信十分重要。根据 VPN 目标地址，VPN 网关能够判断对哪些数据包进行 VPN 处理；远程网络 VPN 网关的地址则指定了处理后的 VPN 数据包发送的目标地址，即 VPN 隧道的另一端 VPN 网关地址。由于网络通信是双向的，在进行 VPN 通信时，隧道两端的 VPN 网关都必须知道 VPN 目标地址和与此对应的远程网络 VPN 网关的地址。

8.2.3　IPSec VPN

IPSec VPN 是一种通过互联网建立虚拟专用网络的技术，也是目前应用最多的一种 VPN 技术。它使用 IPSec 协议来提供安全的远程访问解决方案，加密和认证网络数据包，以确保数据在传输过程中的安全性和完整性。

1. IPSec 概述

IPSec 是一种开放标准的框架结构，特定的通信方之间在 IP 层通过加密和数据摘要等手段，来保证数据包在 Internet 上传输时的私密性、完整性和真实性。

IPSec 工作在 OSI 第 3 层，即网络层，可以保护和验证所有参与 IPSec 的设备之间的 IP 数据包，也可以在第 4 层到第 7 层上实施保护。通常，IPSec 可以保护网关与网关之间、主机与主机之间或网关与主机之间的路径。IPSec 可在所有的第 2 层协议中运行，例如以太网、ATM 或帧中继等。

IPSec 的特征归纳如下：

(1) IPSec 是一种与算法无关的开放式标准框架。

(2) IPSec 提供数据机密性、数据完整性和来源验证。

(3) IPSec 在网络层起作用，保护和验证 IP 数据包。

2. IPSec 的基本模块

IPSec 协议框架包含安全协议、加密、数字摘要、身份验证和对称密钥交换五个基本组成模块，这些模块的组合为 IPSec VPN 提供机密性、完整性和身份验证等功能。

1) 安全协议

这是一个必选的模块，描述了如何利用加密和哈希算法来保护数据安全。可以选择 ESP 或 AH，或者 ESP + AH。由于 AH 不提供加密功能，因此通常选择 ESP 或 ESP + AH 选项。

2) 加密

通过对称加密法和非对称加密法，对数据进行加密，就算数据被截获，也无法直接看到数据内容。如果安全协议选择了 ESP，就可根据所需安全级别选择合适的加密算法，包括 DES、3DES 或 AES。强烈建议使用 AES，因为 AES-GCM 可提供最高的安全性。

3) 数字摘要

通过使用哈希 (Hash) 算法生成类似指纹的数字摘要，确保内容在传输中不会被篡改，可选择算法有 MD5 或 SHA。

4) 身份验证

说明如何对 VPN 隧道任一端的设备进行身份验证。可选择使用预共享密码 PSK 或公有密钥体系的数字证书 RSA。

5) 对称密钥交换

说明如何在对等设备之间建立共享密钥，用于解决数据传输过程所需的密钥传递问题，有 DH1，DH2，…，DH24 等多个选项，DH24 可以提供最高的安全性。

3. IPSec 的封装模式

IPSec 必须将 IP 数据包进行封装，才能通过 Internet 等不安全网络进行传输，封装模式主要有传输模式和隧道模式两种。

1) 传输模式 (Transport Mode)

利用传输模式进行封装时，会在原有的 IP 数据包的 IP 包头后面插入 VPN 头，并在数据包的最后插入 VPN 尾，如图 8-11 所示。

原IP包头	VPN头	有效载荷	VPN尾

图 8-11　传输模式的数据包

传输模式的特点有：

(1) 不使用新的 IP 头部，IP 包头的源 / 目的 IP 地址为通信的两个实点，封装模式相对简单，传输效率较高，通常用于主机与主机之间。

(2) 只保护数据，不保护 IP 包头。

在整个 VPN 的传输过程中，IP 包头并没有被封装进去，这就意味着从源端到目的端的数据始终使用原有的 IP 地址进行通信。如果黑客从网上截获数据包，虽然无法知道数据报文的内容，但却可以清楚地看到通信双方真正的地址信息。

2) 隧道模式 (Tunnel Mode)

隧道模式在原来数据包的基础上，增加新的 IP 头，将 VPN 网关设备地址作为新 IP 头部的源地址和目的地址，如图 8-12 所示。由于 IP 包头也被封装在 VPN 中，也保护了 IP 包头。通常用于专用网络之间通过公共网络进行通信时建立安全的 VPN 隧道。

新IP包头	VPN头	原IP包头	有效载荷	VPN尾

图 8-12　隧道模式的数据包

VPN 网关设备将整个三层数据报文封装在 VPN 数据内，再为封装后的数据报文添加新的 IP 包头。这样网络黑客截获数据报文，既无法知道数据包的内容，也无法了解数据报文真正的通信双方，因为他只能看到的 VPN 网关设备的通信地址。

4. IPSec VPN 的协商过程

当需要保护的流量流经 VPN 网关时，就会触发 VPN 网关启动 IPSec VPN 相关的协商过程，启动 IKE(Internet Key Exchange，Internet 密钥交换) 阶段 1，对通信双方进行身份认证，并在两端之间建立一条安全的通道；启动 IKE 阶段 2，在上述安全通道上协商 IPSec 参数，并按协商好的 IPSec 参数对数据流进行加密、Hash 等保护。

1) IKE(Internet 密钥交换)

IKE 解决了在不安全的网络环境 (如 Internet) 中安全地建立、更新或共享密钥的问题。IKE 是非常通用的协议，不仅可为 IPSec 协商 SA(Security Association，安全关联)，也可为 SNMPv3、RIPv2、OSPFv2 等任何要求保密的协议协商安全参数。

IKE 是一种混合型协议，由 Internet 安全关联和密钥管理协议 (ISAKMP) 和两种密钥交换协议 OAKLEY 与 SKEME 组成。IKE 创建在由 ISAKMP 定义的框架上，沿用了 OAKLEY 的密钥交换模式以及 SKEME 的共享和密钥更新技术，还定义了它自己的密钥交换方式。

2) 两个阶段的安全关联过程

IKE 使用了两个阶段的安全关联，这一阶段为建立安全通道阶段；第二阶段为数据传输阶段，使用第一阶段创建的安全通道建立 IPSec SA。

(1) 第一阶段 (ISAKMP SA 密钥交换阶段)。

在这一阶段，VPN 网关会协商建立 IKE 安全通道所使用的参数，包括加密算法、加密所需的密钥、Hash 算法、DH 算法、身份验证方法、存活时间等，上述 IKE 参数组合成的集合，称为 IKE Policy，IKE 协商就是要在通信双方之间找到相同的 Policy。

这一阶段双方会彼此验证对方身份，并用 DH 进行密钥交换，确定会话密钥，这个阶段创建完 IKE 安全通道后，后续所有的协商和数据都将通过加密和完整性检查来实现保护。

(2) 第二阶段 (IPSec SA 数据交换阶段)。

在这一阶段，VPN网关交换要连接的网络的信息，并协商创建IPSec SA所使用的安全参数，包括加密算法、Hash算法、安全协议、封装模式、存活时间等，这些参数的集合称为变换集(Transform Set)。IPSec SA是一个安全连接，可以用来连接VPN网关的内部网络并进行数据交换。至此，IPSec VPN隧道才真正建立起来。

8.3 实　训

为了进一步熟悉掌握访问控制列表和防火墙的具体应用，本章实训基于西门子工业网络设备完成如下安全功能配置：一是基于SCALANCE XM408第3层工业交换机实现ACL访问控制列表的功能配置；二是在SCALANCE S615工业防火墙上实现安全策略和用户管理功能配置。

实训目的

(1) 了解访问控制列表ACL的基本概念和工作原理；

(2) 理解工业防火墙的基本概念和工作原理；

(3) 掌握在SCALANCE XM408工业交换机上部署访问控制列表的配置方法；

(4) 掌握在SCALANCE S615工业防火墙上部署安全策略的配置方法。

实训准备

(1) 复习本章内容；

(2) 熟悉西门子SCALANCE XM408第3层工业交换机ACL基本配置；

(3) 熟悉SCALANCE S615工业防火墙的基本配置。

实训设备

(1) 1台电脑：已安装博途和PRONETA软件；

(2) 2台SIMATIC S7-1200 PLC；

(3) 2台SCALANCE XB208第2层工业交换机；

(4) 1台SCALANCE XM408第3层工业交换机；

(5) 1台SCALANCE S615工业防火墙；

(6) 网线若干。

8.3.1 第3层工业交换机访问控制列表配置

第3层工业交换机访问控制列表配置

◆ 实验任务1　基于MAC地址的访问控制列表配置

本实验任务如图8-13所示构建网络拓扑。

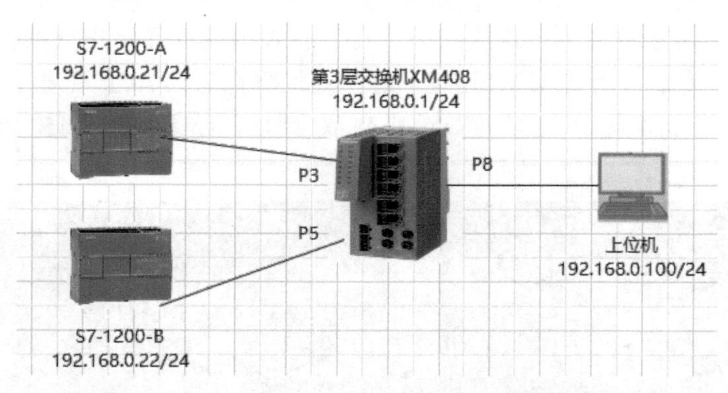

图 8-13　基于 MAC 地址的访问控制列表实验拓扑

首先完成所有设备 IP 地址配置，在此基础上在第 3 层交换机 XM408 上配置基于 MAC 地址访问控制列表，实现如下访问控制：

(1) 只有 S7-1200-A 能通过 P3 端口访问上位机，具有其他 MAC 地址的设备均不能通过 P3 端口访问上位机；

(2) 只有 S7-1200-B 能通过 P5 端口访问上位机，具有其他 MAC 地址的设备均不能通过 P5 端口访问上位机。

1. 各设备 IP 地址配置

步骤 1　按照实验拓扑图将 SCALANCE XM408 的 P3 端口连接到 S7-1200-A；将 P5 端口连接到 S7-1200-B；将 P8 端口与上位机相连。

步骤 2　使用博途软件分别为 S7-1200-A 和 S7-1200-B 设置 IP 地址为 192.168.0.21 和 192.168.0.22。

步骤 3　使用 PRONETA 为 XM408 复位并配置 IP 地址，上述设备配置后的结果如图 8-14 所示。

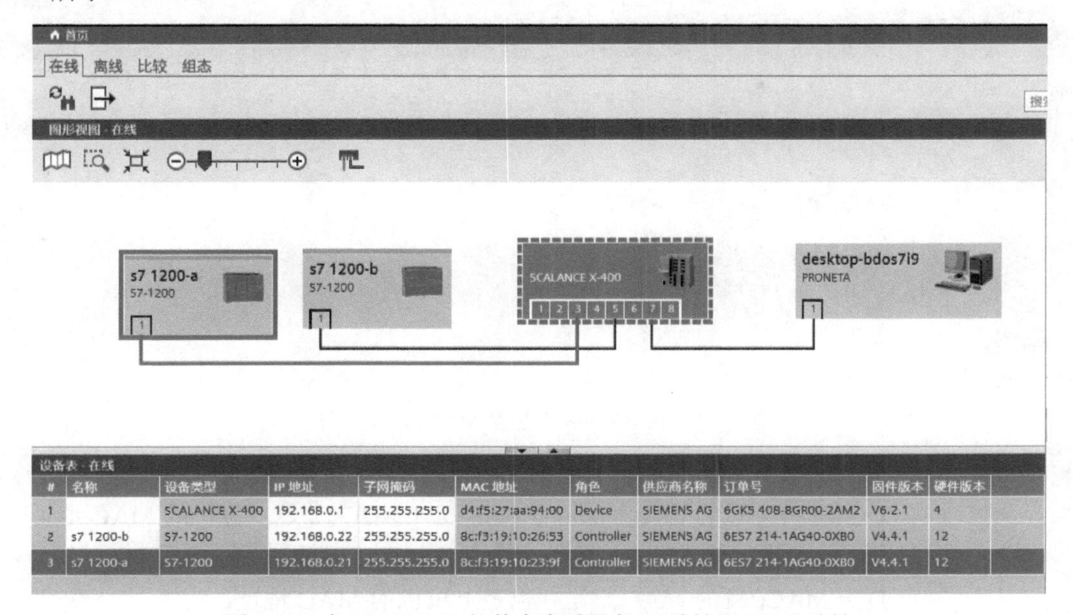

#	名称	设备类型	IP 地址	子网掩码	MAC 地址	角色	供应商名称	订单号	固件版本	硬件版本
1		SCALANCE X-400	192.168.0.1	255.255.255.0	d4:f5:27:aa:94:00	Device	SIEMENS AG	6GK5 408-8GR00-2AM2	V6.2.1	4
2	s7 1200-b	S7-1200	192.168.0.22	255.255.255.0	8c:f3:19:10:26:53	Controller	SIEMENS AG	6ES7 214-1AG40-0XB0	V4.4.1	12
3	s7 1200-a	S7-1200	192.168.0.21	255.255.255.0	8c:f3:19:10:23:9f	Controller	SIEMENS AG	6ES7 214-1AG40-0XB0	V4.4.1	12

图 8-14　在 PRONETA 软件中查看设备 IP 地址和 MAC 地址

在图形视图中显示设备间的连接状态；在设备表中逐行显示出交换机和两台 PLC 的概要信息，其中能清晰看到其 MAC 地址，这个地址将在后续 ACL 配置中被应用。

步骤 4，为上位机配置 IP 地址并查看其 MAC 地址，结果如图 8-15 所示。

```
C:\WINDOWS\system32\cmd.exe

   连接特定的 DNS 后缀 . . . . . . . :
   描述. . . . . . . . . . . . . . . : Intel(R) Ethernet Connection I219-V
   物理地址. . . . . . . . . . . . . : 50-7B-9D-E9-CF-12
   DHCP 已启用 . . . . . . . . . . . : 是
   自动配置已启用. . . . . . . . . . : 是
   本地链接 IPv6 地址. . . . . . . . : fe80::97b6:797:7873:174a%5(首选)
   IPv4 地址 . . . . . . . . . . . . : 192.168.0.100(首选)
   子网掩码  . . . . . . . . . . . . : 255.255.255.0
   默认网关. . . . . . . . . . . . . : 192.168.0.1
   DHCPv6 IAID . . . . . . . . . . . : 122715037
   DHCPv6 客户端 DUID  . . . . . . . : 00-01-00-01-27-0A-41-79-50-7B-9D-E9-CF-12
   DNS 服务器  . . . . . . . . . . . : fec0:0:0:ffff::1%1
                                       fec0:0:0:ffff::2%1
                                       fec0:0:0:ffff::3%1
   TCPIP 上的 NetBIOS  . . . . . . . : 已启用
```

图 8-15　查看上位机的 IP 地址和 MAC 地址

2. 在三层交换机 XM408 上配置 MAC ACL

步骤 1　通过浏览器访问第 3 层交换机 XM408(http://192.168.0.1)，登录后进入其配置界面。

步骤 2　在左侧选择 Security 项目下的 MAC ACL，进入 MAC Access Control List Configuration 界面，双击三次 Create 按钮，产生三条默认规则。对这三条规则修改后，单击 Set Values 按钮，结果如图 8-16 所示。

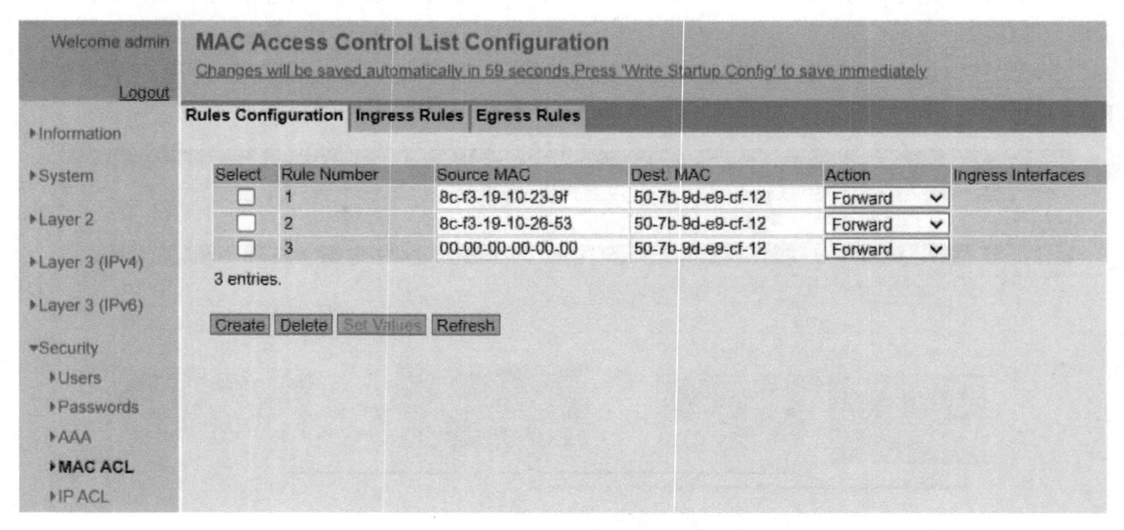

图 8-16　在 XM408 上配置 MAC ACL 规则

规则 1 中的 Source MAC（源 MAC 地址）8c:f3:19:10:23:9f 是 S7-1200-A 的 MAC 地址；Dest.MAC（目的 MAC 地址）50-7B-9D-E9-CF-12 是上位机的 MAC 地址。

规则 2 中的 Source MAC（源 MAC 地址）8c:f3:19:10:26:53 是 S7-1200-B 的 MAC 地址；Dest.MAC（目的 MAC 地址）也是上位机的 MAC 地址。

规则 3 中的 Source MAC(源 MAC 地址)00-00-00-00-00-00b 代表的是任意 MAC 地址；Dest.MAC(目的 MAC 地址) 也是上位机的 MAC 地址。

Action 标签下拉列表中的 Forward 表示，如果报文满足 ACL 规则就允许报文通过；Discard 表示，如果报文满足 ACL 规则就不允许报文通过。

步骤 3　选择 Ingress Rules，进入对具体端口“入站”(ingress) 配置界面。

在此界面下，在 Interface 下拉列表中选择“P1.3”，在 Add Rule 下拉列表中选择“Rule 1”，然后单击 Add 按钮，接着，在 Add Rule 下拉列表中选择“Rule 3”，然后单击 Add 按钮。对 P3 端口进行配置的结果如图 8-17 所示。两条规则表示：只有 S7-1200-A 能通过 P3 端口访问上位机，具有其他 MAC 地址的设备均不能通过 P3 端口访问上位机。

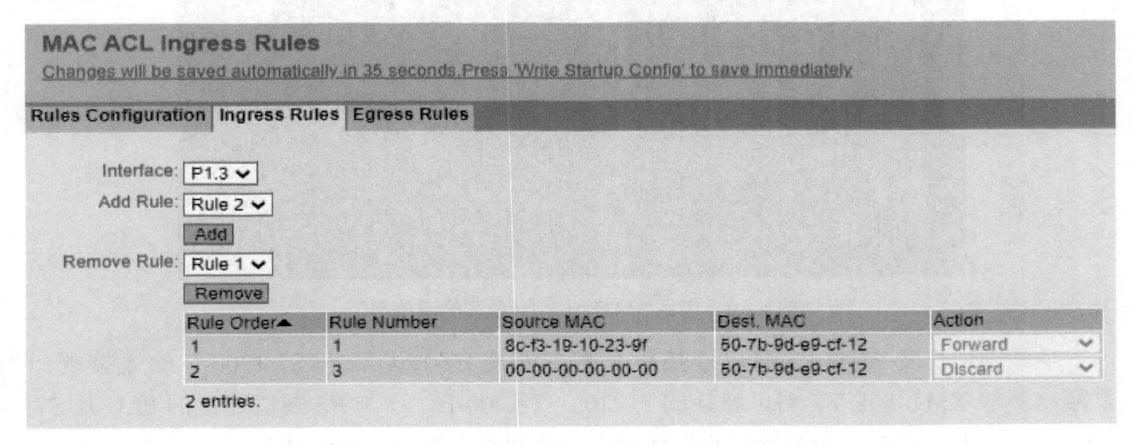

图 8-17　在 P3 入口方向上应用 MAC ACL 规则

步骤 4　以同样方法，将规则 2 和规则 3 添加到 P5 口中，如图 8-18 所示。两条规则表示：只有 S7-1200-B 能通过 P5 端口访问上位机，具有其他 MAC 地址的设备均不能通过 P5 端口访问上位机。

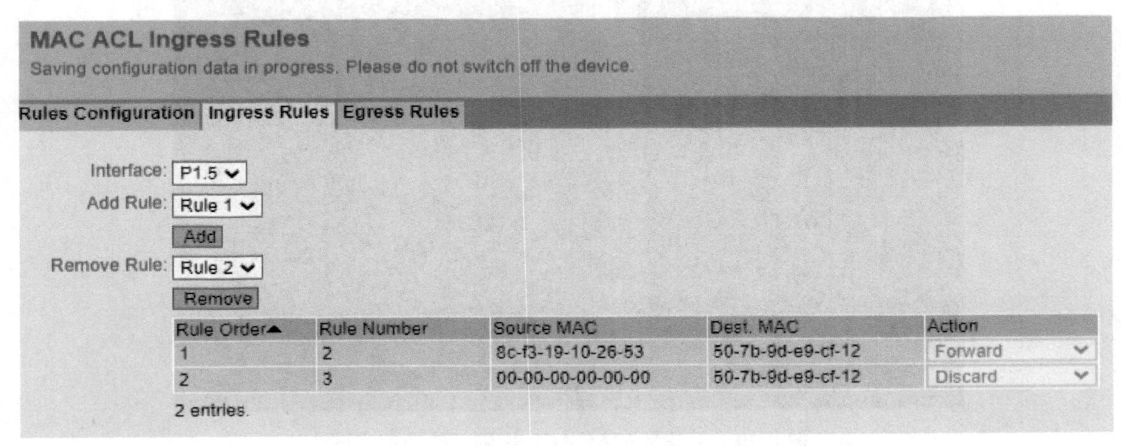

图 8-18　在 P5 入口方向上应用 MAC ACL 规则

3. 基于 MAC 地址的访问控制列表测试

步骤 1　正常通信测试。在上位机的“命令提示符”环境中，分别输入指令“ping

192.168.0.21”和“ping 192.168.0.22”，结果如图 8-19 所示。测试结果表明：上位机能够访问到两个 S7-1200 PLC，且两个 S7-1200 PLC 均能通过设置的 MAC ACL 规则将数据包返回给上位机，说明相关的 MAC 地址和允许规则是匹配的。

```
C:\Users\fengj>ping 192.168.0.21

正在 Ping 192.168.0.21 具有 32 字节的数据:
来自 192.168.0.21 的回复: 字节=32 时间=2ms TTL=255
来自 192.168.0.21 的回复: 字节=32 时间=2ms TTL=255
来自 192.168.0.21 的回复: 字节=32 时间=1ms TTL=255
来自 192.168.0.21 的回复: 字节=32 时间=1ms TTL=255

192.168.0.21 的 Ping 统计信息:
    数据包: 已发送 = 4, 已接收 = 4, 丢失 = 0 (0% 丢失),
往返行程的估计时间(以毫秒为单位):
    最短 = 1ms, 最长 = 2ms, 平均 = 1ms

C:\Users\fengj>ping 192.168.0.22

正在 Ping 192.168.0.22 具有 32 字节的数据:
来自 192.168.0.22 的回复: 字节=32 时间=1ms TTL=255
来自 192.168.0.22 的回复: 字节=32 时间=2ms TTL=255
来自 192.168.0.22 的回复: 字节=32 时间=1ms TTL=255
来自 192.168.0.22 的回复: 字节=32 时间=1ms TTL=255

192.168.0.22 的 Ping 统计信息:
    数据包: 已发送 = 4, 已接收 = 4, 丢失 = 0 (0% 丢失),
往返行程的估计时间(以毫秒为单位):
    最短 = 1ms, 最长 = 2ms, 平均 = 1ms

C:\Users\fengj>
```

图 8-19 满足 MAC ACL 规则下的通信测试

步骤 2 改变 P3 和 P5 端口连接设备测试。将 S7-1200-A 和 S7-1200-B 的连接端口互换，即与 XM408 的 P3 端口连接的 PLC 是 S7-1200-B，而与 P5 端口连接的 PLC 是 S7-1200-A。在上位机的“命令提示符”环境中，分别输入指令“ping 192.168.0.21”和“ping 192.168.0.22”，结果如图 8-20 所示。

```
C:\Users\fengj>ping 192.168.0.21

正在 Ping 192.168.0.21 具有 32 字节的数据:
来自 192.168.0.100 的回复: 无法访问目标主机。
来自 192.168.0.100 的回复: 无法访问目标主机。
来自 192.168.0.100 的回复: 无法访问目标主机。
来自 192.168.0.100 的回复: 无法访问目标主机。

192.168.0.21 的 Ping 统计信息:
    数据包: 已发送 = 4, 已接收 = 4, 丢失 = 0 (0% 丢失),

C:\Users\fengj>ping 192.168.0.22

正在 Ping 192.168.0.22 具有 32 字节的数据:
请求超时。
请求超时。
来自 192.168.0.100 的回复: 无法访问目标主机。
来自 192.168.0.100 的回复: 无法访问目标主机。

192.168.0.22 的 Ping 统计信息:
    数据包: 已发送 = 4, 已接收 = 2, 丢失 = 2 (50% 丢失),

C:\Users\fengj>
```

图 8-20 不满足 MAC ACL 规则下的通信测试

测试结果表明：由于 P3 和 P5“入口”规则允许的源 MAC 地址发生了改变，P3 端口禁止从 S7-1200-B 发出的数据包通过 P3 端口传输到上位机，而 P5 端口也禁止从 S7-1200-A 发出的数据包通过 P5 端口传输到上位机。

◆ 实验任务 2　基于 IP 地址的访问控制列表配置

本实验任务按图 8-21 构建网络拓扑。

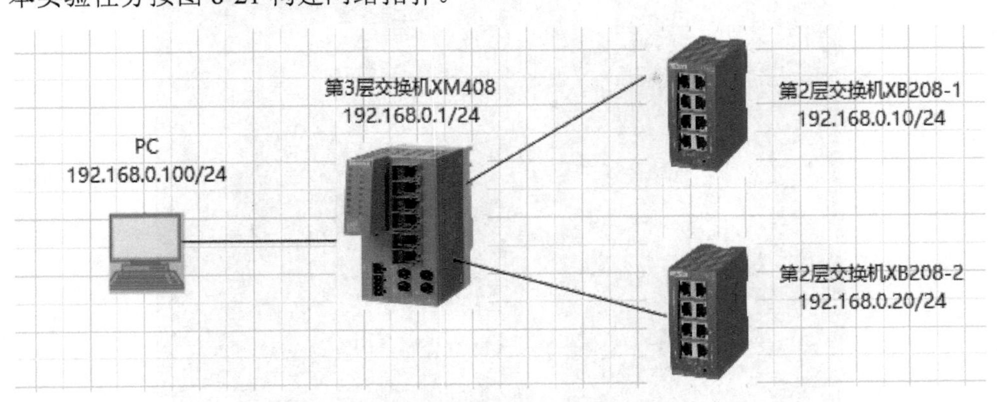

图 8-21　基于 IP 地址的访问控制列表实验拓扑

首先完成 3 个交换机和 PC 的 IP 地址配置。在此基础上在第 3 层交换机 XM408 上配置访问控制列表 ACL 实现如下访问控制：

(1) PC 通过 XM408 的 P1 端口只能与 XB208_1 设备通信；

(2) PC 通过 XM408 的 P2 端口只能与 XB208_2 设备通信。

1. 网络基础配置

步骤 1　按照网络结构逻辑拓扑图将 SCALANCE XM408 的 P1、P2 端口与两台 SCALANCE XB208 的端口相连，SCALANCE XM408 的 P8 端口与 PC 相连。

步骤 2　使用 PRONETA 为 3 台交换机复位并配置 IP 地址，结果如图 8-22 所示。

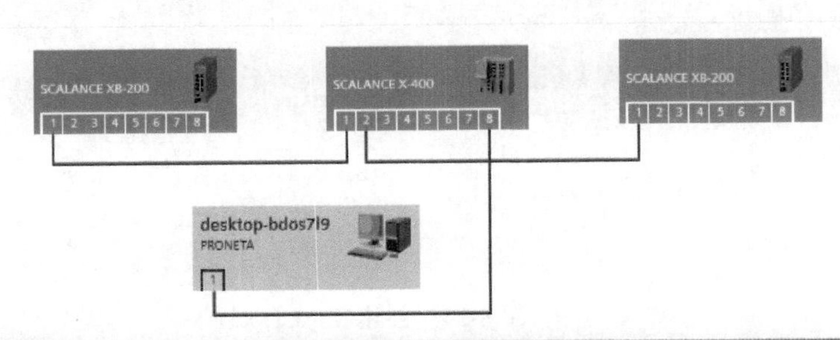

设备表 - 在线

#	名称	设备类型	IP 地址	子网掩码	MAC 地址	角色	供应商名称	订单号
1		SCALANCE XB-200	192.168.0.10	255.255.255.0	d4:f5:27:bc:64:91	Device	SIEMENS AG	6GK5 208-0BA00-2AB2
2		SCALANCE X-400	192.168.0.1	255.255.255.0	d4:f5:27:aa:94:00	Device	SIEMENS AG	6GK5 408-8GR00-2AM2
3		SCALANCE XB-200	192.168.0.20	255.255.255.0	d4:f5:27:bc:64:51	Device	SIEMENS AG	6GK5 208-0BA00-2AB2

图 8-22　使用 PRONETA 软件为 3 台交换机配置 IP 地址

步骤 3　测试 PC 和 XB208-1、XB208-2 之间的连通性，确保在配置 ACL 之前设备间都能正常通信，结果如图 8-23 所示。通过 PC 均能访问到两台 XB208 交换机。

```
C:\Users\fengj>ping 192.168.0.10

正在 Ping 192.168.0.10 具有 32 字节的数据:
来自 192.168.0.10 的回复: 字节=32 时间=2ms TTL=64
来自 192.168.0.10 的回复: 字节=32 时间=2ms TTL=64
来自 192.168.0.10 的回复: 字节=32 时间=2ms TTL=64
来自 192.168.0.10 的回复: 字节=32 时间=2ms TTL=64

192.168.0.10 的 Ping 统计信息:
    数据包: 已发送 = 4, 已接收 = 4, 丢失 = 0 (0% 丢失),
往返行程的估计时间(以毫秒为单位):
    最短 = 2ms, 最长 = 2ms, 平均 = 2ms

C:\Users\fengj>ping 192.168.0.20

正在 Ping 192.168.0.20 具有 32 字节的数据:
来自 192.168.0.20 的回复: 字节=32 时间=2ms TTL=64
来自 192.168.0.20 的回复: 字节=32 时间=2ms TTL=64
来自 192.168.0.20 的回复: 字节=32 时间=2ms TTL=64
来自 192.168.0.20 的回复: 字节=32 时间=2ms TTL=64

192.168.0.20 的 Ping 统计信息:
    数据包: 已发送 = 4, 已接收 = 4, 丢失 = 0 (0% 丢失),
往返行程的估计时间(以毫秒为单位):
    最短 = 2ms, 最长 = 2ms, 平均 = 2ms

C:\Users\fengj>
```

图 8-23　应用 ACL 之前设备间连通性测试

2. 基于 IP 地址的访问控制列表配置

步骤 1　通过浏览器访问第 3 层交换机 XM408(http://192.168.0.1)，登录后进入其配置界面。

步骤 2　配置 IP ACL 规则：在左侧选择 Security→IP ACL，在 Rules Configuration 标签下完成 ACL 规则配置，单击 Create 依次创建 4 条规则，并设置规则相应的参数，如图 8-24 所示。

IP Access Control List Configuration

Changes will be saved automatically in 58 seconds Press 'Write Startup Config' to save immediately

Rules Configuration | Protocol Configuration | Ingress Rules | Egress Rules

Select	Rule Number	Source IP	Source Subnet Mask	Dest. IP	Dest. Subnet Mask	Action	Ingress Interfaces	Egress Interfaces
☐	1	192.168.0.100	255.255.255.255	192.168.0.10	255.255.255.255	Forward		
☐	2	192.168.0.100	255.255.255.255	192.168.0.20	255.255.255.255	Forward		
☐	3	0.0.0.0	0.0.0.0	192.168.0.10	255.255.255.255	Discard		
☐	4	0.0.0.0	0.0.0.0	192.168.0.20	255.255.255.255	Discard		

4 entries.

Create | Delete | Set Values | Refresh

图 8-24　创建 IP ACL 规则

(1) Source IP：源 IP 地址；

(2) Source Subnet Mask：源子网掩码；

(3) Dest.IP：目的 IP 地址；

(4) Dest.Subnet Mask：目的子网掩码；

(5) Action：要执行的操作，Forward 表示符合 ACL 规则，则转发数据；Discard 表示不符合 ACL 规则，则丢弃数据不转发。

规则 1：允许源 IP 地址为 192.168.0.100 的设备与目的 IP 地址为 192.168.0.10 的设备通信。

规则 2：允许源 IP 地址为 192.168.0.100 的设备与目的 IP 地址为 192.168.0.20 的设备通信。

规则 3：任何其他 IP 地址都不能与目的 IP 地址为 192.168.0.10 的设备通信。

规则 4：任何其他 IP 地址都不能与目的 IP 地址为 192.168.0.20 的设备通信。

步骤 3，将 IP ACL 应用在 P1 端口上。

在 ACL 配置完成后必须将 ACL 规则应用到端口上，规则才能生效，本实验中所有规则都应用在端口的入口方向上，因此需要单击 Inpress Rules 标签来设置应用该规则的端口。若要在出口方向上应用规则，则需要单击 Epress Rules 标签来设置。如图 8-25 所示，在 P1.1 入口方向上应用 IP ACL 规则 1 和规则 4。

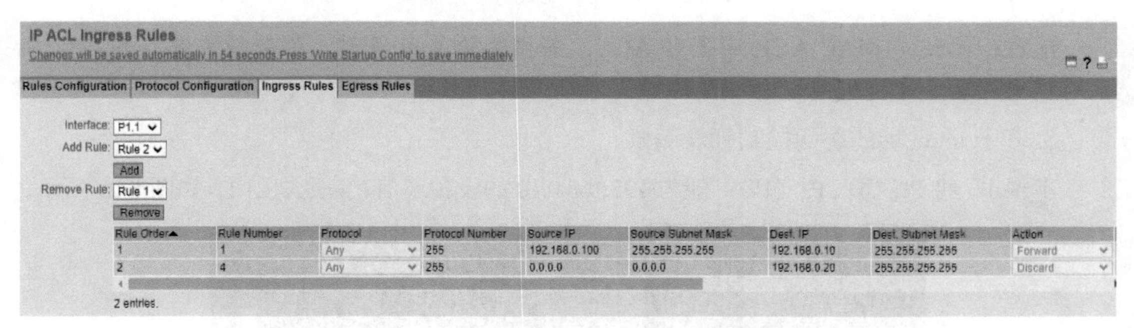

图 8-25　在 P1 入口方向上应用 IP ACL 规则

步骤 4　用同样的方法在 P2 入口方向上应用 IP ACL 规则 2 和规则 3，结果如图 8-26 所示。

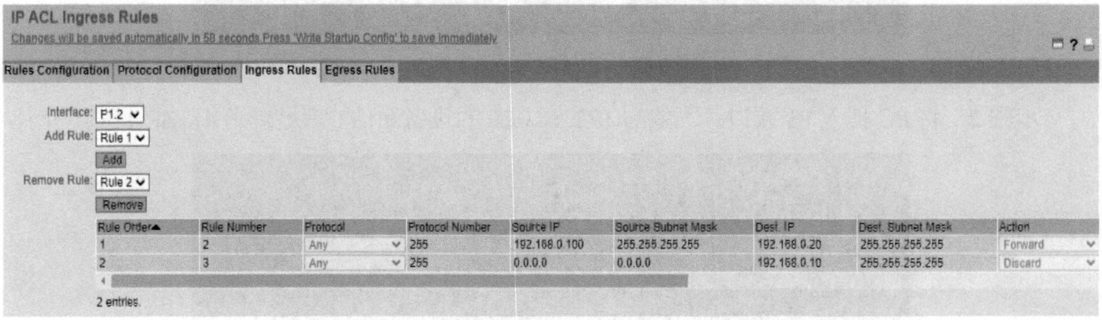

图 8-26　在 P2 入口方向上应用 IP ACL 规则

步骤 5　用同样方法在 P3 入口方向上应用 IP ACL 规则 3 和规则 4，结果如图 8-27 所示。

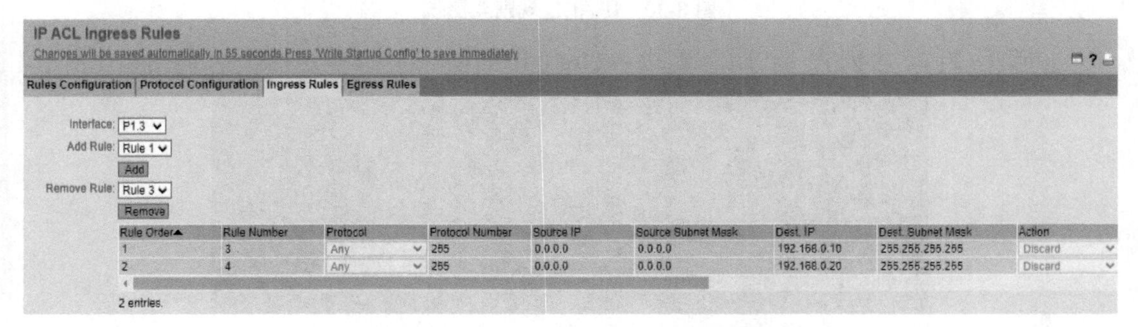

图 8-27　在 P3 入口方向上应用 IP ACL 规则

步骤 6　为 P4 和 P5 入口方向上也应用 IP ACL 规则 3 和规则 4，所有端口应用规则后的结果如图 8-28 所示。

IP Access Control List Configuration

Changes will be saved automatically in 54 seconds.Press 'Write Startup Config' to save immediately

Rules Configuration | Protocol Configuration | Ingress Rules | Egress Rules

Select	Rule Number	Source IP	Source Subnet Mask	Dest. IP	Dest. Subnet Mask	Action	Ingress Interfaces	Egress Interfaces
	1	192.168.0.100	255.255.255.255	192.168.0.10	255.255.255.255	Forward	P1.1	
	2	192.168.0.100	255.255.255.255	192.168.0.20	255.255.255.255	Forward	P1.2	
	3	0.0.0.0	0.0.0.0	192.168.0.10	255.255.255.255	Discard	P1.2,P1.3,P1.4,P1.5	
	4	0.0.0.0	0.0.0.0	192.168.0.20	255.255.255.255	Discard	P1.1,P1.3,P1.4,P1.5	

4 entries.

Create　Delete　Refresh

图 8-28　IP ACL 配置与应用结果

注意：无论是 MAC ACL 还是 IP ACL，若要删除某条规则，都必须先移除其在端口上的应用之后才能将规则删除。

3. 基于 IP 地址的访问控制列表测试

步骤 1　将 PC 插入 P1 端口：能与 192.168.0.10 的设备通信（满足规则 1），如图 8-29 所示。

```
C:\Users\zuzuzi>ping 192.168.0.10

正在 Ping 192.168.0.10 具有 32 字节的数据:
来自 192.168.0.10 的回复: 字节=32 时间=6ms TTL=64
来自 192.168.0.10 的回复: 字节=32 时间=3ms TTL=64
来自 192.168.0.10 的回复: 字节=32 时间=3ms TTL=64
来自 192.168.0.10 的回复: 字节=32 时间=3ms TTL=64

192.168.0.10 的 Ping 统计信息:
    数据包: 已发送 = 4, 已接收 = 4, 丢失 = 0 (0% 丢失),
往返行程的估计时间(以毫秒为单位):
    最短 = 3ms, 最长 = 6ms, 平均 = 3ms
```

图 8-29　IP ACL 规则 1 测试

步骤 2　将 PC 插入 P1 端口：不能与 192.168.0.20 的设备通信（满足规则 4），如图 8-30 所示。

```
C:\Users\zuzuzi>ping 192.168.0.20

正在 Ping 192.168.0.20 具有 32 字节的数据:
请求超时。
请求超时。
请求超时。
请求超时。

192.168.0.20 的 Ping 统计信息:
    数据包: 已发送 = 4, 已接收 = 0, 丢失 = 4 (100% 丢失),
```

图 8-30　IP ACL 规则 4 测试

步骤 3　将 PC 插入 P2 端口：不能与 192.168.0.10 的设备通信（满足规则 3），如图 8-31 所示。

```
C:\Users\zuzuzi>ping 192.168.0.10

正在 Ping 192.168.0.10 具有 32 字节的数据:
请求超时。
请求超时。
请求超时。
请求超时。

192.168.0.10 的 Ping 统计信息:
    数据包: 已发送 = 4, 已接收 = 0, 丢失 = 4 (100% 丢失),
```

图 8-31　IP ACL 规则 3 测试

步骤 4　将 PC 插入 P2 端口：能与 192.168.0.20 的设备通信 (满足规则 2)，如图 8-32 所示。

```
C:\Users\zuzuzi>ping 192.168.0.20

正在 Ping 192.168.0.20 具有 32 字节的数据:
来自 192.168.0.20 的回复: 字节=32 时间=6ms TTL=64
来自 192.168.0.20 的回复: 字节=32 时间=3ms TTL=64
来自 192.168.0.20 的回复: 字节=32 时间=3ms TTL=64
来自 192.168.0.20 的回复: 字节=32 时间=2ms TTL=64

192.168.0.20 的 Ping 统计信息:
    数据包: 已发送 = 4，已接收 = 4，丢失 = 0 (0% 丢失)，
往返行程的估计时间(以毫秒为单位):
    最短 = 2ms，最长 = 6ms，平均 = 3ms
```

图 8-32　IP ACL 规则 2 测试

8.3.2　西门子 S615 工业防火墙配置

◆ 实验任务 1　西门子 S615 防火墙安全策略配置

现有一个车间，包含一个工艺单元和一台生产监控服务器，工艺单元中有一台 S7-1200 PLC。防火墙模块 SCALANCE S615 将生产网络与外部管理网络隔离开。要求实现车间内部网络可以访问外部网络，外部网络不能访问车间内部网络，以防止外部的恶意攻击。外部网络中，只有特定的用户可以访问内部生产监控服务器，不能访问其他设备。实验用网络结构拓扑如图 8-33 所示。IP 地址规划如表 8-2 所示。

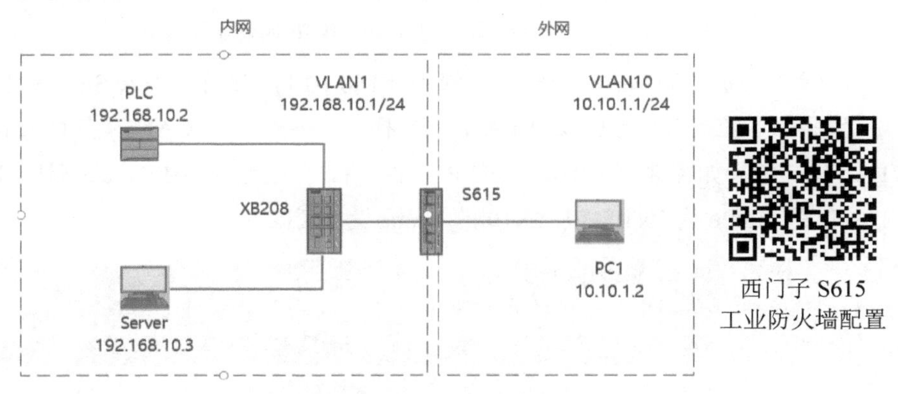

图 8-33　实验用网络结构拓扑图

表 8-2　防火墙实验 IP 地址规划

设备名称	网络接口	IP 地址	子网掩码	网　关	说　明
PLC	以太网口	192.168.10.2	255.255.255.0	192.168.10.1	
Server	以太网口	192.168.10.3	255.255.255.0	192.168.10.1	
XB208	VLAN1	192.168.10.4	255.255.255.0	192.168.10.1	管理地址
S615	VLAN1	192.168.10.1	255.255.255.0		管理地址、内网网关 包含 P1～P4 共 4 个端口
	VLAN10	10.10.1.1	255.255.255.0		外网网关 包含 P5 端口
PC1	以太网口	10.10.1.2	255.255.255.0	10.10.1.1	

步骤 1　按照网络结构拓扑图将 SCALANCE S615 的 P1 端口与 XB208 的端口相连，P5 端口与 PC1 相连。注意防火墙上最上面的端口是 P5 端口，用于连接外部网络；P5 端口之下依次是 P1～P4 端口，用于连接内网。XB208 可选择任意端口分别与 S615、PLC 和 Server 连接。

步骤 2　根据 IP 规划为 PLC、Server 和 PC1 配置 IP 地址，对 XB208 和 S615 执行复位操作并配置 IP 地址，结果如图 8-34 所示。

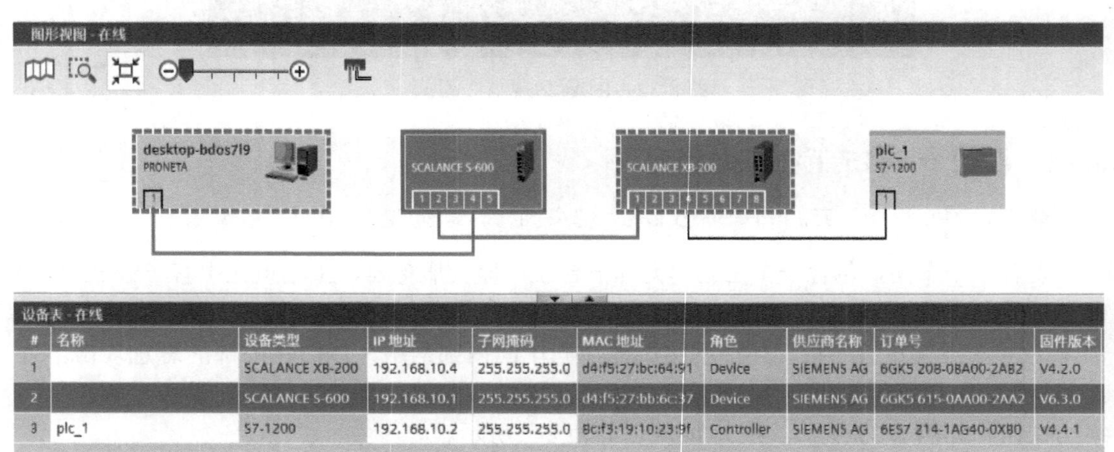

#	名称	设备类型	IP 地址	子网掩码	MAC 地址	角色	供应商名称	订单号	固件版本
1		SCALANCE XB-200	192.168.10.4	255.255.255.0	d4:f5:27:bc:64:91	Device	SIEMENS AG	6GK5 208-0BA00-2AB2	V4.2.0
2		SCALANCE S-600	192.168.10.1	255.255.255.0	d4:f5:27:bb:6c:37	Device	SIEMENS AG	6GK5 615-0AA00-2AA2	V6.3.0
3	plc_1	S7-1200	192.168.10.2	255.255.255.0	8c:f3:19:10:23:9f	Controller	SIEMENS AG	6ES7 214-1AG40-0XB0	V4.4.1

图 8-34　防火墙实验设备 IP 地址配置结果

步骤 3　通过 Server 的浏览器访问 192.168.10.1，登录后进入 S615 的配置界面。

步骤 4　在 S615 上配置 VLAN：选择“Layer2”→VLAN，在 General 标签下创建 VLAN10，结果如图 8-35 所示。其中 P1～P4 端口分配给 VLAN1，P5 端口分配给 VLAN10，VLAN1 的 Name 为 INT，VLAN10 的 Name 为 EXT。

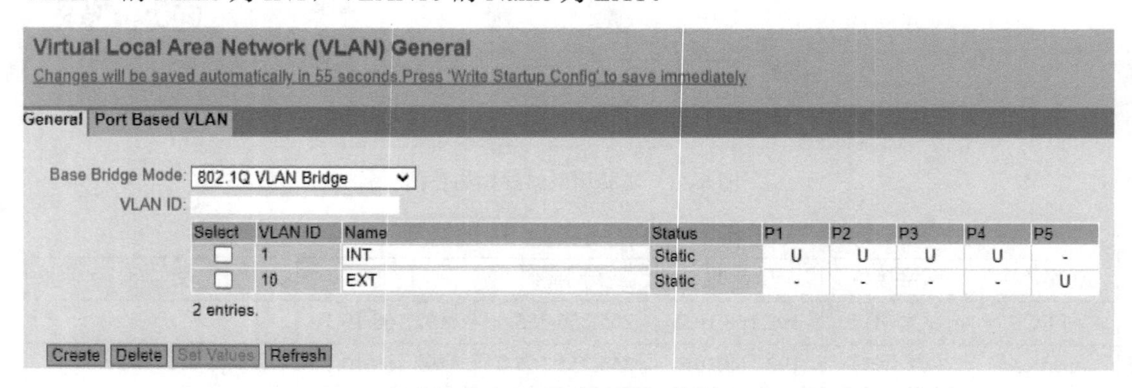

Select	VLAN ID	Name	Status	P1	P2	P3	P4	P5
☐	1	INT	Static	U	U	U	U	-
☐	10	EXT	Static	-	-	-	-	U

图 8-35　S615 上 VLAN 配置

步骤 5　在 S615 上配置端口所属的 VLAN：选择“Layer2”→VLAN，在 Port Based VLAN 的标签下将 P5 端口加入 VLAN10 中，如图 8-36 所示。

步骤 6　选择“Layer3”→Subnets，在 Configuration 标签下分别配置外网和内网网关，如图 8-37 所示。

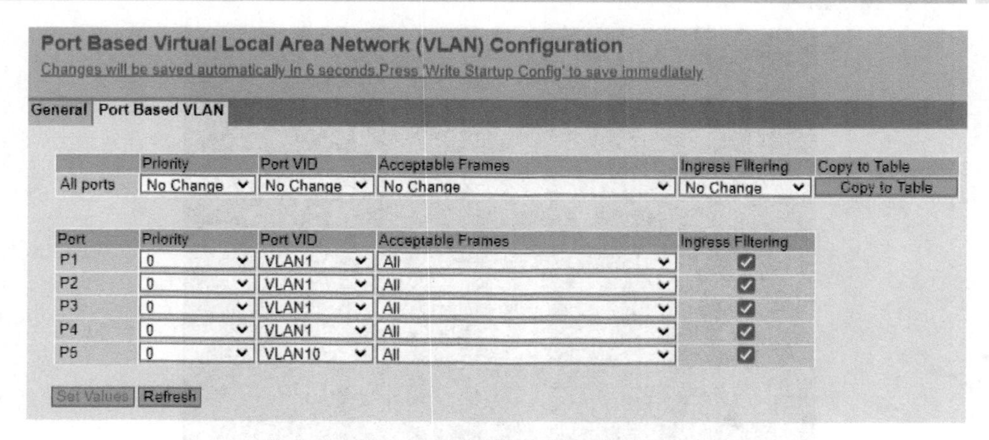

图 8-36　在 S615 上配置 P5 端口属于 VLAN10

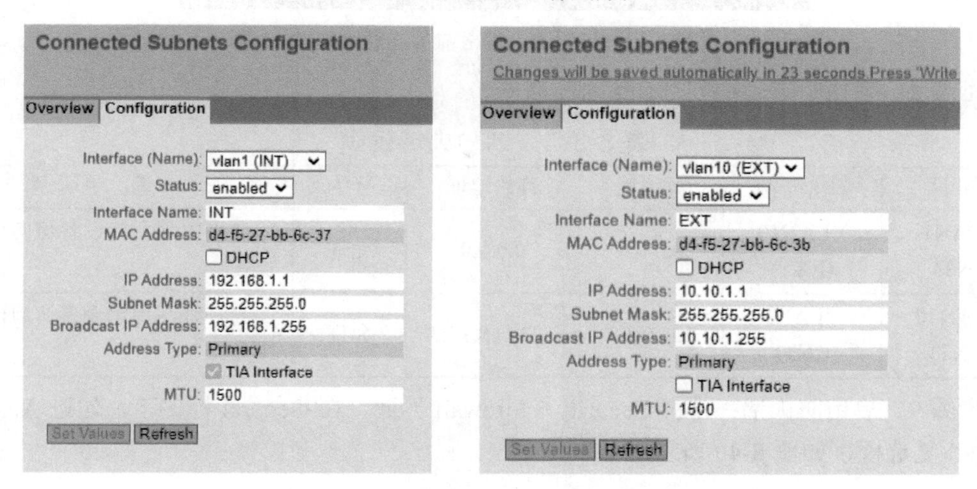

图 8-37　S615 上外网和内网网关配置

单击 Overview 标签可以逐行显示出到所有 VLAN 的配置结果，如图 8-38 所示。

Connected Subnets Overview

Overview　Configuration

Interface: VLAN1

Select	Interface	TIA Interface	Status	Interface Name	MAC Address	IP Address	Subnet Mask	Address Type	IP Assgn. Method
	vlan1	yes	enabled	INT	d4-f5-27-bb-6c-37	192.168.1.1	255.255.255.0	Primary	Static
☐	vlan10	-	enabled	EXT	d4-f5-27-bb-6c-3b	10.10.1.1	255.255.255.0	Primary	Static
	ppp2	-	disabled	ppp2	00-00-00-00-00-00	0.0.0.0	0.0.0.0	Primary	Static

3 entries.

Create　Delete　Refresh

图 8-38　S615 上 VLAN 配置汇总

步骤 7　测试内网 PLC、Server 和外网 PC1 之间的连通性，确保在配置启动防火墙之前设备间都能互相通信，结果如图 8-39 所示。从 Server 去 ping 内网 PLC 和外网 PC1 都能 ping 通。

```
C:\Users\fengj>ping 10.10.1.2

正在 Ping 10.10.1.2 具有 32 字节的数据:
来自 10.10.1.2 的回复: 字节=32 时间=1ms TTL=127
来自 10.10.1.2 的回复: 字节=32 时间=1ms TTL=127
来自 10.10.1.2 的回复: 字节=32 时间=1ms TTL=127
来自 10.10.1.2 的回复: 字节=32 时间=1ms TTL=127

10.10.1.2 的 Ping 统计信息:
    数据包: 已发送 = 4, 已接收 = 4, 丢失 = 0 (0% 丢失),
往返行程的估计时间(以毫秒为单位):
    最短 = 1ms, 最长 = 1ms, 平均 = 1ms

C:\Users\fengj>ping 192.168.10.2

正在 Ping 192.168.10.2 具有 32 字节的数据:
来自 192.168.10.2 的回复: 字节=32 时间=3ms TTL=255
来自 192.168.10.2 的回复: 字节=32 时间=2ms TTL=255
来自 192.168.10.2 的回复: 字节=32 时间=1ms TTL=255
来自 192.168.10.2 的回复: 字节=32 时间=2ms TTL=255

192.168.10.2 的 Ping 统计信息:
    数据包: 已发送 = 4, 已接收 = 4, 丢失 = 0 (0% 丢失),
往返行程的估计时间(以毫秒为单位):
    最短 = 1ms, 最长 = 3ms, 平均 = 2ms

C:\Users\fengj>_
```

图 8-39　应用防火墙之前的连通性测试

步骤 8　规划防火墙规则，如表 8-3 所示。

表 8-3　规划防火墙规则

源子网	目的子网	源地址	目的地址	行为	说　明
VLAN1 (INT)	VLAN10 (EXT)	0.0.0.0	0.0.0.0	允许	允许内网全部设备访问外网设备
VLAN10 (EXT)	VLAN1 (INT)	10.10.1.2	192.168.10.3	允许	允许外网指定设备访问内网服务器

步骤 9　启用防火墙：选择 Security→Firewall 界面，在 General 标签下，勾选 Activate Firewall 复选框，如图 8-40 所示。

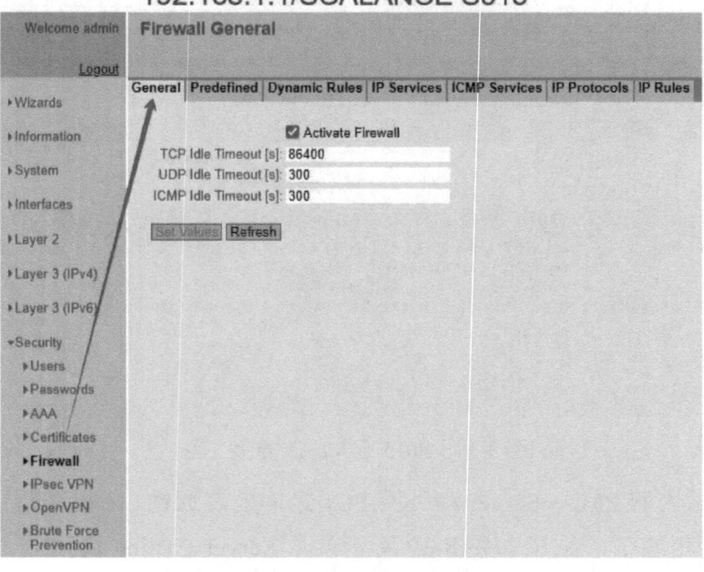

图 8-40　在 S615 上启用防火墙

步骤 10　在 IP Rules 标签下添加 IP 过滤规则，如图 8-41 所示。

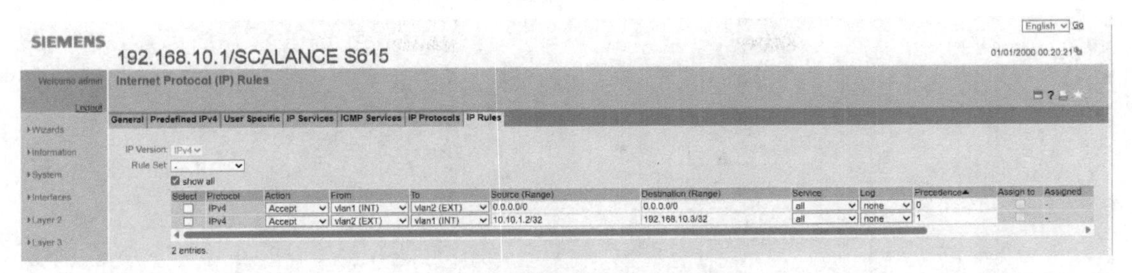

图 8-41　防火墙 IP 规则配置

其中，第一条规则表示：内网中任一主机可以访问外网的任一主机。

第二条规则表示：外网访问内网方向，外网中只有 IP 地址为 10.10.1.2 的主机可访问内网，且仅可以访问内网 IP 地址为 192.168.10.3 的主机。

步骤 11　防火墙功能测试。

(1) 外网 IP 地址为 10.10.1.2 的主机能访问内网 IP 地址为 192.168.10.3 的主机，结果如图 8-42 所示。

```
C:\Users\zuzuzi>ping 192.168.10.3

正在 Ping 192.168.10.3 具有 32 字节的数据:
来自 192.168.10.3 的回复: 字节=32 时间=3ms TTL=127
来自 192.168.10.3 的回复: 字节=32 时间=3ms TTL=127
来自 192.168.10.3 的回复: 字节=32 时间=4ms TTL=127
来自 192.168.10.3 的回复: 字节=32 时间=2ms TTL=127

192.168.10.3 的 Ping 统计信息:
    数据包: 已发送 = 4, 已接收 = 4, 丢失 = 0 (0% 丢失),
往返行程的估计时间(以毫秒为单位):
    最短 = 2ms, 最长 = 4ms, 平均 = 3ms

C:\Users\zuzuzi>
```

图 8-42　只有外网主机 10.10.1.2 能访问内网主机 192.168.10.3

(2) 外网主机 10.10.1.2 不能访问内网 IP 地址为 192.168.10.2 的 PLC，如图 8-43 所示。

```
C:\Users\zuzuzi>ping 192.168.10.2

正在 Ping 192.168.10.2 具有 32 字节的数据:
请求超时。
请求超时。
请求超时。
请求超时。

192.168.10.2 的 Ping 统计信息:
    数据包: 已发送 = 4, 已接收 = 0, 丢失 = 4 (100% 丢失),
```

图 8-43　外网主机 10.10.1.2 不能访问内网主机 192.168.10.2

(3) 当外网主机的 IP 地址修改为 10.10.1.6 时，不能访问内网 IP 地址为 192.168.10.3 的主机，如图 8-44 所示。

```
C:\Users\zuzuzi>ping 192.168.10.3

正在 Ping 192.168.10.3 具有 32 字节的数据:
请求超时。
请求超时。
请求超时。
请求超时。

192.168.10.3 的 Ping 统计信息:
    数据包: 已发送 = 4, 已接收 = 0, 丢失 = 4 (100% 丢失),
```

图 8-44　外网主机 10.10.1.6 不能访问内网主机 192.168.10.3

(4) 内网 IP 地址为 192.168.10.3 的主机能访问外网主机 10.10.1.2，如图 8-45 所示。

```
C:\Users\l嘿嘿l>ping 10.10.1.2 -t

Pinging 10.10.1.2 with 32 bytes of data:
Reply from 10.10.1.2: bytes=32 time=3ms TTL=127
Reply from 10.10.1.2: bytes=32 time=3ms TTL=127
Reply from 10.10.1.2: bytes=32 time=3ms TTL=127
Reply from 10.10.1.2: bytes=32 time=3ms TTL=127
Reply from 10.10.1.2: bytes=32 time=3ms TTL=127
Reply from 10.10.1.2: bytes=32 time=3ms TTL=127
Reply from 10.10.1.2: bytes=32 time=3ms TTL=127
Reply from 10.10.1.2: bytes=32 time=3ms TTL=127
Reply from 10.10.1.2: bytes=32 time=3ms TTL=127
Reply from 10.10.1.2: bytes=32 time=3ms TTL=127
Reply from 10.10.1.2: bytes=32 time=16ms TTL=127
Reply from 10.10.1.2: bytes=32 time=3ms TTL=127

10.10.1.2 的 Ping 统计信息:
    数据包: 已发送 = 12, 已接收 = 12, 丢失 = 0 (0% 丢失),
往返行程的估计时间(以毫秒为单位):
    最短 = 3ms, 最长 = 16ms, 平均 = 4ms
Control-C
```

图 8-45　内网任意主机都允许访问外网任意主机

以上测试结果与防火墙规则设置完全匹配，说明规则配置正确。

◆ 实验任务 2　西门子 S615 防火墙用户管理

S615 防火墙上默认的用户只有 admin，根据实际需要可以创建新的组和用户，本实验将创建本地用户账户和组并为它们进行权限设置。

步骤 1　通过浏览器访问防火墙，以管理员 admin 身份登录后进入 S615 的配置界面。要能够创建一个用户账户，登录的用户必须具有“管理员”权限。

步骤 2　创建本地用户账户：选择 Security→Users，在 Local User 标签下可以创建具有相应权限的本地用户账户，如图 8-46 所示。

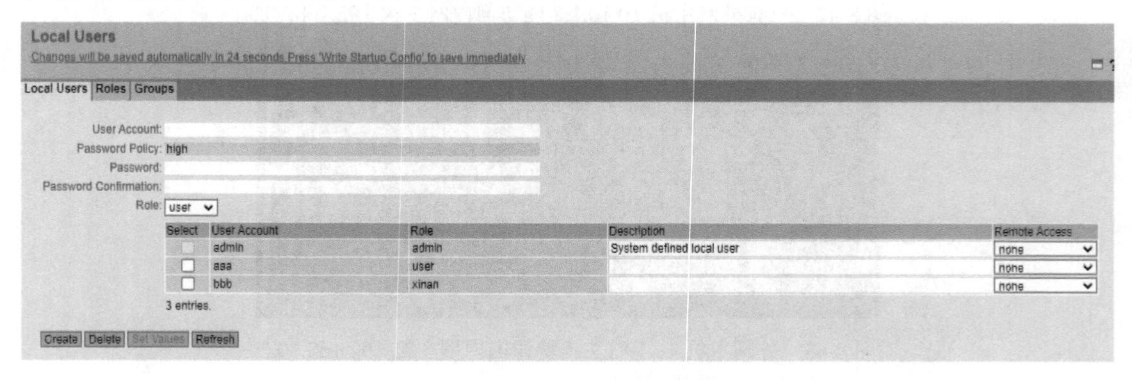

图 8-46　在 S615 上创建本地用户账户

(1) 输入该用户的名称，该名称必须满足以下条件：

① 它必须是独特的，必须在 1～32 个字符之间；

② 不能包含 ? " ; : < = 等字符。

(2) 输入该用户的密码，密码策略默认为高策略等级，密码必须满足以下条件：

① 密码长度至少 8 个字符；

② 至少有 1 个大写字母，至少有 1 个特殊字符，至少有 1 个数字。

(3) 选择用户的角色，有两种可选角色：

① 管理角色 admin：用户可以创建、编辑或删除条目；

② 用户角色 user：该用户仅具有读取权限。

如图 8-46 所示，创建了名为 aaa 的用户，密码为 ZD@123456，角色为 user；创建了名为 bbb 的用户，密码为 ZD@123456，角色为 admin。注意创建用户后，就不能再修改用户名。如果需要更改用户名，则必须删除该用户并重新创建一个新用户。

步骤 3　单击 Roles 角色标签，可以看到已有的角色名称及其对应的功能级别，admin 具有最高级别值 15，user 级别值为 1。在该页面中可以创建新角色，并为新角色指定功能级别。图 8-47 所示为创建了名为 xinan 的新角色，其功能级别为 15。

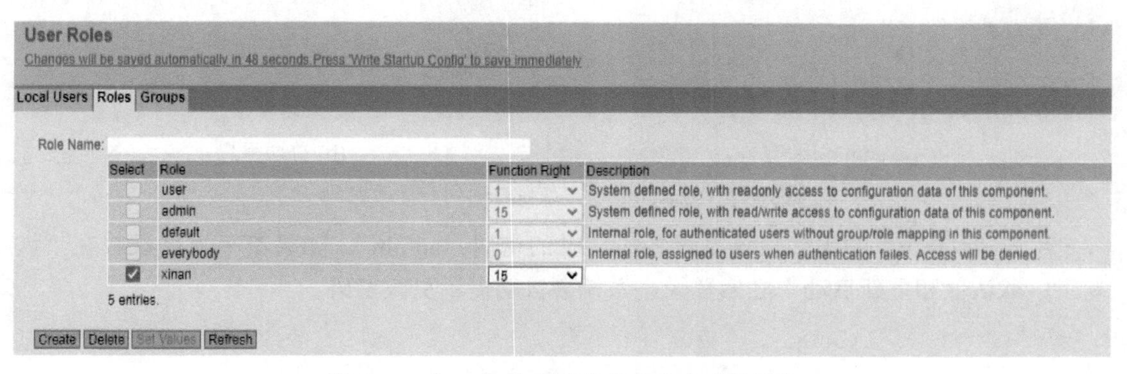

图 8-47　在 S615 上创建角色并指定功能级别

步骤 4　单击 Groups 组标签，在该界面下可以创建组，图 8-48 所示为创建了名为 teacher 的组，并设置其角色为自定义角色 xinan。

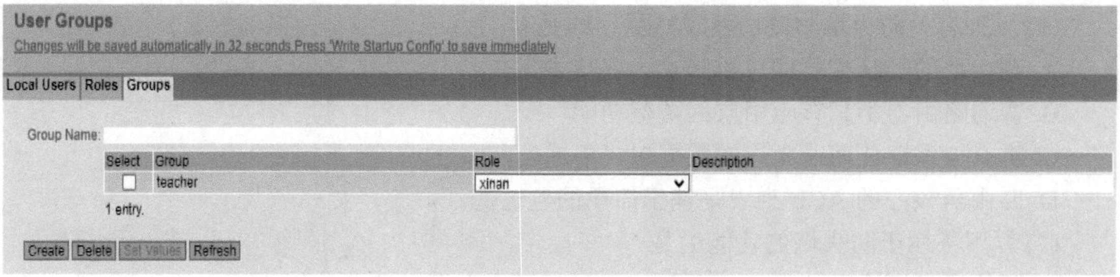

图 8-48　在 S615 上创建组

步骤 5　密码配置：选择 Security→Passwords，在此页面上可以更改密码。

具有“管理”角色的用户可以更改已创建的用户的密码，但若使用的是“用户”角色，则只能更改自己的密码。

如图 8-49 所示，在 User Account 用户账户下拉列表中，可以选择为谁更改密码。

(1) 如果当前用户具有“管理员”角色，则可以任意选择一个要更改密码的用户。

(2) 如果当前用户具有“用户”角色，则用户账户会自动设置其用户名，这就表示它只能更改自己的密码。

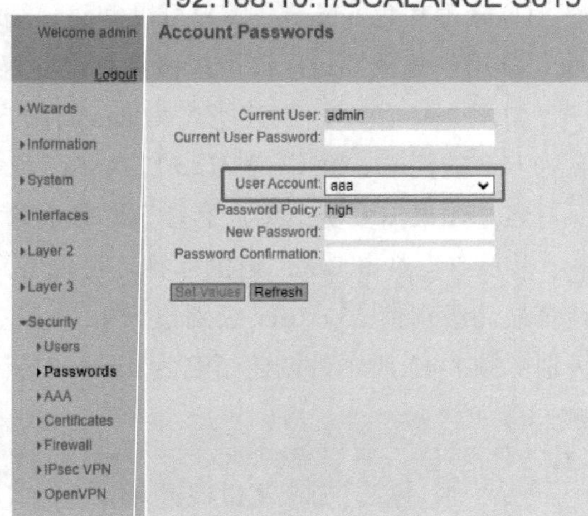

(a) admin 用户　　　　(b) 普通用户

图 8-49　为 admin 用户或者普通用户更改密码

用户“admin”的出厂设置是设备出厂时的密码“admin”。如果第一次登录或在“恢复工厂默认值和重新启动”之后登录，系统会自动提示更改密码。

习　题

1. 单选题（将答案填写在括号中）

(1) 下列有关防火墙与路由器说法错误的是（　　）。

A. 路由器的默认配置即可以防止一些攻击

B. 普通路由器不具有应用层的防范功能

C. 防火墙保证任何非允许的数据包“不通”

D. 路由器核心的 ACL 列表是基于简单的包过滤

(2) 以下不属于防火墙的功能的是（　　）。

A. 网络设备冗余功能　　B. 过滤不安全服务和非法用户

C. 地址转换功能　　D. 控制对特殊站点的访问

(3) 防火墙的局限性包括（　　）。

A. 不能防止利用标准网络协议的缺陷进行攻击

B. 以上都是

C. 不能防范绕过防火墙的攻击

D. 难以避免来自内部网络用户的攻击

(4) 下列有关防火墙技术说法错误的是（　　）。

A. 防火墙技术可以防止外部网络用户以非法手段进入网络内部访问网络资源

B. 防火墙主要由服务访问规则、验证工具、包过滤和应用网关四个部分组成

C. 防火墙技术是一种同来加强网络之间访问控制的技术

D. 防火墙技术是保护内部网络和服务器免遭攻击的唯一手段

(5) 关于下面这条防火墙规则，说法正确的是 (　　)。

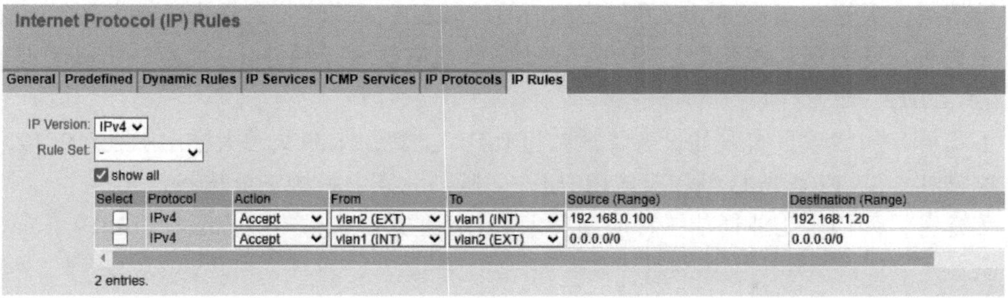

Internet Protocol (IP) Rules

General | Predefined | Dynamic Rules | IP Services | ICMP Services | IP Protocols | IP Rules

IP Version: IPv4

Rule Set: -

show all

Select	Protocol	Action	From	To	Source (Range)	Destination (Range)
☐	IPv4	Accept	vlan2 (EXT)	vlan1 (INT)	192.168.0.100	192.168.1.20
☐	IPv4	Accept	vlan1 (INT)	vlan2 (EXT)	0.0.0.0/0	0.0.0.0/0

2 entries.

A. 第一条规则表示内网中只有 IP 地址为 192.168.0.100 的主机能够访问外网，且仅能访问外网 IP 地址为 192.168.1.20 的主机

B. 第二条规则表示外网中任一台主机可以访问内网的任一主机

C. 第一条规则表示外网中只有 IP 地址为 192.168.0.100 的主机能够访问内网，且仅能访问内网 IP 地址为 192.168.1.20 的主机

D. 第二条规则表示内网中任一台主机都不可以访问外网的任一主机

2. 判断题 (正确的打 √，错误的打 ×，将答案填写在括号中)

(1) 在配置 S615 模块时，网线插到模块任一端口都可访问该模块。　(　　)

(2) 可以使用 PRONETA 修改 S615 的 IP 地址。　(　　)

(3) S615 模块复位后初始 IP 地址是 192.168.1.1。　(　　)

(4) 路由器与交换机的本质是转发，防火墙的本质是控制。　(　　)

(5) 在防火墙实验中，电脑的无线网及防火墙可能会影响网络测试。　(　　)

参考文献

[1] 李正军．现场总线与工业以太网及其应用技术 [M]．北京：机械工业出版社，2011.
[2] 律德财，吴艳．工业网络技术与应用 [M]．大连：大连理工大学出版社，2022.
[3] 王德吉，陈智勇，张建勋．西门子工业网络通信技术详解 [M]．北京：机械工业出版社，2012.
[4] 毛正标．网络项目实践与设备管理教程 [M]．上海：上海交通大学出版社，2017.
[5] 廖常初．S7-1200 PLC 编程及应用 [M]．4 版．北京：机械工业出版，2021.
[6] 姜建芳．西门子工业通信工程应用技术 [M]．北京：机械工业出版社，2019.